主办：宝佳集团　中国文物学会传统建筑园林委员会　天津大学出版社
北京大学城市规划与发展研究所　建筑文化考察组

U0313060

中国建筑文化遗产

12

单霁翔　名誉总编

高志　社长

金磊　总编

天津大学出版社

图书在版编目（CIP）数据

中国建筑文化遗产. 12／金磊主编. —天津：天津大学出版社，
2013.11
ISBN 978-7-5618-4870-8

Ⅰ. ①中… Ⅱ. ①金… Ⅲ. ①建筑-文化遗产-中国
Ⅳ. ①TU-092

中国版本图书馆CIP数据核字（2013）第278471号

策划编辑　韩振平
责任编辑　韩振平
版式设计　安　毅

出版发行	天津大学出版社
出 版 人	杨欢
地　　址	天津市卫津路92号天津大学内（邮编：300072）
电　　话	发行部电话：022-27403647
网　　址	publish.tju.edu.cn
印　　刷	北京华联印刷有限公司
经　　销	全国各地新华书店
开　　本	235mm×305mm
印　　张	13.125
字　　数	548千
版　　次	2013年12月第1版
印　　次	2013年12月第1次
定　　价	58.00元

ARCHITECTURAL HERITAGE
文化遗产 1

Why Chinese Architecture Unique and Independent
为什么中国建筑独立又与众不同

CHINA ARCHITECTURAL HERITAGE
中国建筑文化遗产 6

中国古建泰斗《中国建筑文化遗产》名誉总编罗哲文纪念专辑
To Commemorate Luo Zhewen,
Top Expert of Chinese Historical Architecture and
Honorary Chief Editor of China Architectural Heritage
中国建筑文化遗产年度报告（2002—2012）
China Architectural Heritage Annual Review 1 (2002-2012)

CHINA ARCHITECTURAL HERITAGE
中国建筑文化遗产 11

从"建筑·收藏·专家·观众"到"地域·传统·记忆·研究"
From "Architecture + Collection + Experts + Audience" to "Region + Tradition + Memory + Residence"
"和谐造物"建筑的设计美学
Design Aesthetics of "Harmonious Creation"
以长安为例——张锦秋建筑创作品析（七卷本）品评
My Artistic Conception Practiced in Chang'an: Selection of Zhang Jinqiu's Architectural Creation

ARCHITECTURAL HERITAGE
文化遗产 2

世界文化遗产"杭州西湖文化景观"纪述
West Lake Cultural Landscape of Hangzhou
不朽的中国建筑精魂——纪念梁思成诞辰成先生诞辰110周年
Immortal Spirits of Chinese Architecture: To Commemorate the 110
Years Anniversary of the Birth of Mr.Liang Sicheng

CHINA ARCHITECTURAL HERITAGE
中国建筑文化遗产 7

建筑出版人的永远风范
"建筑学编审杨永生纪念专辑"（一）
Yemon Style of Architectural Publishers
Memorial Album of Architectural Editor Yang Yongsheng 1
首届中国20世纪建筑遗产保护与利用研讨（一）
Five Symposium of Protection and Utilization of 20th
Century Architectural Heritage in China 1

CHINA ARCHITECTURAL HERITAGE
中国建筑文化遗产 12

20世纪建筑遗产评估标准和相关问题研究
On Evaluation Criteria of 20th Century Architectural Heritage
我们救了古城：延续古城的记忆
We Saved the Ancient City, or the Ancient City Saved Us
广州古城保护规划：深圳感悟
On Guangzhu Conservation Plan

ARCHITECTURAL HERITAGE
文化遗产 3

中国与世界的设计节（中国站）
Design Festivals in China and the World (China Volume)
广州中山堂建筑结构设计成就的西北方
On Achievement of the Structure Design of
Guangzhou Sun Yat-sen Memorial Hall

CHINA ARCHITECTURAL HERITAGE
中国建筑文化遗产 8

"适用、经济、美观"的建筑方针是"遗产"也是"国宝"
"建筑方针60年的气质意义"研讨会解读
Our Heritage and National Treasure
Construction Principles of "Applicability, Economy and Beauty"
Subtitlism on the Seminar "Contemporary Significance of 60 Years Construction Principles"
陈薇：耸立于天和地间的
Zhiming, a Balance between Heavens and Earth
Exhibition & Forms of Arabmanism Chen Taixing and Zixing

ARCHITECTURAL HERITAGE
化遗产 4

保护的遗产
Heritage of Design
2012 "遗产与创造"同守有尊人岳精神的高原论坛
Thoughts over Prize-winning Victories of Academics
Wu Liangyong and Professor Wang
文化城市：中国淮
Heritage and Review 2012: 100 People's Spring Forum of Creative Communication

CHINA ARCHITECTURAL HERITAGE
中国建筑文化遗产 9

纪念中缅边建筑大师专辑（一）
Memorial Album of Master Architect Liao Hua 1
安魂以礼、昭�忘：不期遥志纪行
走向中缅纪念专辑
Carefree Souls with Rituals and Maritime Heroes through the Ages What is Past Cannot be Forgotten
On the Completion of the Monument to Chinese Expeditionary Force's Great Victory at Yiyanggong, Russia

ARCHITECTURAL HERITAGE
化遗产 5

荣获建筑奖、王院藏的院学术奖
Wu Liangyong and Professor Wang
文化城市：中国潍
Cultural City: Hua'lou, Chi

CHINA ARCHITECTURAL HERITAGE
中国建筑文化遗产 10

走出库堂 哂务民众
Get out of the Palace to Serve People
浅淡中国博物馆事业的开辟与发展
Initiation and Development of China's Museum Industry
重启"反同"重蹈覆复
Retree! "Wrecboon" and Rebuild Values

深切悼念"5.12"特大地震遇难同胞
2008
5.12

匠作国风 追寻远古惟壮丽
西学中体 展望大寰以通达

目　录

CHINA ARCHITECTURAL HERITAGE
中国建筑文化遗产 **12**

20世纪建筑遗产评估标准相关问题研究
On Evaluation Criteria of 20th Century Architectural Heritage
我们救了古城，还是古城救了我们？
广府古城保护规划汇报的感悟
We Saved the Ancient City, or the Ancient City Saved Us?
On Guangfu Conservation Plan

新旧建筑的对话，河北博物馆内景（摄影／陈鹤）

China Architectural Heritage
中国建筑文化遗产

Instructor　State Administration of Cultural
　　　　　Heritage
指导单位　国家文物局

Sponsor　ACBI Group
主办单位　宝佳集团
　　　　Committee of Traditional Architecture and
　　　　Gardens Chinese Society of Cultural Relics
　　　　中国文物学会传统建筑园林委员会
　　　　Tianjin University Press
　　　　天津大学出版社
　　　　Institute of Urban Planning and
　　　　Development Peking University
　　　　北京大学城市规划与发展研究所
　　　　Architectural Culture Investigation Team
　　　　建筑文化考察组

Co–Sponsor　Research Center of Mass
　　　　　Communication for China
　　　　　Architecture, ACBI Group
承办单位　宝佳集团中国建筑传媒中心
　　　　China Architectural Heritage Editorial
　　　　《中国建筑文化遗产》编辑部

Academic Advisor　吴良镛　周干峙　单霁翔　罗哲文
学术顾问　冯骥才　傅熹年　马国馨　张锦秋
　　　　杨永生　刘叙杰　何镜堂　程泰宁
　　　　彭一刚　戴复东　郑时龄　邹德慈
　　　　王小东　楼庆西　阮仪三　路秉杰
　　　　窦以德　刘景樑　费麟　邹德侬
　　　　何玉如　柴裴义　孙大章　唐玉恩
　　　　傅清远　王其亨　王贵祥　罗健敏
　　　　玉珮珩　郭旃

CONTENTS

目 录

稿 约

《中国建筑文化遗产》的出版宗旨是：以科学的态度分析、评介中国古代建筑所取得的辉煌成就及对后世的启示，以历史的眼光及时将当代优秀建筑作品甄选为新的文化遗产，以文化启蒙者的社会职责向公众展示建筑文化遗产的艺术魅力与社会文化价值，并将中国建筑文化传播到世界各地。

为实现这一目标，我们期待着国内国外、业内业外的一切关注建筑文化遗产、关注文化传承与发展的朋友们直言对本刊的建议与批评，尤其期待着各界朋友惠赐大作。现特向各界郑重征稿。具体征稿要求如下：

1.丛书注重学术与技术、思想性与文化启蒙性的建筑文化创意类内容，欢迎治学严谨、立意新颖、文风兼顾学术性与可读性，涉及建筑文化遗产学科各领域的研究、考察报告、作品赏析、问题讨论等各类文章；来稿须未曾在任何报章、刊物、书籍、正式出版物以及网络电子文本（个人博客除外）发表。

2.来稿请尽量提供电子文本，一般以6 000～12 000字为限，要求著录完整、规范；文章配图（线图、建筑效果图、钢笔速写等）、照片以30幅为限。部分老专家的手写文稿将安排专人处理。图纸、照片请提供电子文件，确保每张图片有较高清晰度（不少于300dpi），要求附图片说明。

3.来稿每文请尽量提供1 000字符左右的英文提要（欢迎准确的长篇英文稿）。

4.来稿请附作者真实姓名、学术简历及本人图片、通讯地址、电话、电邮地址，以便联络；发表署名听便。

5.文章一经刊用，版权归本杂志社所有，未经书面允许，不得转载。

6.文章一经刊用，本编辑部以300～500元/千字的标准支付稿酬并赠书2本；特稿另议。

7.稿件联系人

苗 淼：931531615@QQ.com.

刘晓姗：99321200@QQ.com.

《中国建筑文化遗产》编辑部
2011年7月

CONTENTS

致敬建筑中国

金 磊

今年是新中国成立64周年，它令人想到的很多。从梳理盘点历史出发，在2009年，在马国馨院士、杨永生编审的支持下，我们成功策划并出版了《建筑中国六十年》（七卷本）系列。记得2009年9月12日在天津大学召开的隆重首发式上，时已患病的杨永生编审出席了会议，时任国家文物局局长单霁翔的讲话，不仅赋予该丛书建筑意义，更使它升华到建筑中国典藏的出版文化遗产的意义。一晃四年过去，往事是那么近，如今《建筑中国六十年》（七卷本）图书已在国内建筑学界及建筑文化界产生影响。今又国庆，纵览中国建筑，尽管发展是不可阻挡的主线，但64载时光，中国建筑界不畏岁月来袭，城市气质该如何评价并如何修炼？2013年3月及8月本刊曾两次赴重庆市设计院，与重庆建筑、城市、文化界人士共同探讨文化重庆与重庆建筑特色问题，至今给我留下深刻印象的是：城市气质取决于城市管理者的素养、城市气质取决于城市建筑师的文化取向与创意设计、城市气质需要在传统与现代结合上来一次文化复兴运动。2013年北京要迎来"首都第二十届城市规划建筑设计方案回顾展"及二十周年总结论坛，我不知道我们该如何评价新北京建筑，因为不能不承认，北京城市在全球化大潮下缺少了自己的东西，不仅仅缺少了东方个性化气质，甚至还缺乏了应有的辨识度。由于社会利益主体的多元化、建筑文化思潮的多元化，北京乃至中国都要反思建筑设计的方向，如何作为才算对得起建筑中国的新历程。2013年系中国建筑学会六十周年，可思可议的事颇多。

面对即将到来的新中国成立64周年及明年65周年的庆典，我们在联想并审视北京乃至全国不少城市的"十大建筑"时，确实应想到64载的中国建筑已步入"老龄化"阶段，这不仅因为中国人口确实已老龄化（2011年老龄化率13.7%，2050年老龄化率将达34%），更因为建筑的权威性、文化性、民生性都需要给已"老龄化"的中国画幅"建筑素描"。我们在向年迈的建筑中国致敬的同时，在引发城市记忆与档案梳理时，也更多地找到可贵的中国建筑精神，这或许是为什么我们要"记忆建筑中国"每个年轮遗产的价值。近来，济南要斥巨资修建1992年被强拆的济南火车站已成热议话题，它让我联想到北京众多前世今生的牌楼。牌楼"涅槃新生"，历史不该忘记，可若误读它，会招致"牌楼话题"。与东四、西四牌楼，东单、西单牌楼，前门大街五牌楼等街市标志相比，北京中山公园南大门内汉白玉的石牌楼"保卫和平坊"历史久远，它曾是记载丧权辱国《辛丑条约》的"克林德碑"，"一战"后迁至中央公园改为"公理战胜"，1953年亚太区域和平大会在京召开，才将它确立为"保卫和平牌楼"，它是北京沧桑史的见证，是建筑中国一道重要风景。时下，尽管业内人士说建筑与社会生活紧密联系，成为20世纪中国、尤其是新中国建筑语境的标志，但建筑遗产观要求我们要成为有坚定方向的人。2013年9月2日，102岁的1991年诺贝尔经济学奖得主——科斯与世长辞，他留下的遗产是层次丰富的中国经济制度的创新，他留给世人的嘱托是"要将思想变成现实，比我行将要进入的长眠更难一些"。我想，这或许也可成为祝福并致敬建筑中国漫漫长路的话。或许这番情义都是为了永远不能失去的故乡。

2013年9月9日

To Chinese Architecture

Jin Lei

This year marks the 64th birthday of the People's Republic of China and is destined to be inspiring and thought-provoking. Determined to make an inventory of history, we have successfully planned and published the seven-volume series *60 Years of Chinese Architecture* in 2009, with the support of Academician Ma Guoxin and Senior Editor Yang Yongsheng. Now the series have left influences in the circles of architecture and architectural culture in China. As the National Day is coming, we take an overview of Chinese architecture: although development has become an inevitable trend, Chinese architecture tends to resist ravages of age over the last 64 years. We would like to ask: how can we judge and cultivate cities' temperament? During our two visits to Chongqing Architectural Design Institute in March and August 2013, we discussed Chongqing's cultural and architectural features with local experts from the architecture and culture circles. I was deeply impressed by the conclusions: the temperament of a city depends on the quality of urban management team as well as the cultural preference and innovative design of urban architects, and requests a cultural renaissance which can integrate tradition and modern. Beijing is going to hold the 20th Architectural Design Scheme Exhibition of Beijing City Planning and the Twentieth Anniversary Summative Submit in 2013. In the trend of globalization, Beijing lost its own feature: it lacks of uniqueness as an oriental city and cannot distinguish itself from other cities as it should do. With the diversification of social interest subjects and ideological trends of architectural culture, China especially Beijing should rethink the direction of architectural design: how can they deserve a new course of Chinese architecture. In 2013, the Architectural Society of China (ASC) celebrates its 60th anniversary. Therefore, there are lots of matters worth discussing and thinking about.

With the 64th and 65th anniversary celebration of P.R.C. just around the corner, we should notice that Chinese architecture is "aging" when thinking of and reviewing the so called "Top 10 Buildings" in Beijing and many other cities. At the same time when we pay our respects to the time-honored Chinese architecture that may revoke our memories of cities' history, we find more valuable spirits of Chinese architecture. This perhaps explains why we want to "memorize the architecture of China" especially the value of every heritage year by year. Recently, it has became a hot topic that Jinan is planning to spend huge investment rebuilding the former Jinan Railway Station demolished in 1992. It reminded me of many decorated archways standing in Beijing for ages. The revival of Pailous brings the history and memories back; but misunderstanding their reconstruction may lead to nowhere but just "pailou topics". Compared with those landmark Pailous such as Dongsi Pailou, Xisi Pailou, Dongdan Pailou, Xidan Pailou and Five Gateway Pailou (on the Qianmen Street), the white marble Pailou named Defending Peace, standing at at the south gate of Zhongshan Park, enjoys a longer history. It used to be the Kettler Monument carrying the humiliating Boxer Protocol. After the World War I, it was moved to Zhongshan Park and named "Triumph of Righteousness" (Gongli Zhansheng). When the Asia-Pacific Peace Conference was held in Beijing in 1953, it became Peace Defending Pailou. It is a witness of Beijing history, as well as an important scenic spot of Chinese architecture. Currently, there are insiders who believe architecture is closely related to social life and current architecture represents China's architectural context in the twentieth century especially after the founding of People's Republic of China. However, the perspective of architectural heritage asks us to stick to our direction. On September 2nd, 2013, the 102-year-old winner of 1991 Nobel Prize in Economics, Ronald Harry Coase passed away. His heritage is the multi-structural innovation of China's economic system. His last words are "it is even harder to render thoughts to reality than to take me into an everlasting sleep." I think it may be a blessing and homage to the long course of Chinese architecture. Or perhaps, the emotions in the words are for the hometown we can never lose.

重庆奉节白帝城（摄影 / 陈鹤）

Recollection of Chairman Mao Memorial Hall's Construction

毛主席纪念堂建设的回忆

马国馨（Ma Guoxin）*

编者按： 2013年12月26日是毛泽东诞辰120周年（1893年~2013年）。作为毛泽东革命实践的事件遗址可大致概括为：开辟中国社会历史发展新纪元的中共一大会议会址，江西瑞金有"共和国国摇篮"之称，这里有叶坪、红井、二苏大、中华苏维埃纪念园四大景区。如在叶坪，拥有全国保存最完好的革命旧址群，有纪念建筑物22处，其中全国重点文保单位16处，中华苏维埃第一次全国代表大会在此召开，临时中央政府在此成立，再如二苏大有临时中央大礼堂，是苏区时期的标志性建筑等；1928年4月毛泽东率领秋收起义部队与朱德会师井冈山的事件，表现中国工农红军主力在毛主席领导下从长江以南向陕甘革命根据地大转移的事件，中共历史上最苦难且悲壮的一页"湘江之战"事件，使红军摆脱失利阴影的遵义会议事件，为抗战胜利奠定物质基础的延安大生产运动事件，冀中人民运用毛泽东《论持久战》创造的一种独特的"地道战"战术事件，文艺为工农兵服务的延安文艺座谈会事件，毛泽东使延安成为指导中国革命的中心的事件，以毛泽东思想为指导思想的杨家岭"东方红"事件，重庆谈判的国共双方签订的"双十协定"事件，1949年10月1日新中国诞生的事件，毛泽东出席第一届政治协商会议的事件等等，都可以作为事件建筑加以纪念。本刊请马国馨院士撰文《毛主席纪念堂建设的回忆》，湖南省委宣传部副部长蒋祖烜撰文《韶山红色建筑的沿革与文化传承》，旨在从毛泽东的诞生与他仙逝后表达一种境界，使读者从这两个节点、两种空间中感受作为一介伟人的生存与精神空间的意义。因为中国无论在何种起点上改革创新，毛泽东思想都未过时。（执笔 / 金磊）

▲ 图1 纪念堂前的长长人龙

今年是毛泽东诞生120周年，位于天安门广场的毛主席纪念堂也已建成36年了，每当经过天安门广场，看到纪念堂前排着长长的队伍，就不由地想起当年参加设计和建设纪念堂时的日日夜夜。（图1）

关于纪念堂设计和建设的回忆，比较正式的有1977年第4期《建筑学报》出版了规划设计专辑，内部刊物《建筑技术》在1978年1-2期出版了设计和施工专辑。参与纪念堂规划设计领导小组的袁镜身同志生前从1985年到2003年间，曾写过几篇纪念堂设计过程的回顾。清华大学建筑学院的《建筑史论文集》

2003年第一辑刊登了高亦兰教授在1977年8月执笔、以纪念堂设计组名义撰写的《毛主席纪念堂设计过程总结》，附有各种方案的资料照片。因为总结距纪念堂建设的时间很近，应是记录设计过程的可信宝贵资料，但在26年之后才正式发表。此后在各种传媒中，陆续看到设计纪念堂建设的回忆文章，有的涉及其中的局部，有的偏于猎奇爆料，也有揣测不实的成分。最离谱的是我曾在美国旧金山看到一份华文报纸，大标题是《我设计了天字第一号工程》，看上去耸人听闻，其实文中的主角我很熟识，当时他只是在纪念堂的雕塑组参加了群雕工程的施工安装工作。当年纪念堂工程属于保密工程，记录每天工程进展的所有工作日记都上交了，因此为日后的回忆查找带来了困难。而随着时间的推移，当事人的记忆也越来越不准确，北京市建筑设计院照相组原来存有设计方案的全部照片底片，我还在好多年前找到过自己绘制的透视图底片洗了照片，但现在这些方案底片也都找不到了。作为设计工作的参与者，还是想尽力查找资料并把头脑中的印象搜寻一下，以求把整个设计和建设过程表现得更真实全面些。

首先回顾一下毛主席纪念堂设计及建设大事记：

* 中国工程院院士、本刊顾问

1976年9月9日，毛泽东主席逝世。11日至17日在人民大会堂举行了吊唁仪式。

1976年9月14日，国家计委组织全国八省市十余单位的设计人员在前门饭店集中，开始选地和方案设计工作。

1976年9月18日，首都百万群众在天安门广场举行追悼大会。

1976年10月6日，中共中央政治局采取断然措施，对"四人帮"实行隔离审查。

1976年10月8日，中共中央、全国人大常委会、国务院、中央军委发布《关于建立伟大的领袖和导师毛泽东主席纪念堂的决定》。

1976年10月15日，北京市建筑设计院成立设计组，建立临时党支部。

1976年11月6日，中共中央政治局审查纪念堂方案。

1976年11月9日，毛主席纪念堂工程指挥部成立，由时任北京市建委副主任的李瑞环同志任总指挥。

1976年11月24日，中共中央政治局最后审定纪念堂方案，毛主席纪念堂奠基仪式在天安门广场举行。

1977年2月，工程指挥部召开"工业学大庆"会议。

1977年3月22日，毛主席纪念堂主体结构提前完成。

1977年5月24日，毛主席纪念堂建筑工程竣工。

1977年6月17日，毛主席纪念堂工程指挥部举行总结工作、表彰先进大会。

1977年7月23日，中共十届三中全会公报发表。

1977年8月18日，中共第十一次全国代表大会新闻公报发表。

1977年8月22日，出席中共十一大代表瞻仰毛主席遗容，发表一中全会公报。

1977年8月30日，《人民日报》《北京日报》等在头版发表消息《毛主席纪念堂全部胜利建成》。

1977年8月31日，南斯拉夫总统铁托去纪念堂瞻仰毛主席遗容。

1977年9月9日，中共中央、人大常委会、国务院和中央军委在纪念堂北门广场举行"纪念伟大领袖和导师毛主席逝世一周年及毛主席纪念堂落成典礼大会"。此后全国各省、市、自治区的代表陆续前来瞻仰，到26日止达16万人。

纪念堂的方案设计工作是在全国各省市设计人员1976年9月14日会集前门饭店后正式开始的，但在此前的一周时间里，北京市和北京市建筑设计院已经做了一些前期准备和方案试做的工作。当时我还在前三门工地参加"以工人为主体的三结合设计小组"的工作，10日晚，党委通知让我马上回院，当时参加会议的有方伯义、吴观张、黄晶、叶如棠和我，还有规划局的朱燕吉。原党委书记宋汝棻同志说，为了考虑主席遗体的安放地点，国家计委的顾明找了时任市建委主任的赵鹏飞，希望北京市尽快研究，提出天安门前、香山、景山三个地点。当时我们就整整干了一个通宵，画了一些设想。第二天下午赵鹏飞、郑天翔、宣祥鎏来看方案，除了强调这一工作要保密之外，当时的主导思想还是以陵墓为中心，不一定高大，不一定是个房子，要安全抗震；要把大会堂、博物馆、纪念碑等当作整体考虑；并不要改变毛主席原来看过的天安门广场

的格局等。12日一天都在院里讨论方案，晚赵鹏飞等又来传达向中央汇报的情况，在"四人帮"没打倒以前，王洪文还过问过这一工作。当时提到了天安门、景山、中南海、香山、玉泉山等诸多地点，还要求发动全国的建筑师来研究。当晚我们集中力量做天安门前的方案到后半夜。13日上午和赵鹏飞、郑天翔、宣祥鎏等一起去玉泉山和香山看地。玉泉山是禁地，只能把车远远停下来观望一番。香山看了玉华山庄、香山寺、双清几个地方，双清我是第一次来，看到了当年毛主席看"解放南京"报纸时的亭子。后来方案人员又增加了巫敬桓、郑文箴、玉珮珩和谢炳漫。当时思路还很窄，多考虑什么红旗、红太阳、向日葵、梅花、青松，甚至还有文冠果。这些方案在高先生的设计总结中都归入了9月下旬以后的第二轮，因为当时前门饭店全国设计人员集中后的方案算是第一轮，而我们送去的这些方案实际早在9月14日以前都已经画出来了。

当时前门饭店规划设计的领导小组由赵鹏飞、时任中国建筑研究院院长的袁镜身、北京市规划局局长沈勃等组成。具体参加人员几种版本略有出入，根据我的回忆，参加前门饭店规划设计的有中国建筑科学研究院的戴念慈、扬芸和庄念生，北京市规划局的钱连河和朱燕吉，北京市建筑设计研究院的徐荫培、方伯义和吴观张，清华大学的吴良镛、王炜钰、高亦兰和徐伯安，天津大学的章又新，上海民用设计院的陈植、钱学中，广东省院和广州市院的黄远强、佘畯南和陈立信，南京工学院的杨廷宝和齐康，西北设计院的洪青和张锦秋，辽宁省设计院的齐明光，黑龙江省设计院的李光耀。还有基建工程兵设计院华德润院长带领的五六位技术人员。高先生的总结中说还有结构专家和工艺美术家，因和他们没有一起开过会，所以没什么印象。当时年纪最大的杨老75岁、陈老74岁，像戴总那时56岁，吴先生54岁，而齐康先生才45岁，张锦秋刚刚40岁。那是我第一次看到那么多泰斗级的建筑界前辈，但除了清华的老师和学长外，只有上海院的陈老和钱学中比较熟。

因为考虑到北京市建筑设计院将会在这一工程中多做一些工作，并主要承担施工图的任务，所以院从一、三、四、六室各抽调了一位建筑专业的室主任或副主任，即方伯义、吴观张、徐荫培和我，因为四室的

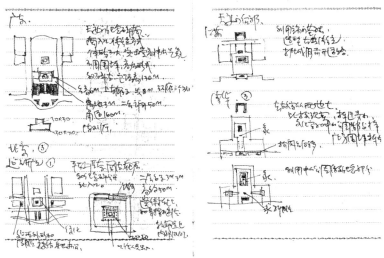

▲ 图2 1976年9月的工作日记

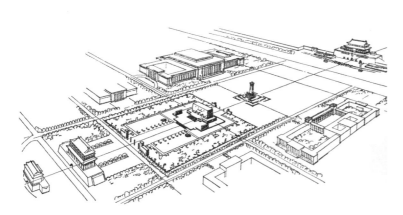

▲ 图3 前门饭店的设计方案草图之一

▲ 图4 作者手绘纪念堂方案草图1

▲ 图5 作者手绘纪念堂方案草图2

▲ 图6 作者手绘纪念堂方案草图3

徐荫培长期从事为中央服务的工程，所以由他总负责。当时院里张镈、张开济几位老总虽已恢复工作，但并未参与这一工程，我估计院党委可能更多地从工程的政治性考虑吧。徐、方、吴代表北京院参加前门饭店工作，经常回院来沟通进展、布置工作，我和其他同志在院里继续做方案，遇有前门饭店重要讨论我们也去旁听，然后根据前门饭店的进展，作为参会人员的后方支持，随时提出新的想法，做模型、画透视图、放大平面等。记得9月25日晚八九点，还有过一次强烈有感地震，但也没有影响大家工作。由于保密原因，前门饭店全国各地设计人员的工作场景当时没有留下影像资料，现在可看到的影片和照片中的镜头都是事后补拍的。有一次拍电影在现场设计组的桌子上放了纪念堂的几个模型，大家围桌而站或坐，摄影机就在我身后，正面是专门请来的几位外地专家，当时导演把杨老指挥折腾得够呛。

在《建筑学报》上提到："毛主席纪念堂的设计方案，是来自八个省市的老中青设计人员共同进行的。以后由北京市建筑设计研究院等在京单位的工人、干部和技术人员组成毛主席纪念堂规划设计组，继续完成了纪念堂的综合方案设计和整个工程的全部设计工作。"总结十分符合客观实际，整个方案设计过程按高先生总结可分为六个阶段，具体如下。

（1）第一轮上报方案阶段（9月14日至9月下旬）。主要是各地人员试做方案，高先生文章写的是30个方案，当时我在笔记本上做了较细的记录，我手头记录是31个方案（图2）。

（2）第二轮上报方案阶段（9月下旬到9月底）。围绕天安门南、天安门北、香山、景山等地点提出总体方案，并开始对个体平面及造型多方案探讨。其间29日中央还听过一次汇报，明确由谷牧同志总抓，下设办公室因设在西皇城根南街九号，所以简称"国务院九办"。当时北京市建筑设计院院内做的方案也贴在展板上送到前门饭店去，放在会场的门口供与会各地代表参考。我翻拍的几张透视图就是我在那时画的炭笔粉彩图。反正是各种造型各种风格都尝试一下，并没有什么固定的创作思想，也没引起什么人注意，因为他们都在关心自己所做的方案。利用这个机会，我也看到了各地专家的手下表现图的功夫（图3—图6）。

从赵鹏飞主任的谈话看，明年9月9日使用对他的压力还是很大的，所以从施工角度出发，他一直觉得天安门北施工条件最好，因为天安门南有5万平方米的拆迁（机关单位3.4万，市民1.6万），地下管线复杂，对原有绿化松树的破坏也比较大。另外当时也强调因防护、空调等条件限制，瞻仰厅也不能搞得太大，此外也还有建筑主入口朝南还是朝北的问题。

（3）第三轮上报方案阶段（10月初至10月中旬）。由于"四人帮"倒台和中央决定的公布，思路日渐清晰，用地集中在天安门南和天安门北两处，纪念堂的个体平面也逐渐成熟，立面方案仍在多方案比较并逐步深入，包括单檐、重檐以及其他造型。

（4）广泛征求意见，分析研究阶段。10月21日以后外省市的设计人员离京。他们的工作告一段落。但前门饭店的工作仍在继续，此时北京市建筑设计院的设计班底已陆续组建完毕，各个专业开始介入，并会同在京其他设计单位人员，召开座谈会，广泛征求意见，并进一步综合方案，此时选址已经较倾向在天安门前，纪念碑的南面。关于总图布置、正方形平面、30多米的高度、立面的柱廊和重檐已经逐步取得一致意见。为了集思广益，北京设计院还曾发动全院各室提出设想，我的笔记本上就记着8个设计室共提出了12个方案。同时各施工公司、市政各种管线、地下工程、建筑材料以及与遗体保护、水晶棺研制等相继参与，虽然方案还没有最后确定，但是平面剖面图和各项技术实施工作都已在紧张地进行了。

（5）第一轮总结方案（10月下旬至11月6日）。在统一的一个平面的基础上提出了三个立面方案。一方案是圆柱重檐，上层檐后退两层

▲ 图7 第二轮（送审）方案一

▲ 图8 第二轮（送审）方案二

台基；二方案是方柱重檐，但上层檐不后退，看去像较高的女儿墙，两层台基；三方案是八角形柱重檐盝儿顶，两层台基。除细部上的区别外，主要变化在双重檐口的处理方式上。11月6日中央政治局听取了汇报，明确了建设的指导思想，简言之是八个字："瞻仰、缅怀、重温、激发"。纪念堂选址最后确定在天安门前纪念碑南，批准了总体方案。要求"建筑坚固适用，庄严肃穆，美观大方，有中国自己的风格，方便群众瞻仰，利于遗体保护"，抗震烈度设定为9度，并指出在毛主席逝世1周年前必须建成开放。

（6）第二轮总结方案（11月6日至11月24日）。在上一轮的一个总图和一个平面的基础上，最后提出两个立面方案。一号方案高30米，二号方案高33.6米，两个方案最主要的区别在于二号方案以上一轮的一方案为基础，两层檐口之间的女儿墙退后了一开间，而一号方案以上一轮的二方案为基础，没有退。除模型以外，透视表现图中一号方案是徐伯安画的，二号方案是庄念生画的。11月24日在纪念堂工程奠基仪式之前，中央政治局最后审定批准采用二号方案，并要求吸收另一方案的一些优点。据在场的同志介绍，当时一号方案也有些领导支持，但最后由华国锋拍板，决定用二号方案。现在回想起来，我认为二号案还是优于一号案，因为从总体效果看，顶部退后一开间后，整个纪念堂的体形相比不那么巨大厚重，轮廓也显得有变化，从建成效果看比采用一号方案更理想。据统计，纪念堂前前后后方案做过近600个，最后方案集中了各方面的意见和智慧（图7—图8）。

设计组中北京建筑设计院的班子以四室的人员为基础，再从各室抽

▲ 图9 纪念堂设计组的部分人员（中间叉腰者为徐荫培）在工地

调人员补充，因为当时四室是保密室，为中央服务和有密级的工程都在四室。这也涉及纪念堂工程的密级定级，原来想设定为"机密"级，但这一密级按当时的政审要求更为严格，很多同志就无法参加了，再加上纪念堂将来总是要对外开放的，所以最后定为"秘密"级。参加的人员回忆有以下这些，因为时间相隔太久，有错误或遗漏还望见谅。

工程主持人：徐荫培；建筑负责人：徐荫培、方伯义、吴观张、马国馨；结构负责人：许月恒；设备负责人：赵志勇；电气负责人：张云舫；总图负责人：耿长孚。其中建筑专业的有：北京市建筑设计院的巫

敬桓、徐岂凡、张关福、邢耀增、谢炳漫、韩福生、邵桂雯、关长存、吴佩刚、玉珮珩、冯国梁、刘力、鲍铁梅、聂志高、刘慧英、刘永梁、寿振华、张绮曼、刘宪蓉、王如刚，清华大学的王炜钰、高亦兰、徐伯安，中国建筑科学研究院的扬芸、庄念生、黄德龄、饶良修，中央工艺美术学院的何振强，北京建筑艺术雕塑厂的李振祥、陆三男、赵文富。总图部分还有吴良镛、朱燕吉、崔凤霞、钟晓青等。

其他专业加上预算和材料方面的有高爽、徐元根、柯长华、贾沐、刘小琴、杨玉松、施洁、唐光杰、黄峰、吴国让、李颐龄、刘岚世、刘夫坪、李新院、吴龙宝、周松祥、周维华、王淑贤、孙恩起、郑炜、李璀恒、王秀梅、郑淑琴、魏亚萍、陆时霖、姚善琪、张景华等。除一线人员外，院里还组织当时院里各专业的副总在技术上把关和提出指导意见（图9）。

当时正是揭批"四人帮"、号召抓纲治国的年代，所以设计组大部分成员在10月20日集中到原研究室二楼西头的大屋子，办了三天学习班，院党委领导和赵鹏飞、沈勃等同志都来过，除强调工程的光荣和艰巨，面对边设计、边施工、边备料、边科研的紧迫形势，必须分秒必争，工作齐头并进，全面展开，同时强调要政治统率业务，走群众路线。当时知识分子还没有成为"工人阶级的一部分"，为了强调工人阶级的领导，各设计专业还都配有从建筑公司或房管局来的工人师傅，在此之前我参加的前三门工程设计组就称为"以工人为主体的三结合设计组"。临时支部由黄国民（一建公司）、研究室的周之德和徐荫培组成，办公室人员为梁永兴和庞洪涛。除了配合前门饭店，准备最后几轮向中央汇报的图纸，做模型外，

还做了大量的技术准备工作，搜集相关的资料，参观国庆十大工程，学习工程中的一些做法，记得当时人大会堂很难去参观，沈勃同志专门领我们去看，对大铜门、檐口花饰等做法谈了许多当年的经验教训。另外几个主要大厅的装修方案，主要的用材方案及做法、结构方案、管线综合等工作也陆续进行并向建筑公司交底或进行商讨，有关产品加工单位也陆续前来联系，当时还在历史博物馆内做了瞻仰厅的足尺模型，好研究厅的尺度。当然那时也还要参加全院和设计组内批判"四人帮"的大会。

11月6日中央审查之后，方向已十分明朗，只是外立面造型还有待批准，所以技术设计和施工图的工作紧张进行，组内具体分工为：徐荫培抓总负责，与上级及各相关单位联系与协调；方伯义负责各大厅的装修；吴观张负责外立面及做法；我负责平、剖面等基本图纸；耿长孚负责总图。当时安排的进度计划是11月15日开始技术设计，向各专业发平、剖面图，18日专业互提资料，27日技术研究完，各专业对图，此前要求提前提供竖井图、创槽图和打桩图为施工创造条件。大概是17日以

▲ 图10 作者（左二）在工地与六建公司全国劳模吴元福（左一）等人

▲ 图11 纪念堂设计组在设计室现场（右二为作者）

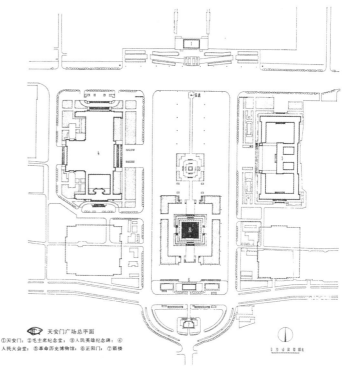

▲ 图12 毛主席纪念堂总平面

▲ 图13 毛主席纪念堂外景

后设计组就开赴现场，之所以记得这个日子是因为我手里的工作日记就到16日，以后开始用保密笔记本，工程结束以后都上交了。现场地点先选在中华门东、东交民巷路口东北角的一座老式洋房内，后来现场拆迁又搬到历史博物馆南面的一栋老式楼房（现在还存在）内的楼上，指挥部也在这栋楼内，记得晚上加班吃完夜宵以后有时跑到总指挥李瑞环的办公室去聊天。（图10，11）

纪念堂是长宽各105.5米的正方形建筑，当时认为正方形平面的主要优点是：平面布局严谨，有强烈的中心感；路线明确简洁，进入瞻仰厅前先到北大厅（序幕厅）加深瞻仰群众的感情；南北主要出入口明确，东西向的门可供不同情况时使用；结构布局合理，利于抗震，便于施工。建筑物中心距纪念碑平台南和正阳门城楼北均为200米。建筑标准柱网6.6米，台基高4米，一、二层的层高为12米。当时设计组面临大量技术难题，为了保证坚固安全，在唐山地震之后，采用9度抗震烈度是过去从未设计过的，在结构计算和构造处理上，都是新的课题，经反复研究比较最后采用无边框剪力墙结构体系，剪力墙东西方向三道，南北方向四道均匀布置，以保证结构刚度的均匀连续，而其他隔墙，为减轻自重，减少湿作业加快施工进度，用角钢制成300毫米X300毫米的轻型钢柱，柱间距2000~2500毫米，外饰石膏板贴墙纸。在室内外艺术处理和选材、装饰设计上，如何使政治思想性和艺术性完美结合，"古为今用，洋为中用"，更是高难度的课题（图12，13）。

当时平、剖面组要尽快完成基本图纸以使结构图纸尽快满足施工，记得是玉珮珩画地下室平面，我和邵桂雯画首、二层平面，别人画剖面，其中地下室的平面最复杂，因为地下室面积还包括台基下面的空间，所以比上部平面大得多，加上剪力墙的数目比地上更多，而所有门窗洞口、管线和设备留洞必须全部在图纸上注清，那时还没有在混凝土上开洞的机械设备，如果有了遗漏，让工人在有暗柱、暗梁的300毫米和500毫米厚、标号300号的混凝土墙上用人工后凿洞，恐怕就不单是个技术问题了。所以玉珮珩的工作量最大、最复杂，既要和各专业协调，又要把每一道混凝土剪力墙都画出表示留洞位置和尺寸的立面，玉工的脑子特别清楚，所以把那么复杂的事情弄得井井有条，在工地也忙得不亦乐乎。1/50的外墙大样是立面组吴佩刚画的，他那时身体就不好，但那张外墙图大概有近两米长，趴在桌子上画起来十分费劲，到晒图组去晒图时，因为工地要的份数太多，底图很快就破得不像样了，上面沾满了胶纸。后来我画屋顶平面和夹层平面，屋面防水原来参照首都体育馆的铝合金屋面做法，采用国产LF2型防锈铝板，表面涂锌（铬）黄防锈漆。那里使用近十年没发现什么问题。可是后来指挥部有一位总工提出为了保证屋顶不漏水，要吸取中国古建故宫在屋面"锡拉背"的做法，即在坡脊处做铅锡合金板屋顶，说是从来没有漏过。后来三结合小组去调研故宫，说钦安殿是铜板铅锡背屋顶，从1420年至今已500多年，没有渗漏，也未翻修过，当时是用的0.8~1厘米厚的板材。新中国成立后翻修角楼时，发现铅锡板材只有在阴角部位有轻微腐蚀。其实用在纪念堂我看并不合适，一来纪念堂是小坡屋顶，与三机部621所研究用1毫米厚的LF21型防锈铝板再加一

道防水层基本可以；二来铝板和铅锡板存在不同电位差，有电化腐蚀的隐患，铅锡板和木望板的固定也有穿孔防水和固定问题。可是又没有人敢出来打保票不做铅锡层就一定不漏，结果为绝缘密封以及温度胀缩等问题费了好大的劲，我认为是处理不够理想的地方。近万平方米屋面的雨水管最后只设了四根，放在四角特地选了 φ200 的管径。

立面设计组在表现庄严肃穆的纪念性的同时，要吸取中国传统建筑的做法，同时又有所创新。正方形的柱廊造型吸收了西方古典石建筑的特点，但在11开间的柱间距处理上，在6.6米柱距的基础上，中间的明间放大为8.7米，两端部的稍间收为6.0米，符合中国古建的传统处理。在两层琉璃檐口，檐口间的立墙、柱间的华板到台阶的垂带、望柱，采用的花式都较中国古建筑甚至国庆十大工程有较大的改进或出新。如双层琉璃檐口分别厚2.92米（上）和2.2米（下），采用了以万年青为主的凹凸纹样，在四个转角处花饰突起，给人以四角起翘之感。为了保证工期进度的要求，采用在加工厂将琉璃贴在宽1.31米的槽形混凝土预制板上，上檐5712块琉璃瓦，下檐4880块琉璃瓦，分别镶在204块和244块预制板上，然后在工地吊装、锚固、嵌缝。据施工单位六建称，这种做法与现场挂贴相比，至少缩短工期一个月。在全部安装完后，为了保证安全和万无一失，又在南北入口的三个开间檐口上安装了与瓦色一致的铝合金丝保护网。44根17.5米高的白色花岗石柱采取四角小八字的断面，5种规格6160块，共4439平方米。墙面30种规格5351块，共3665平方米。当时还没有干挂工艺，用60毫米厚泉州石料镶贴，表面处理也没有现在的烧毛等工艺，当时采用细剁斧，据说6000块石料要500名工人干半年左右，后来由北京一机床、大理石厂、星火机械厂、首都机械厂、北京广播器材厂、北京长城机械厂、北京建筑机械厂、北京内燃机总厂等8个单位成立三结合攻关小组，最后由四川自贡硬质合金厂赶制了硬质合金刀具，在龙门刨上用滚切工艺，在表面上形成4毫米中距的灯芯绒状齿纹效果。另外在各处纹饰上，除琉璃檐口的万年青图案外，檐口下立墙假石花饰采用向日葵和卷草，梁头和额枋是梅花，柱间陶雕华板为葵花和四季花卉，中间一块还增加了三面红旗和五角星，台阶的大理石垂带是松柏和梅花，汉白玉栏杆的望柱头、宝瓶、台明滴水都是万年青花饰，抱鼓石是葵花花饰。设计组的张绮曼是中央工艺美院毕业的，她和何镇强老师在纹样图案设计上发挥了重要作用，另外设计组的陆三男，在建筑艺术雕塑厂有多年的石雕经验，也给予很多技术上的指导。工程快完工时，高亦兰先生在工地对我说：你看十分巧合，在中轴线上

▲ 图14 纪念堂北大厅设计图

▲ 图15 纪念堂瞻仰厅设计图

▲ 图16 毛主席塑像与"祖国大地"

▲ 图17 纪念堂北入口

▲ 图18 纪念堂垂带花饰

▲ 图19 纪念堂南入口

▲ 图20 纪念堂东入口

▲ 图21 纪念堂台基细部

的建筑都是重檐，像太和殿、天安门、纪念堂、正阳门，不在轴线上的都是单檐，像大会堂、博物馆，这在最初设计时好像没有人专门想到这一点。

室内设计在北大厅、瞻仰厅和南大厅的设计上也经历了多方案推敲比较，需根据瞻仰路线和心理情绪的变化，提出过不同的处理方案。北大厅宽34.6米，进深19.3米，可供600~700人举行纪念活动。负责北大厅设计的是方伯义、王炜钰和刘力。负责瞻仰厅设计的是扬芸，后来为加快进度又增加了鲍铁梅。南大厅宽21.4米，深9.8米，高7米。负责南大厅的是巫敬桓和庄念生。北大厅是举行纪念活动的场所，正面是毛主席的汉白玉雕像，高3.45米，石料总重7吨，由美术家华君武组织雕塑家

们完成，背景采用24米X7米的巨幅绒绣《祖国大地》，重约350公斤，由烟台绒绣厂精心制作。顶棚8.5米高，中间为110个有素沥粉的藻井和葵花灯。瞻仰厅因涉及遗体保护，水晶棺研制等多方面的专业合作，因此在设计上更为复杂。瞻仰厅为11.3米X16.3米的长方形，高5.6米，除正面的汉白玉石墙面及17个银胎镏金大字外，其他墙面和顶棚均为木装修。周总理生前考虑毛主席百年之后，曾贮备了一批香楠木，这次就用这些香楠木制作了进入瞻仰厅的几樘大木门和木护墙。做完木护墙后我去看时感觉其金丝木纹并不明显，我想这种木材可能更适于作寿材，而作装饰板其纹理效果就不那么突出。南大厅墙面布置了毛主席手书的"满江红"金字汉白玉底，由于大厅平面尺寸的限

制，空间感觉稍微局促（图14—图21）。

在纪念堂平立剖面基本图纸完成以后，我和一些同志就转入到现场配合施工，每天在现场解决施工中的矛盾和问题，所以对立面和室内两组的更多情况并不完全清楚。由于纪念堂工期十分紧张，整个建筑工程从奠基到完成只

▲ 图22 北入口处群雕

用了半年时间，然后进行安装和调试，工程是"三边"工程，大部分时间是在冬季，所以在指挥部统一领导下统一计划，集中兵力打歼灭战，抓住重点、狠抓质量。参战单位近百个，参战人员最多时达三万人，涉及加工单位上万个。由于工程的政治性和特殊性，所以无论设计、施工、安装都不敢有丝毫懈怠，工程的分片包干，平行流水，立体交叉加快了进度，但设计的现场服务也带来了困难，仅工程主体就有市一建、三建、四建、五建、六建等单位参与，各分指挥部为施工中的问题分别都来找设计，我们根本无法招架，所以后来指挥部决定归口处理，施工方归口到指挥部技术组，洽商都由技术组的万嗣铨签字，设计院的建筑洽商就由我签字。后来当了北京政协副主席的万嗣铨是清华大学毕业的学长，常年在一建公司工作，头脑十分清楚，脑子快，点子多。我们在现场一直打交道，当然矛盾和争论也不少，但不打不相识，最后成了好朋友。那时施工单位参战热情极为高涨，加上广大群众都把参加工地的义务劳动当作荣誉，所以半年间就有70多万人参加义务劳动，许多分工程都保质保量提前完成。像机械施工公司仅用6天（比计划提前了1天）完成打桩任务；地下结构施工正值严冬，钢筋绑扎和支模、留洞、焊接、大体积防水混凝土等工作量大，但仍仅用20天就完成地下结

▲ 图23 南入口处群雕

构。当时主体结构比预定计划提前24天完成。在装修阶段，指挥部曾在1.7万平方米的施工面上集中了1500人日夜奋战，用15天时间完成任务。建筑艺术雕塑厂的汉白玉栏板等加工完成后，只用3天时间（比计划提前1天）在现场全部安装完毕。除直接参加施工的50多个单位（相当公司、工厂一级）以外，还有大量的技术难关有科研单位参加，仅结构施工就有当时的建研院结构所、建材院水泥所、北京建工研究所、冶金部建研院等单位和施工单位三建、五建、六建组成的三结合小组。由韩伯平负责的水晶棺组听说遇到的科研问题和困难更多，但其中的细节就不甚清楚了。

纪念堂的绿地，面积为2.14公顷，分为内外两环，由市园林局规划设计室负责。绿化以常绿树种为主，以北京乡土树种为主，以严整为主，外密内疏，疏密结合。当时植树11个品种6308株，其中乔木428株，灌木566株，绿篱5314株。革命圣地延安特地选择了13株最好的青松献给纪念堂，以纪念毛主席在陕北的13年。

在纪念堂南北广场上有四组群雕，各长15米，高8.7米，其中共有62个高3.5米左右的人物，造型十分复杂，在全国18个省市集中来的雕塑家和翻模工人努力下，完成了放大和翻模任务。群雕是混凝土制剁斧石、仿花岗岩效果的实体结构，沿雕塑表面有钢筋网片，顶部最高点设避雷器的接闪器。浇筑混凝土的是北京市房管局住宅建筑公司，由北京建筑艺术雕塑工厂和雕塑家们配合。混凝土为300号，配合比为白水泥掺红、棕、黄颜料及红、白、黑小石子，最后表面喷涂了306氟涂料的有机防护涂层四道（图22，23）。

在纪念堂的设计建设过程中，日日夜夜的奋战给人们留下了难忘的记忆，有几件事还想多写上几句。

纪念堂的建设凝聚了全国人民的心血，人们的热情极度高涨，建设的加工订货遍及全国各省市的近万个加工单位，大家都将承担纪念堂的任务视为政治任务而高度重视。在建设过程中，我曾多次为加工订货到相关单位交底，他们那种认真的态度给我留下了深刻印象。像入口5.3米X6.0米的大铜门是由上海红光建筑五金厂加工的，过去人大会堂的门就是由他们加工，这次的铜门四周有一组405毫米X405毫米的铜皮冲压梅花花饰，花饰的凹凸有20毫米，而2毫米厚的铜皮在模具上冲压出来以后，表面老是有裂纹，他们一次次改变模具和冲压方式，但仍是不理想，最后一次拿出的样品仅在一个边角有一条很小的裂纹，总的效果都较好，我作为设计方几乎都要认可了，但他们还不满意，又回去继续修改，在我们离开上海前终于拿出了完美无缺的成品。又如大理

▲ 图24 一层休息厅内景

▲ 图25 二层展厅内景1

▲ 图26 二层展厅内景2

石的加工，北大厅地面采用的杭灰大理石原打算让上海大理石厂加工，但杭灰的原料产自杭州，杭州大理石厂得知这一消息后，表示也要为纪念堂作贡献，并表示如不答应他们的条件，供给上海石材原料就有"困难"，最后经协调北大厅的地面只好由他们两家分担（图24—图26）。

纪念堂土建工程完工以后，指挥部在6月份举行了总结工作表彰先进大会，有4400人受到表彰，当时指挥部委托张绮曼专门设计了奖状，金色和红色的搭配十分大气，除此之外每人发一本红塑料皮的笔记本，在表彰的先进当中又树立了20名先进标兵，分两天用4个版面的篇幅在《北京日报》上加以介绍。设计院的徐荫培是标兵中的第19名，徐荫培当时39岁，是四室的副主任，虽然他是中专毕业，但工程实践的经历和经验十分丰富，长期负责为中央服务的一些工程，工作认真细致，为人也十分朴实厚道。在工程中，作为工程主持人，徐荫培的担子和责任比谁都重，与上下左右各有关单位的协调、沟通工作极为繁重，花费了很大心血。我过去和小徐不熟，但通过工程相处他给我印象很好，所以报纸上那篇关于他的稿件，支部就让我来执笔。因为当时对知识分子的认识"框框"很多，我写的时候也十分小心，生怕出了纰漏，凡提到小徐的地方我都写上"徐荫培和他的同志们"，表示既突出个人也有集体，没想发表出来时为了突出个人，报纸编辑把后面那半句都删了，好像文中所提的事迹都是他一人干的。尤其要命的是在向报社交稿时，编辑随口问我一句："徐荫培在工程中的作用是不是相当于总工程师的角色？"我说："差不多是这样！"结果文章发表时编辑又加上了一句："让他担任相当于纪念堂建筑总工程师职务的建筑设计组组长。"这句话在院里曾引起轩然大波，因为张镈、张开济总工当时60多岁，还都健在，有人就讥讽："你才30几岁就想当总工啦？"结果把徐荫培弄得挺尴尬，惹了一堆议论，其实和他一点关系都没有。

在工程进展到后期时，指挥部还发过一次奖金，奖金好像是20元，但在设计组也引起了一场争论。一位院领导说：全国人民都在争着为纪念堂工程作贡献，我们拿这奖金合适不合适？于是设计组支部组织大家讨论。据说指挥部作过调查，在参战的各单位中，设计组的平均工资是最低的。我们组除方伯义、巫敬桓等老同志工资稍高一点以外，大学毕业生都是55元，年头早点的是62元，像结构和设备负责人许月恒、赵志勇工资都是37.5元或40多元。所以讨论时气氛也十分沉闷。许多正在争取入党的同志发言说应向全国人民学习，多作贡献，不能拿这笔钱。也有一位党员慷慨激昂："为什么不能拿？这是华主席党中央对我们的关心，我不但要拿，还拿定了，我要把这奖金放在镜框里，告诉我的孩子……"大多数人暗想，在当时强调政治挂帅、抓纲治国的时候，指挥部敢于作出这一决定，肯定是经过深思熟虑的。但最后设计组好像还是没有拿到

这20块奖金，也可见当时的大形势和人们的不同思考。

纪念堂工程近结束时除了各种工程总结外，设计组还准备出一套四册《毛主席纪念堂设计资料集》，其内容分别是：《纪念建筑实例》《建筑细部构造》《建筑装饰图案》《建筑灯具图集》。第一本由我负责，第二本由寿振华负责，第三本由张绮曼负责，第四本是谁负责记不清了。寿振华是搞这种图集的老手，图画得又快又清楚漂亮。我负责的那本纪念建筑图集在供应室资料组配合下，收集复制了国内外一大批实例，中国古代的从孔庙开始，直到近代的中山陵，鲁迅墓以及解放后的许多纪念建筑，外国也从古代的希腊罗马，到美国的林肯纪念堂、华盛顿纪念碑以及红场列宁墓等、巴亭广场胡志明墓等，原稿厚厚一大叠。但最后内部出版时《纪念建筑实例》这一本没有出，我估计院领导可能也是担心里面有"封、资、修"的内容，怕引起争议吧。同济大学的谭垣先生是专门研究纪念性建筑的。那时在两位年轻教师陪同下到我们院，看了这本材料，很想拿去参考，但当时没有复印设备，我以要出版为由没有提供给谭先生，但后来那堆原稿也不知所终。另外，前两年河北有一位专门收藏与毛主席有关纪念物的收藏家打电话给我，希望我帮他找一套设计资料集，我记得原来印了不少，但在图书馆搬家时好像都当废纸卖了，而院图书馆也只存有一套，我手中这套也不忍割爱，只好对收藏家说抱歉了。还有一位收藏家收藏有毛主席纪念堂落成典礼的入场券，寄来要我在上面签个名，我不忍心在人家藏品上胡写，就又寄了回去，但那位收藏家锲而不舍，又寄来让我签名，我只好签上了名字，并注明曾参与过纪念堂的设计工作。看来许多东西随时间的变迁，其价值和意义也都会发生变化。

30多年过去了，虽经查阅资料唤起了不少当年的回忆，但想起通过当时工程的锻炼，学习了那么多东西，增长了经验，但比起那热火朝天的场面，崇拜领袖的狂热，事件的巨大变迁，这些也只是雪泥鸿爪，肯定有不清或不实之处，遗漏更是在所难免，好在从事设计工作的当事人绝大部分都还健在，期望能看到他们的回忆和补充。

2012年4月，为筹备毛主席120周年诞辰的绿化改造，让我去纪念堂开会，回想1977年时我正35岁，参加了工程建设，后来再未访问过这里，不想时过35年后再次造访，我也已年届古稀，于是集成了下面几句作结：

> 三五年华曾尽哀，　时过卅五又重来。
> 廊柱堂堂犹玉立，　雪松衮衮早良材。
> 苍茫大地通新貌，　纷乱小球多阴霾。
> 更虑改革仍路远，　徐徐长阵曲折排。

2013年10月5日

History and Culture Heritage of Red Buildings in Shaoshan

韶山红色建筑的沿革与文化传承

阳国利（Yang Guoli）*   蒋祖煊（Jiang Zuxuan）**

▲ 图1 韶山全景

* 湖南省韶山毛泽东同志纪念馆副馆长、副研究馆员
** 中共湖南省委宣传部副部长

韶山，相传因虞舜南巡至此奏韶乐而得名。它位于湖南省中部偏东，湘潭市辖区西部，距湘潭市区40公里，东北与宁乡毗连，东南与湘潭县交界，西南与湘乡相邻，是一代伟人毛泽东同志的故乡，毛泽东同志青少年时期生活、学习、劳动和从事革命活动的地方，为中国优秀旅游城市、全国著名的革命纪念地、全国爱国主义教育基地、国家重点风景名胜区、国家5A级景区(图1)。韶山，留下了许多革命先辈敢教日月换新天的足迹，也留下了许多无比珍贵的革命文物。红色建筑作为时代的产物和历史的见证者，毋庸置疑成为这些革命文物的重要组成部分。

建筑作为一种文化，折射了特定的时代特征，在韶山的红色建筑中，具体体现为革命性、纪念性和宣传性于一体。我们大致可将韶山的红色建筑分为三类：一是以毛泽东同志故居、毛氏宗祠为主的革命旧址建筑；二是以韶山毛泽东同志纪念馆、毛泽东广场为主的纪念设施建筑；三是以滴水洞风景群为主的自然人文景观风景群。

一、革命旧址建筑：虽然历史悠久，遭遇过或大或小的破损，且几经修复，但是基本上保持着建筑本身的原貌和文化内涵

（一）毛泽东同志故居

建筑特色：房屋坐南朝北，土木结构，泥砖墙，青瓦顶，呈"凹"字形，俗称一担柴式（图2）。共计有房屋18间，东边13间小青瓦房为毛泽东家，西边4间茅草房系毛姓公产（图3），先后为数家农户借住，居中堂屋共用。占地面积566.39平方米，总建筑面积472.92平方米。因南方多雨水，故屋顶均为斜坡（图4），且建有天井（图5）、屋檐沟（图6）等排水防潮设施。屋前池塘碧水，波光粼粼；屋后茂林修竹，鸟语花香（图7）。这种建筑风格具有典型的南方农舍特色，也符合当时时代特征，又是毛家家境的一种体现。各房子面积不大但数量较多，功能用房配备合理，生产生活区相对分开，对外开门三张，采用一个长方形天井形成一个相对封闭的系统。主人这

样设计，意图是明显的。当时毛家人丁六口，并时有短工居住，有22亩水田，既是一个自给自足的农户，又是一个做牲猪米谷生意的小商户，这样的建筑就相对满足了主人生产生活的需求，又由于当时适逢乱世，盗贼土匪较多，封闭式的建筑相对开放式的建筑也更为安全。

建筑沿革：故居的建筑沿革根据其建筑面貌变化大致可分为三个时期。

第一个时期为雏形发展期。1878年，毛泽东的曾祖父毛四端买下韶山冲上屋场东边5间半茅草房，给其长子毛德臣居住。1888年，毛四端的两个儿子分家，次子毛翼臣分得上屋场的房子，乃携带儿子毛顺生、儿媳文氏迁居于此。5年后，1893年12月26日，毛泽东在这里诞生。毛泽东的父亲毛顺生年轻时因家境贫困、负债过多而外出当过几年兵，回到韶山后，边务农边做谷米和生猪等生意，攒积钱财，买进田地，1893年毛泽东出生时，家境已经逐渐富裕起来了。1917年至1918年，父亲毛顺生将房屋逐步改建、扩建为13间半瓦房，即：退堂屋、厨房、横屋、毛顺生夫妇卧室、毛泽东卧室、毛泽民卧室、毛泽覃卧室、农具室、碓屋、谷仓、牛栏、猪栏、柴屋以及与邻居共用的堂屋。

1921年毛泽东回到家中，在厨房的火炉旁号召弟妹"舍小家为大家"外出参加革命（图8、9）。

1925年，毛泽东又携夫人杨开慧，子毛岸英、毛岸青回韶山，以养病为名开展农民运动，经常在家中接待来访群众，以打牌为掩护，召开各种小型会议，了解农村政治、经济、文化等状况，向农民宣传革命道理，并建立了秘密农民协会和公开的反帝爱国组织——雪耻会（图10）。他还在自己卧室的阁

▲ 图2 "一担柴"式建筑，这种建筑两端凸起，中间凹进，如同一担柴

▲ 图3 故居邻居家的茅草房，先后有多户人家居住

▲ 图4 故居斜屋顶

▲ 图5 故居天井

▲ 图6 故居屋后的屋檐沟

▲ 图7 故居周边风景秀美

▲ 图8 故居厨房内实景

▲ 图9 故居厨房内的火炉。1921年，毛泽东在此教育兄弟姐妹干革命

▲ 图10 故居横屋内的四方木桌

▲ 图11 故居毛泽东卧室内的阁楼入口

楼上秘密召开会议，举行入党宣誓仪式，培养了钟志申、庞叔侃、李耿侯、毛新梅等一批党员，建立了中国农村最早的党支部——中共韶山特别支部（图11）。1927年，毛泽东回湖南考察农民运动，第一站即来到家乡韶山，曾在故居召开会议，收集资料。

第二个时期为破坏、修复期。1929年，故居被国民党湘潭县政府没收，房屋遭到破坏，室内的家具、农具有的被劫走，有的散失。1937年，全国抗日战争爆发后，第二次国共合作建立，故居被退还，由毛泽覃之妻周文楠及其母亲周陈轩、兄周子余和儿子毛楚雄居住。1949年8月，韶山解放，湘潭县人民政府收回毛泽东故居，并派毛月秋、王淑兰等负责看管房子和收集散失的家具、农具。1950年，经湘潭县政府与长沙地委、专署研究，决定在上屋场西侧和南岸私塾之间开辟一个广场，另行新建一栋大房子，代替毛泽东故居，并派出技术人员配合韶山乡政府兴建。毛泽东得悉后，于9月20日致信黄克诚、王首道和邓子恢："请令他们立刻停止，一概不要修建，以免在人民中引起不良影响，是为重要。"湖南省委收信后，即令工程停止。之后，毛月秋、王淑兰等将征集的毛泽东故居原有家具、农具等复原陈列，并于1951年2月6日对外开放（图12）。

第三个时期为复原修缮期。1952年，在保持毛泽东故居原貌的前提下，对故居进行了一次加固性大修，个别地方有所变动，如横屋、父母卧室、毛泽东卧室的外墙缩进了1~1.3米，父母卧室的窗户由向天井开改为向前坪开，牛栏门由向柴屋开改为向天井开等。两年后，又加宽了前坪至晒谷坪的过道，修整了屋后养鱼池（图13）。

▲ 图13 故居屋后的养鱼池

1957年，更换了堂屋、厨房、毛泽东卧室、猪栏屋的墙壁，并将其他墙壁用泥糠粉刷。1959年6月25日，毛泽东回到韶山，次日，在故居与乡亲畅谈、合影。

1961年，毛泽东故居被定为全国重点文物保护单位。1964年至1965年，在对毛泽东故居复原陈列进行研究之后，撤掉了部分家具、农

▲ 图12 1951年的故居正面

具和神龛上的神主。1967年，对故居进行了第二次加固性大修，更换了厨房、毛泽民卧室、猪栏的墙壁和堂屋前沿的桃檩和门槛，拆除了柴屋靠天井边的墙壁，用三合土整修了室内地面和前坪。2002年之后，对故居周围环境进行了集中整治，周围邻居和饭店陆续搬离和迁走，故居周围恢复到1959年6月毛泽东回乡时的原貌。2004年，在严格遵循"原形制、原材料、原工艺、原做法"的原则下又对故居进行了第三次复原修缮，修缮后的故居在堂屋恢复了神龛和祖宗牌位的陈设，在父母卧室的桌子上新陈设了一个算盘，谷仓里陈设了秤、秤砣和量米用的斗等原物。

故居是毛泽东诞生的地方，它孕育了毛泽东，也培养了毛泽东善良质朴、同情劳动人民的优良品质；建筑的外形与内质极为普通，是当年韶山老百姓最为常见的农舍，真实地反映了韶山农村当时的真实面貌；它是爱国主义教育的宝贵资源，在这里毛泽东教育全家"舍小家为大家"投身革命，在这里毛氏一家可歌可泣的英雄事迹震撼了几代人的心灵。

（二）韶山农民夜校旧址——毛氏宗祠

建筑特色：坐南朝北，系砖木结构，青砖青瓦，白色粉墙，屋顶飞檐翘脚（图14），建筑面积668.8平方米，系韶山毛姓总祠，为三进两院、中轴对称式布局。正门两侧有对联一副，"注经世业，捧檄家声"，展现了毛氏家族崇文尚武精神。进入正门，由南向北沿中轴线依次为：第一进戏楼，两侧小房为化妆室，楼下中为小厅，左右为厨房和酒饭室（图

▲ 图14 毛氏宗祠屋檐一角

▲ 图16 毛氏宗祠第二进——中厅，图为1925年杨开慧开授农民夜校的教室

15）；第二进中厅，上悬"聪听彝训"，左廊悬钟，右廊悬鼓，是全族办公、讲约、祭祀和摆酒设宴的地方（图16）；第三进"敦本堂"，堂中安放历代祖宗神主牌位，堂左为住宿处，堂右为钱谷、祭器等物的收藏处（图17）。大门正上头有"毛氏宗祠"四字；两边平列"韶灵""毓秀"四字；上面有《独占鳌头》《八仙过

▲ 图15 毛氏宗祠第一进——戏楼

▲ 图17 毛氏宗祠第三进——敦本堂

海》等浮雕和绘画，墙上有不少彩绘；大门外两边各立一石鼓；两侧对联为"注经世业，捧檄家声"。纵观全祠，高低错落，主次分明，规划统一，布局严谨，庄严肃穆，极具江南地方风格，是中国古代建筑的一个见证者。

建筑沿革：毛氏宗祠的建筑沿革根据其不同时期的功能变化大致也可分为三个时期。第一时期是作为封建活动场所，这一时期的祠堂保护和修缮得较为完好、美观。毛氏宗祠始建于乾隆二十三年（1758年），乾隆二十八年建成。祠堂是中国封建社会基层最重要的公共活动场所，除祭祀外，族人常在此叙事议事、举办庆典活动，并常借教育族人思想，规范族人行为之机，体现出其作为家族的权力机关和履行封建族权的职能。毛泽东少年时，韶山有个农民毛承文，敢于与地主豪绅对抗，却被地主和族长诬陷"破坏族规"，将他押进毛氏宗祠，准备毒打。毛泽东闻知，无比愤慨，立即同贫苦农民一道冲进祠堂，向族长说理，迫使族长不得不释放毛承文。

第二时期是作为教育、办公场所，这一时期的祠堂内设施多数遭到破坏，外观颇为破旧。祠堂本是封建宗法制度的产物，大部分都随着中国封建社会的解体而消失，或不为封建活动所用。1921年秋，韶山冲进步知识分子毛麓钟、毛简臣曾在此创建毛氏族校，推行新学，宣传新思想，传播新文化。1925年，毛泽东回韶山开展农民运动，创办农民夜校20余所，这里是最早的一所。中厅为夜校教室，毛泽东的妻子杨开慧曾在这里讲过课，向穷苦乡亲传授文化知识，通俗地宣讲革命道理。1935年，韶山青年教师进修会在祠内办农村小型图书馆。新中国成立后，韶山乡人民政府、中共湘潭县韶山区委、韶山区公所、韶山区文化馆等单位先后在祠内办公（图18）。

第三个时期是作为革命教育场所，这一时期的祠堂得到较好的修缮和复原，且得到重点保护。1968年，经韶山管理局维修后，按农民夜校教室复原陈列，于是年12月26日正式对外开放。1972年9月，被定为省级重点文物保护单位。1983年，纳入全国重点文物

▲ 图18 新中国成立初期的毛氏宗祠

保护单位——毛泽东同志故居范围内加以重点保护。1990年，韶山管理局对其进行了较大规模复原修缮，拆换了门、柱、装修了门楼。此后，先后在祠内举办了"毛泽东家世展览""毛泽东与湘乡外祖家史迹展"。2008年，对毛氏宗祠进行了全面修缮和粉刷，对其周边环境进行了全面整改，并且举办了"毛泽东家世家风"展览。

二、纪念设施建筑：因时代及政治形势的发展、科技的进步和实用性的变化，曾几度改扩建，在建筑风格上，不同时期呈现不同的特点

（一）韶山毛泽东同志纪念馆

韶山毛泽东同志纪念馆分为生平馆和专题馆。生平馆主要展陈毛泽东主席生平业绩和思想，现有展览"中国出了个毛泽东"；专题馆主要展陈毛泽东主席文物，现有展览"风范长

▲ 图19 2008年全面修缮后的毛氏宗祠

存——毛泽东遗物展""大笔乾坤——毛主席诗文书法"，还辟有"英烈忠魂——毛主席一家六烈士""永远的缅怀"专题陈列。

建筑特色：生平馆始建于1964年，当时为园林风格，钢筋水泥、砖木混合结构，整个建筑于山林间时隐时现，依地造势，高低错落，内庭开朗，回廊明快，建筑外形为小青瓦盖顶的坡形屋面，院内小桥流水，花榭楼台，仿佛置身苏州园林，乃"农村的外貌，城市的内容"（图19、21、22）。但展厅内空间狭小，不利于上现代化大型展陈，展室之间不连通，易使观众在参观时思绪间断，单个展室为全开放式，冬冷夏热，不利于观众舒适参观。

▲ 图20 20世纪六七十年代的毛泽东同志纪念馆外景

▲ 图21 2008年的毛泽东同志纪念馆外景

▲ 图22 2008年的毛泽东同志纪念馆内景

为适应现代展陈需要，满足观众舒适参观要求，2013年生平馆拆除，采用保留与改造相结合的原则，在"以人为本"的前提下，加入了现代建筑的时尚与实用性元素，整体风格仍保持南方园林建筑的特点，依山势而建，主展厅内空高达11米，庄重肃穆，恢宏大气，改造后的新展区既保留原有建筑的历史感，又满足现代展馆开放的功能需求。

2008年于生平馆后方新增的专题馆，承接生平馆的建筑和内容，建筑依山就势，层层叠落，呈分散式的院落，展厅内空宽敞高大，适合作大型展陈，院落则采园林景观设计，浅池流水，文竹花草，富于诗情画意，与现代化的钢架混凝土屋面，玻璃墙体相结合，与韶山周边的建筑风格和人文环境相协调，是一座设施一流、陈列一流、服务一流、管理一流、教育效果一流的全国爱国主义教育示范基地和具有湖湘特色的纪念性景观建筑（图23—图27）。

改造后的生平馆和专题馆建筑风格相近，功能互相搭配，浑然一体，是重要的纪念设施和宣传平台，其本身也已成为韶山现时期的重要

▲ 图23 毛泽东同志纪念馆专题馆全景图

▲ 图24 毛泽东同志纪念馆专题馆序厅

▲ 图25 毛泽东同志纪念馆专题馆内景一角

▲ 图26 毛泽东同志纪念馆专题馆展厅实景

▲ 图27 毛泽东同志纪念馆专题馆外景一角

景观。

建筑沿革：韶山毛泽东同志纪念馆的建筑沿革可根据馆舍大幅度变化的时间分为两个阶段。

第一个阶段是建筑逐渐成形期。1963年，中共湖南省委开始筹建韶山毛泽东同志旧居陈列馆（后更名为韶山毛泽东同志纪念馆）。中共中央中南局第一书记陶铸指示：韶山要保持农村风貌，陈列馆不要建成高楼大厦，而应以小青瓦平方与当地民居风格协调。1964年10月1日，在此指导思想下建成的旧居陈列馆正式对外开放，建筑面积2707.05多平方米。由于来韶参观游客日益增多，原先的建筑面积已满足不了游客量，于1969年馆舍进行了扩建，扩建面积3185平方米。1976年，在展室后方兴建了二层办公楼一栋，建筑面积799.63平方米。1990年，中央警卫局将保存于中南海丰泽园的毛泽东大部分遗物移交韶山纪念馆后，于1992年在办公楼旁新建一座高标准文物库房，建筑面积1638.4平方米。

第二个阶段为扩建完善期。2005年，为改善毛泽东主席文物的展陈和收藏环境，落实中央对毛泽东主席文物加强保护和利用的指示精神，湖南省韶山"一号工程"建设领导小组通过充分论证，在生平馆后方新建专题馆一座，2008年竣工对外开放。该建筑由广州市设计院设计，总建筑面积1.9万平方米，其中陈列布展等面积8400平方米，库房4330平方米，工作用房6200平方米。总投资约1.9亿元。该馆的设计功能完备，整个场馆区域内配备中央舒适性空调，库房配备恒温恒湿空调。空调、消防、安防及报警等设备全部实现了中央监控管理。毛泽东纪念馆专题展区的陈列展示设计和布展工作全部由北京清尚建筑装饰有限公司（原清华工美）承担。2008年于一楼展陈"风范长存——毛泽东遗物展"，2013年二楼提质改陈，新增"大笔乾坤——毛主席诗文书法""英烈忠魂——毛主席一家六烈士""永远的缅怀"陈列。

2012年8月24日，湖南省委常委会研究决定全面启动韶山毛泽东同志纪念馆生平展区改造工作，同年10月8日，毛泽东同志纪念馆生平展区闭馆改造。改造主体设计由湖南省建筑设计院完成，主体建筑拆除后按原风格重建。改造后的纪念馆生平展区由序厅、特别展区、主展区和服务区组成，整个建筑11000余平方米，其中陈展面积达5000余平方米。生平展区的陈列展示设计和布展工作仍由北京清尚建筑装饰有限公司（原清华工美）承担。推出基本陈列"中国出了个毛泽东"将于2013年12月26日正式对外开放。由于建筑空间高大且封闭，该展设计大胆采用现代展陈手段，并坚持"以人为本"，创新提质，生动地反映毛泽东同志在中国革命和建设中的历史地位、丰功伟绩和崇高的人格风范，将给观众带来一场视觉和精神上的盛宴，更好地体现出爱国主义教育基地的作用（图28、29、30）。

韶山毛泽东同志纪念馆主展区的发展和完善，是国家经济和社会发展水平不断提高的一个缩影，同时也反映了毛泽东主席的影响在不断扩大的一个过程。

▲ 图28 毛泽东同志纪念馆生平馆序厅效果图

▲ 图29 毛泽东同志纪念馆生平馆遵义会议场景效果图

▲ 图30 毛泽东同志纪念馆生平馆开国大典场景效果图

（二）毛泽东广场

建筑特色：早期广场建筑面积约6200平方米，呈扇形，由铜像台基、铜像前坪和绿化带三部分组成，并安装了避雷、防洪、防震、防飓风设施（图31）。现在的广场是2008年在原基础上扩建的，扩建后的广场，铜像向西南方向移动84.5米，整个广场分为休闲区、集会区、纪念区、瞻仰区，总面积为102800平方米，广场环境设计简洁、大方，充分体现了毛泽东的求真、求实精神气节和"指点江山，激扬文字"的雄才伟略（图32）。

建筑沿革：毛泽东广场的建筑沿革可根据其改扩建的时间分为两个时期。第一个时期是20世纪90年代初期，这一时期讲究庄重、俭

▲ 图31 20世纪90年代的毛泽东广场

▲ 图32 2008年改扩建后的毛泽东广场

朴，与周边人文建筑相协调。1991年年初，湖南省委把在韶山塑建一尊大型毛泽东铜像纳入计划，3月，江泽民总书记在韶山对此作了充分肯定，10月17日，中共中央办公厅在中共湖南省委的请示中明确批示"同意塑建一尊毛泽东同志的铜像"。1993年，中共湖南省委确定毛泽东广场建筑方案。毛泽东铜像的塑造工作

由著名雕塑大师刘开渠、程允贤共同完成，铸造由南京晨光机械厂完成。铜像重3.7吨，高6米，基座高4.1米，全高10.1米，暗喻中华人民共和国成立的日子。毛泽东胸佩"主席"证件，手拿文稿，面带微笑，目光炯炯，神态亲切自然，成功再现了伟大领袖毛泽东开国大典时的光辉形象，生动地体现出了主席同全国人民共同迎接胜利的喜悦和为国家民族勇担大任的自信，这种喜悦和自信，给人们带来强大的积极向上的感染力量和对美好事物追求的坚定信念，人们因而赋予了它各种神圣寓意……韶山毛泽东铜像已成为毛主席精神符号，成功和自信的化身，千千万万的人们赶来缅怀和瞻仰（图33）。 广场于1992年11月破土动工，到1993年11月底竣工，之后，这里便成为韶山的核心景区，全国各地群众瞻仰、缅怀毛泽东的主要场所和参观游览集散地。

第二个时期，新改扩建后的毛泽东广场在简洁、庄重的基础上，由于面积扩大，功能增加，更显大气、实用。近几年，随着红色旅游的升温，来韶游客逐年增加，特别是旅游黄金周和大型纪念活动开展时，原来的毛泽东广场集会场地狭窄、视野不开阔、广场绿化区域小、交通组织混乱等问题逐渐暴露出来，给游客带来了诸多不便。2008年，中央"一号工程"把毛泽东同志铜像广场改扩建作为重要内容。7月份开始动工，是年12月竣工，毛泽东广场现在每年接待客人800余万人次。

三、自然人文景观建筑群：在不破坏自然环境，保持原貌的基础上，不断完善建筑设施，优化环境，实现自然人文景观的和谐统一

以滴水洞风景群为例

建筑特色：是一个三面青山环抱的狭长幽谷，98万多平方米，峡谷中层峦叠嶂、古树参天，鸟语花香；景观雅致，乡村外貌，城市内容，中西合璧，亦土亦洋，青砖青瓦的T形小平房，形成了以毛泽东1966年6月下榻一号楼为核心的天然博物馆、露天纪念馆，成为韶山自然景观与人文景观相交融的典型代表（图34、35）。毛氏族谱曾这样描述滴水洞："一钩流

▲ 图33 毛泽东铜像

▲ 图34 滴水洞外景

▲ 图35 滴水洞内景一号楼

水一拳山，虎踞龙盘在此间。灵秀聚钟人未识，石桥如锁几重关。"

建筑沿革：滴水洞风景群的建筑沿革根据使用功能特性分为三个阶段。第一个阶段为居住用。1956年，韶山人民在滴水洞出口处

筑堤蓄水，修建韶山水库，使附近一带数百亩稻田得以旱涝保收。1959年6月，毛泽东回到阔别32年的故乡，来到了滴水洞口的韶山水库游泳，兴之所至，随口对湖南省委书记周小舟说："将来我老了，退休了，在这里搭几间茅屋子住。"周小舟就此向省委常委和中共中央中南局第一书记陶铸作了汇报，一致同意在滴水洞修造一座别墅，动工时代号为"203工程"。此时，滴水洞的房屋建筑形式参照北京中南海毛泽东居室式样，吸取俄式建筑保暖放缓的特点，充分考虑毛泽东的生活习惯，设计了一、二、三号楼主体：一号楼为毛泽东来韶时用，为平房；二号楼共24间，为陪同的中央负责人休息处，与一号楼紧紧相连；三号楼距一、二号楼有百余米，为卫士及其他人员居所。别墅始建于1960年，1962年竣工，建筑面积3638.62平方米。第二个阶段为战备用。1970年，在一号楼背后，沿着毛泽东办公室往西，建了一间防震室和一条通向虎歇平山底的防空洞，与一号楼回廊相连，洞的两端各有厚度近尺、重达几吨的装有自动控制的粗重铁门，即使洞外施放原子弹，也无损洞内指挥系统和驻洞人员的安全。第三个阶段为参观用。出于对外开放、供游客参观游览的需要，1985年，在滴水洞新建韶山八景碑、八景亭、龙涎，并刻制了50余块党和国家领导人及著名人士在韶山的留言、题诗碑。1986年正式对外开放。1987年，修建了滴水洞门楼和一号楼至虎歇坪的游道，修复了毛泽东祖父毛翼臣墓，在其附近修建了石虎和虎亭。1990年修筑了新的景点——滴水清音，1992年竣工。1996年，新建龙头山景点群，1997年竣工。现在的滴水洞风景群已集造化之神秀，萃人文之盛事，蜚声海内外，每年接待客人100余万人次。

纵观韶山的红色建筑，它具有自己的鲜明地域特色，却又随着历史长河的奔流不可避免地受到时代建筑文化、科技进步、现实环境需要等诸多因素的影响，不断变化着，但贯穿其间的精神文化依在，如一个常学常新的生动课堂，有取之不尽的政治智慧和道德养料，今天仍然见证历史，守望未来……

Ideological and Aesthetic Value of Museum Exhibition Design

解读博物馆陈列展览的思想性与观赏性

单霁翔（Shan Jixiang）*

▲ 单霁翔

编者按：故宫博物院院长单霁翔博士关于博物馆研究的系列文章迄今已进行到第5辑，在之前的论述中，单博士梳理了中外博物馆发展简史、博物馆演变的特征等命题。在第5辑中，单博士发表了他关于博物馆展陈研究的最新成果，以丰富的例证论述了博物馆陈列设计的重要性与其内在的规律性。

Editor's Notes: It is the fifth article of the series about museum research written by Dr. Shanjixiang, President of the Palace Museum. In his previous articles, Dr. Shan had tackled various topics including the development of museums in and outside of China, the characteristics of museum evolvement. In the fifth issue, Dr. Shan presents his latest findings in the museum exhibition research, discussing the importance and regularity of museum exhibition design with abundant examples.

博物馆的陈列展览是在一定空间内，以学术研究资料和文物标本为基础，以展示空间、设备和技术为平台，按照一定的主题、序列和艺术形式进行组合，实现面向大众进行知识、信息和文化传播，具有一定思想性和观赏性的文化创造。当前博物馆的陈列展览理念，需要更加注重通过文物展品之间的相互联系，构成明确的思想主题，以解读文化为线索、空间规划为载体、形式语言为手段、艺术表现为辅助，取得预期的观赏效果，实现陈列展览思想性与观赏性的统一。

一、实现陈列展览的思想性

今天，博物馆不能仅满足于举办多少陈列展览，更重要的是陈列展览的质量如何。质量才是决定陈列展览价值高低的尺度，才是赢得社会效益的关键。博物馆应该具有精品意识。博物馆推出的陈列展览应该成为精品之作，才能与博物馆的性质相一致，与博物馆的文化品位相符合。那些缺少思想内涵、设计制作粗糙的陈列展览，对于社会公众的文化生活没有吸引力。要持续推出精品陈列展览，需要有熟悉文物藏品的专家团队，能够不断从文物藏品的文化内涵中提炼出好的陈列展览主

题，深入研究采取何种设计手段使文物展品恰到好处地表现陈列展览的主题，根据陈列展览的内容设计，精心挑选文物藏品，然后通过好的形式设计将文物藏品组织成内涵丰富的精品陈列展览。

由此可见，如同科学研究项目一样，优秀的陈列展览是精心研究的结果。那些"原始质朴的石器陶片，精致典雅的商周铜器，凝重生动的秦砖汉瓦，色彩艳丽的漆木瓷器，流畅沉着的碑刻书画，以及优美新奇的纹饰图案，精巧别致的器物造型等，这些足以让人们心动，让人们目不暇接，让人们幽思不息"[1]。人们面对令人荡气回肠的历史画卷，面对跨越历史长河保留至今的文物珍品，情感得到净化，心灵得到陶冶，精神得到升华，进一步认识到人生的意义和价值，从而树立社会责任感，情操更加高尚，人格更加完美，努力开创更加美好的未来。

宋向光先生认为，如今陈列展览的内容设计工作面临新的挑战，"怎样在中华民族历史背景下表达当地社会历史文化特色，能否在历史发展的因果链条中凸显本地社会人文的亮点，如何将入地火潜藏般的地域历史发展脉络与当地建设辉煌成就有机结合，如何协调严肃的学术题材与轻松的休闲需求，如何统筹线

* 故宫博物院院长、中国文物学会会长

性的内容线索与交织的多元信息。在信息化和学习型社会的背景下，在文化产品成为市场新宠的环境下，博物馆陈列内容的选择和设计是否仍要坚守学术的严谨，是否仍要坚持对民众的教化，对这些问题的思考，并不是要求我们在历史与现实之间作出选择，也不是要评判正误，而是要正视它们对陈列的影响。将这些新的思考包容到博物馆陈列中来，并在应对挑战的努力中创造博物馆陈列表达的新方式"[2]。

随着经济社会的不断发展，广大民众精神文化需求呈现出多层次、多方面、多样性的特点，审美情趣、欣赏习惯、评价标准等与过去相比有了很大不同。在此情况下，如果一座博物馆的陈列展览内容单调、展示手段陈旧落后，甚至长时期保持一副老面孔，就不会有吸引力和感染力。"面对新的工作环境、工作条件、工作手段和工作目标，传统的陈列理论、制度和方法已难于解释和指导变化的工作实践。博物馆陈列工作者必须直面现实，深入思考博物馆陈列实践发展提出的新课题，力求在认识和观念上获得新的理解和共识"[3]。

陈列展览的思想主题内容与陈列艺术形式之间的关系，一直是人们关注和探讨的一个热点话题。不同历史时期存在着"重内容、轻陈列"或"重陈列、轻内容"的不同倾向，而目前"重陈列、轻内容"的倾向比较突出。实际上，思想主题内容是博物馆陈列展览的灵魂，陈列艺术形式必须服从于陈列展览所要展示的思想主题内容。文物陈列展览是一项科学性很强的系统工程，包括展览策划、内容设计、形式设计、展厅安排、展览制作、展品布置等多项内容。其中内容设计是陈列展览的灵魂和核心，包括遴选文物、提炼主题、拟定展名、撰写文案等各个环节。更为重要的是，要将思想主题贯彻始终。

博物馆陈列展览以文物藏品为主要语言。博物馆展览中信息的传播，需要告诉观众每一件文物展品经历的沧桑和背后不为人知的故事。通过这些可以遵循历史的足迹，寻找文化的脉络，使观众获得启示和教育。苏东海先生认为，"每件文物都有自己的故事，可是博物馆并不注意去追寻它"。"如果我们在加强藏品的科学研究的同时，加强藏品的人文内涵的研究，追寻每件藏品的故事及其中蕴含着的动人心弦的情感，那我们的藏品研究将会进入更广大的领域；我们的观众将会流连于文物的情感之中，而驻足不去"[4]。

博物馆的陈列展览并非简单意义上文物的叠加与组合，而是一个复杂的艺术创造的过程。利用工业遗产建筑筹建的明孝陵博物馆，基本陈列颇具特色，以朱元璋与明孝陵为主线，内容上分为天、地、人三个元素。即朱元璋由平民成为皇帝或者说"天子"，这是从"人"到"天"的过程；而由皇帝到"驾崩"，葬入孝陵，则是从"天"到"地"的过程。陈列展览抓住这一"人、天、地"的变化主题，通过展示空间中高度的抬升和下降，得到了很好的展示效果。展示空间从平面到登基场景，形成高度的抬升，随后展示空间转入下沉，通向模拟地宫，形成高度下降。

好的陈列展览是观众到博物馆的理由。观众能用心、动情参观的才是好的陈列展览。好的陈列展览应集思想知识内涵、文化学术概念和现代审美标准于一体，既反映真实生活，又生动、可读、感人。作为博物馆工作的核心内容，博物馆通过对文物藏品的组合陈列展示，传播知识，履行社会教育和服务职能。每一个展览都不应该是简单的文物展品排列与组合，而应该为观众营造良好的欣赏展品的氛围。陈列展览中的所有元素之间应相互作用，形成整体，将孤立的文物还原到当时历史的文化体系之中，让观众充分理解其独特的价值，在一定范围内产生预期的效果，拉近观众与文物展品之间的距离。

大英博物馆于2003年完成了第一展厅的改造，以"启蒙运动"展览对公众开放。展示空间和陈列展览内容经过精心改造和设计，保留了最为传统的19世纪博物馆的状态。陈列展览沿用了以前大英图书馆的老展柜，尽管这些没有内部照明的老式展柜展示效果并不理想，但是文物展品却连同展柜一起讲述着历史，观众能够从中感受到启蒙运动的意义。展厅内文物展品仿佛没有严格进行分类，只有笼统、简单的文物展品说明，这恰恰可以和其后的100多个展厅形成反差，"代表着现代文明的起点"。陈列展览设计者精心构建这样一个"启蒙运动"时期的语境，就是希望启发观众自己寻找历史线索，自己组织知识结构，按照自己的方式理解文物展品，从而带给观众深刻的参观体验。虽然有人认为大英博物馆的陈列展览方式原始，但是它在提示人们空间环境对于观众理解陈列展览和文物展品的重要性。

一位美国学者曾说："博物馆不再于它拥有什么，而在于它以其有用的资源做了什么。"陈列展览通过空间展示的表现手段，向观众传递文物展品信息，以达到观众和文物展品间的交流。因此，空间设计是博物馆陈列展览设计的重要组成部分，是陈列展览形式设计的一个重要环节。空间设计主要是利用展墙、展柜等辅助手段，对既有的展厅空间进行再组织和利用的过程，是一种人为环境的创造。博物馆文化的最大特点是实物教育，最吸引观众的是博物馆所收藏的丰富文物。良好的空间设计，依据文物藏品进行量身定做，使文物展品和展示空间构成有机关系，使陈列展览得到最合理的组织规划，达到最佳的展示效果。同时，色彩与光线对于突出环境氛围、形成陈列展览风格、营造陈列展览情调至关重要。一个优秀的陈列展览，离不开色彩与光线的合理选择与运用。既要强调和谐，又要避免单调。

从本质上讲，博物馆陈列展览的目的是通过艺术的方式进行文化知识传播，陈列设计总的原则是形式必须服从内容，而要突出内容，则需要良好的表现形式来衬托。每个展览的主题和内容不同，时代与文物种类不同，都会给陈列设计的形式提出特别的要求，需要通过不同的创意予以表达。其中博物馆展览的造型设计包括展柜、展墙、台座等诸多项目，在造型设计和组合使用中，应注意处理统一性与多样性之间的关系，统一性能够使陈列展览展现出整齐与和谐，多样性能够使陈列展览表现出韵律与节奏。

除文物标本外，陈列展览中还大量采用艺术和技术含量较高的辅助艺术品和科技装置，例如地图、模型、沙盘、景箱、场景、蜡像、壁画、油画、半景画、全景画、雕塑、多媒体、动画、触摸屏、电子书、幻影成像、全息投影、影视、场景复原、电动图表、观众参与装置等。这些辅助艺术品和科技装置，无论是用于还原、再现，还是重构，都应有一定的学术支撑，都必须围绕陈列展览思想主题，以知识、信息和文化传播为主要目的，根据内容表现需要专门策划，并进行高质量的设计制作。

博物馆举办展览应注重关注社会，关注现实，关注民生，关注"人文精神、艺术哲学、科技美学"等要素的结合与体现，提倡求异，挖掘个性，着重研究个性化、差异化、感知化、人本化的设计理念。陈列展览工程虽然包含普通装饰内容，例如展示空间的吊顶工程、地面工程、墙体基础装饰装潢工程，以及陈列展览中使用的基础电器工程。但是从总体上来讲，陈列展览工程应该是一项兼具学术性和科学性的艺术工程。费钦生先生认为，"我们面临着大、中、小的陈展空间，高、中、低的陈展经费，面临不同内容、不同性质的展览，都要倾心去设计，不是只有场景，只有声、光、电才是好的设计，而是要认真做好陈展空间的整体，每个细节的设计要为主题服务，并且做到人文关怀"[5]。

因此，必须坚持博物馆陈列展览的工作目标，遵循陈列展览的工作规律和业务规范，实现学术成果与实物展品的有机结合、知识内容与视觉表达的融会贯通、社会教育与自主学习的协调配合、文化传播与大众休闲的相得益彰。"一个优秀的博物馆，不在于馆的大小及豪华程度，关键在于是否有思想。一个没有思想，只有文物陈列的博物馆，实际与文物仓库或文物商店并没有什么区别。没有思想的博物馆，等于没有灵魂，只是城市点缀风景的花瓶，具有观赏性，但缺乏启迪社会的作用"[6]。

博物馆的未来正在朝着集历史教育、艺术欣赏、公众参与、文化传播和娱乐休闲一体化的方向发展。博物馆陈列展览的特点主要通过思想主题、题材结构、表现视角等内容方面的特点，以及信息呈现方式、视觉表达手段、传播媒介类型、艺术表现风格等传播方面特点反映出来。当代博物馆陈列呼唤多样化。社会公众对博物馆陈列的需求趋向多元，希望看到更多不同题材、不同视觉表达方式，给人们以创新启迪和审美愉悦的陈列展览。各类博物馆也希望通过陈列展览突出本馆特色，陈列内容的多样化呈现，有助于使文物藏品以更加深刻的内涵呈现在观众面前，有助于观众在比较中获取更多的文化信息，在比较中深入思考。

当代博物馆陈列展览应该鼓励创新，鼓励创建具有鲜明特色的陈列风格。正如加拿大康宁玻璃艺术博物馆馆长所说："我的使命就是让人们对玻璃感到兴奋。"这句话直观地解释了有趣的博物馆对于观众的影响[7]。陈列展览形式的多样化表达，可以更加有效地激发观众的参观兴趣，改变观众过去在博物馆的视觉疲劳感，实现愉快的参观体验，使观众多维度地接触展品信息，在愉悦的参观体验中丰富知识、技能和学习能力，使观众在博物馆里不仅能以愉悦的心情学习知识，还能得到身心的放松和文化的享受。

突出功能是现代主义的准则，主张"形式服从功能""功能就是形式"。在博物馆陈列设计方面，现代主义认为只要能完美地表达展示功能的设计形式，就是好的陈列展览设计，人们就会理解接受，以此作为评价陈列展览设计是否最佳的重要标准。但是形式仅仅表现单纯的功能，不是设计真正的全部内涵。上海博物馆绘画馆的窗格、竹子、假山石，它们的真正用途与绘画作品的内涵本无多少关系，而是为营造一种展厅氛围，传达一种江南地域文化、审美情趣，使观众产生美感和对美的追求、向往，这种文化气息浓郁的氛围是一种有趣联想，一反过去单调疲乏的功能性的设计[8]。

因此，在陈列展览设计时既要符合基本功能的构成规律，又要克服现代主义对功能理解的局限性。也可以说，在陈列展览设计中既要否定现代主义片面反对传统和装饰的做法，又要反对忽视甚至损害使用功能的矫揉造

作。以展板上的装饰布为例，除了要阻燃、吸音、结实以外，在设计时还要考虑美观，创造出富有视觉感染力的陈列效果；展柜放置文物安全是最基本的功能，但是在设计时还要注意款式的美观，与陈列展览内容、展厅整体效果相协调。所以，陈列展览设计是包括了人的生理、心理、物质、精神等诸多方面因素的综合性设计，其中有意义的氛围营造，不仅反映陈列展览内容和观众审美需要的真实感受，而且折射出设计功能的丰富层次。

中国历史博物馆的"中国通史陈列"，自原始社会开始，至清朝灭亡结束，结合中国历史发展特点划分历史阶段，其特征是以考古发掘及传世文物为基本展出材料，力求全面、系统地展现中国历史，这不仅在世界上独一无二，也是我国博物馆事业历史上具有划时代意义的重要陈列[9]。"中国通史陈列"展览模式，在相当长时期内，影响了全国的省级博物馆，甚至市县级博物馆，很多陈列展览都是以每个朝代、每个时期的政治、军事、经济、文化四大部分进行划分的，形成固定的陈列展览模式，造成很多博物馆应有的特色难以突出，也影响了观众参观博物馆的兴趣。

20世纪90年代上海博物馆新馆落成，作为一座艺术性博物馆，陈列展览突破以往惯例，取得创新性效果，获得普遍赞扬。于是很多博物馆又争相学习上海博物馆的陈列展览形式，同样往往忽视了自身的特色，走向另一个极端。"有人讲要让文物自己说话，其实文物自己是不能说话的，还是要靠我们的展陈工作者通过内容设计和形式设计把文物内在的信息揭示出来，展示给观众"[10]。但是，目前陈列展览内容中必要的文字说明和辅助材料太少，只是简单地描述文物名称、时代、出土地点等基本信息，过于简单、笼统，普通观众往往看不懂陈列展览希望表达的文化内涵，兴趣索然，如此博物馆的陈列展览难以抓住观众。

美国媒介批评理论家尼尔·波斯曼继《童年的消失》《娱乐至死》之后，又推出《技术垄断：文化向技术投降》。针对美国一切形式的文化屈服于技艺与技术统治的弊端，他不无忧虑地告诫世人，"我们容许一种技术进入一种文化时，就必须睁大眼睛看它的利弊"。在我国，尽管高科技尚未在博物馆这种文化体中生根，但是我们也必须密切关注、冷静分析其利弊得失。今天，当一些博物馆出现娱乐化倾向之时，当有人倡导博物馆要"尽可能地满足观众的娱乐性需求"，要"与真正的娱乐一样，本身必须具有足够的娱乐性、刺激性和发现性"，应该"与其他娱乐形式或娱乐设施相结合"时[11]，博物馆专家们对此予以高度关注。

苏东海先生强调，娱乐固然是文化的一种重要功能，却不是文化的核心价值。文化的根本意义在于提高人类的精神境界，满足人类心灵上的需要。应当指出，虽然审美与娱乐存在着内在的关联，但是绝不能将二者混为一谈。审美过程虽然可以使人愉悦，但其终极追求则是"善"与"美"。如果陈列展览设计过分追求消遣、娱乐，充其量也只是迎合了一些人寻求刺激和娱乐的浅层次需要，就会放弃审美追求，降低艺术品位，最终沦于低级趣味。思想性和艺术性是博物馆不可放弃的基本追求，陈列展览的目的不应该转归于寻求感官刺激和世俗娱乐。

免费开放后，博物馆观众呈现出新的特点，低收入人群、劳动阶层人群和离退休人群的比重显著提高，家庭群体观众也有明显增加，参观活动的"休闲"色彩更为浓厚，观众在博物馆中表现出更大的自主性，学习

和文化休闲成为观众的主要需求，而且学习与休闲的结合更为紧密。观众在博物馆中的学习，不再会满足于单纯的记忆，而希望享受发现、推理和验证的乐趣。因此，应该改变以往博物馆给予观众枯燥、单调的印象，尝试通过多样化的科学普及方法，使参观者在博物馆得到"休闲式"学习体验。观众喜欢参与互动的体验，娱乐性应该成为观众在博物馆体验的一部分内容。

"'寓教于乐'，不是简单地将学习过程游戏化，而是让学习者感受到学习过程中'豁然开朗'的快乐"[12]。苏东海先生指出，"博物馆应该明白，如果要娱乐观众，博物馆永远无法和迪斯尼相比"[13]。实际上，观众期待的是提供给他们特别意义的陈列展览，特别是愉快的文化体验，而不是一般的感观刺激。好的陈列展览，并不在于声、光、电等现代科技手段的运用，也不在于色彩的夺目和形式的奇特，虽然这些也是陈列展览的必要手段，但是更为重要的是要有"以服务观众为中心"的思想，以及在这种思想指导下的设计理念，使其适应观众的认知方式和审美习惯。这样，就要在陈列展览的内容设计和形式设计之间取得平衡。

二、实现陈列展览的观赏性

故宫博物院的宫廷史迹部分展示方式是典型的复原陈列，以保存历史原貌为主旨，例如太和、中和、保和三大殿，乾清、交泰、坤宁后三宫，养心殿，西六宫除永寿宫以外的各个殿宇，均是宫廷史迹原状陈列场所。这些展示场所全部根据历史文献记载进行布置陈设，最大限度地再现当时皇家政务和内廷生活场景，对于历史研究有着极为重要的参考价值，也最受普通观众喜爱，做到了雅俗共赏。原状陈列虽然反映的只是历史的某些侧面，但是它能真正地再现当时的社会生活场景，并直接诉诸观众的视觉，给观众以感性的认识，有助于人们对历史时期、历史环境及其当时社会生活的了解。既然是"原状"，就要以严格的史实作为依据，以科学、认真的态度进行考证，设计出原状陈列的真实性、可信性与历史性和艺术性[14]。

19世纪50年代之前，一般平民对参观博物馆几乎毫无兴趣，不仅对内容看不懂，而且视觉上也感到疲劳和不适。英国著名的工艺美术家H.寇尔（H.Cole）首次提出要把工艺美术与陈列展示内容有机结合，例如通过油画、水彩画、雕塑、木刻等帮助观众了解陈列展览内容及重点，减少疲劳，还可以在身心愉悦中得到美学享受。此后，陈列展览的理论与技巧不断创新，博物馆领域也出现了专职的陈列展览设计人员，极大地改变了陈列展览形式设计水平，影响着博物馆的公众社会形象。[15]今天，博物馆的陈列展览向着艺术化、人性化、数字化等方向发展，努力寻找更符合现代博物馆陈列展示特点的传播手段。

随着科学技术手段的发展，陈列展示形式远远超越了传统的图文展板的静态展示，例如模型演示、景观再现、视频展播、幻影成像、主题剧场、互动体验项目等各类动态展示，通过视觉的新颖性和冲击力，很容易激发公众主体参与意识，唤起共鸣。陈列展览技术在博物馆的合理应用，依托于文化创新的设计理念，实现陈列展示功能需求与新技术、新材料的合理把握，陈列展览设计与艺术表现形式的相互渗透，陈列展示空间与自然环境的和谐共生，体现出博物馆专业人员与展览设计与施工制作等方面的高度协调配合。

陈列展览是一门综合性的空间艺术。陈列艺术设计几乎包括所有造型艺术的手段，融建筑艺术、工艺美术、绘画雕塑等各方面于一身。传统的博物馆陈列展览，在大多数情况下只是把文物展品名称、年代、类别等静态信息传达给观众。在这样的传播环境下，观众只能被动地观看展品信息。但是，博物馆的基本陈列不仅需要一时的视觉冲击力，更需要引发沉思，满足欣赏需要。文物展品是展示空间的主角，应以最有效的空间分割，使所有展品都散发出文物所具有的魅力，使文物展品的展示秩序更具有逻辑性，使各陈列单元空间分布更具有合理性，从而使文物展品达到最佳的展示效果。

因此，对于陈列展览应实施全面的质量监督、精细化管理和人性化服务。通过改进展览展示的方法，使说明文字更通俗、字体更清晰、距离更接近等，便利参观者理解展览内容。为了确保文物展览还原历史的真实性，应对文物展览中复制品的准入条件作出严格要求，分析文物复制品参与展览的必要性，确定陈列展览中复制品所占比例。同时，展出的复制品数量和内容应在陈列展览的介绍中予以明确说明，在展出标签中予以明确标注，并对原物原作的情况作出简要介绍，避免造成以仿传真，以误传误的不良后果。

每一个陈列展览都应具有独特的品质，审美风格应当与展示内容相呼应，绝不能因为盲目追求形式美而伤害陈列展览的思想性和科学性。反之，如果陈列展览所表达的视觉感受、所营造的环境气氛，与展览主题和内容设计互为表里，就可以使陈列展览的主题、内容、信息、知识与形式、视觉、环境、感受相映生辉，使陈列展览的思想性、学术性和知识性，伴随观赏性、趣味性和互动性，浸入观众的脑海心田，给观众留下深刻的印象。"那么这种审美不仅有利于观众理解展览内容，甚至美本身就成为参观学习的动力"[16]。

茶叶博物馆通过环境整治，将周围的户外场所作为展览的辅助空间，有效地创造出活泼有趣、生机盎然的景观。"龙井茶，虎跑水"是杭州的"双绝"。首先，博物馆充分挖掘茶文化内涵，展示出100多种千姿百态的茶树品种，对各种茶树品种的产地、名称、类别详细说明，营造出内容丰富的室外展区。观众不仅可以看到常见的灌木型茶树，还可以观赏5米多高、自然生长了50多年的大茶树。其次，博物馆做足"水"的文章。通过环境整治工程引西湖活水，采用深潭蓄水、分层筑坝、涌泉、山涧、溪滩等手法，对水系进行处理，营造多种水景，形成室外品茶区域。通过种种努力，茶叶博物馆拓展了博物馆文物收藏、公共展示、旅游休闲、美育启智等多方面的功能[17]。

近年来，一些博物馆结合自己的地域特点，构建突出自己特色的陈列展览的同时，不断推出新的陈列形式，应用先进的科学技术手段，摆脱过去以展板为主的说教式的展示形式，加入多媒体技术，对灯光、温度进行运用调节，采用可操作模型、触摸屏等动手参与项目，使观众在轻松愉快的活动中学到知识。秦始皇兵马俑博物馆不断探索陈列展览形式创新，通过现代科学技术的合理应用，增加观众的文化体验。在展厅中设置了多媒体演示系统，展示秦始皇陵区的航拍录像、俑坑发掘过程、俑坑结构的三维动画图、兵马俑修复过程等，这些都有助于观众了解秦始皇陵的全貌，有助于深入理解与秦始皇兵马俑相联系的深层文化内涵[18]。

浙江自然博物馆新馆的"自然·生命·人"基本陈列较多地运用景观和高科技手段，但是并没有给人们留下过度的印象。"地幔对流""高仿真达尔文机器人剧场""抛物线观测仪"等与陈列展览内容相得益彰，有力地支撑了努力追求体验、探索和发现的设计目标。"绿色浙江"的山地、湿地和海岛等生态系统景观，都是组织专业技术人员赴实地考察，择取生态系统景观信息并进行模拟设计，高仿真翻模制作而成。这种通过对于细节精益求精制作，维护博物馆真实性、科学性和直观性特征的做法，值得提倡[19]。

博物馆的陈列设计是博物馆时空在内容与形式上达到统一的关键。博物馆的陈列设计应该具有和谐美，把握好内容、版式、文字、展品等各种陈列要素的变化与统一，具有良好的视觉效果，只有这样才能吸引观众前往。在整体空间环境设计上，通过采用展墙、展柜、展台，加上艺术造型、景观、屏幕等系列展示语言，进行合理的把握和处理，构筑流畅而富于变化，有起伏、有节奏、有韵律的参观路线。同时需要准确把握展线长短，展柜高低，色彩明暗，光线强弱，文字大小等尺度，避免造成观众生理疲劳，影响观众心理情绪。

在博物馆的复原陈列中，通过选取某一历史现象的场面或某一自然生态的场景实现"情景再现"，深入挖掘真实的历史氛围和生动的生活情景，挖掘特定人物有血有肉的精神世界内涵，通过文物与环境组合、文物与模型组合、文物与图像组合等方式，在不改变文物原状的基础上，对展示空间进行技术处理，恰如其分地再现历史氛围，恰到好处地模拟历史情景，强化时空中的历史真实感，摈弃脸谱化、符号化的表现模式，改变传统陈列展览呆板、单调、静态的方式，通过各种表现手段的应用，丰富陈列展览的艺术语言，达到内容设计与形式设计的和谐统一，在带给观众视觉享受的同时，使之能够更好地感悟陈列主题。

"以人为本"的设计思路应体现在陈列展览的各个方面。例如博物馆陈列展览的照明环境，不但要使观众能够清晰观赏文物展品，还应该给人们以舒适的感觉，因此需要有人性化的照明环境设计。目前博物馆流行没有自然采光，不少展厅采用灯光投射的封闭式展厅，这种密闭的环境、黑暗的氛围，使人们难以长时间驻足。埃及国家博物馆就因某些展室的光线太暗，使参观者几乎无法看清文物展品的细节，而受到参观者的批评。因此应该考虑人们在陈列展示空间中的舒适度，既保证文物展品安全、陈列展示效果，又兼顾观众的身心健康，在条件具备的情况下，适度增加采用自然能源的比重。

营造博物馆内不同区域的光照亮度，是陈列展览照明设计中常用的一种方法。L.I.康凯恩曾（L.I.Kahn）说过："光是一切存在的赐者。"一般而言，亮度分布比较均匀的环境会令观众感到愉快，使参观者视线集中，如果亮度差别过大，就会引发观众视觉疲劳，甚至会造成不愉快的心理感觉。但是如果亮度过于均等，则会使观众产生呆板、单调的感觉和漫不经心的负面情绪。因此，陈列展览设计应更加注重研究观众在参观过程中的心理活动规律，灵活运用照明环境艺术，用光照亮度的科学合理变化来增强陈列展览和文物展品的观众亲和力。

在欧洲部分传统建筑的博物馆展厅中，可以看到进入陈列展厅的自然光同时与灯光配合使用。布兰德霍斯特博物馆顶层的展厅设计，将光从顶棚上方引入室内，通过用半透明纤维材料制成的天花板过滤，使明亮的顶光均匀地播撒于展厅内，参观者可以在静谧与光明的展厅里，欣赏和探究文物展品背后所隐藏的故事。同时，下面一层展厅的采光方式，通过吊顶上方侧墙上的窗口，将光线引入室内，再经过白色百叶，把从顶部折射下来的自然光线柔化，并散布于展厅内的各个区域。另外，部分补充的人工光源也是必需的，特别是在天气不好的情况下。统计表明，经过一段时间的运行后，50%至70%的开馆时间，可以单纯使用自然采光系统而无须耗费一度电，这不仅为艺术品提供了最理想的光源，也节省下了一大笔博物馆的电能费用[20]。

希腊典雅的新卫城博物馆2009年6月竣工开馆，蓝天是这个博物馆的设计概念之一。博物馆展厅环绕着明亮的自然光线，这里用于展示雕塑的光线，不同于用来展示油画和素描的光线，从博物馆展厅里可透过玻璃幕墙看到不远处的帕提农神庙。在陈列展览中，采光与色彩的定位应由陈列展览的主题内容所决定，陈列内容是环境设计的基础，采光与色彩设计是表现形式，来烘托和表现陈列展览的主题，传达陈列展览的韵味与氛围。例如"云南文明之光——滇王国文物展"所采用的明亮效果，给人耳目一新的感受。

博物馆陈列展览不是任意的艺术创作行为，而是受到博物馆使命、博物馆学理论、博物馆藏品、陈列展览主题和博物馆观众的制约。尽管如此，博物馆陈列展览的创造空间并不狭小，涉及专业领域众多。例如在陈列艺术方面涉及博物馆学、历史学、建筑学、艺术学等；在实际操作方面，涉及空间设计、平面设计、电气设计、结构设计、多媒体设计等，在制作工艺方面，涉及装饰装修工艺、摄影印制工艺、雕刻油漆工艺、绘画雕塑工艺、金属制造工艺、文物保护技术、安全防卫技术等。所有设计、工艺和技术都为陈列展览的完成而服务，也构成了陈列展览的综合性。

在陈列展览场所，各类展柜、展具、灯光、音响、视频设备，以及其他多媒体展示设备，在展览设计中必须精心地进行配置，才有可能取得良好的展示效果，并有助于表现陈列艺术的感染力。例如陈列展柜设计必须遵循实用与审美相结合的原则。陈列展柜直接服务于文物展品，是博物馆藏品公开展出时的保管器具，因而必须满足安全防范的各项要求，诸如防盗、防火、防虫、防尘、防潮、防光害等。陈列展柜必须具有良好的展示功能，各个部位的尺度比例均须符合人体工程学的原理，使得观众参观时感觉舒适；陈列展柜的开门方位、开门方式、构造亦须符合"使用方便"的原则，以利工作人员提高效率。

此外，陈列展柜是决定整个陈列艺术形象的主要因素之一，结合陈列展厅内部装修，创造出博物馆环境特有的艺术气氛和气质，提高文物展品的表现力，给观众以美的享受。展具是文物陈列中文物与展台对接的部分，是观众视线最敏感的部位之一，往往需要特殊的工艺制作。展具的首要功能是保护文物安全，而后是美观精致，不影响文物展品的美感，不影响观众的观赏。灯光不仅是满足人的视觉功能需要和照明的主要条件，也是创造空间、美化环境的基本要素。灯光可以构成空间，改变空间，美化空间，但是也能破坏空间。因此，博物馆陈列展览照明灯具的选择和运用，直接影响展示空间设计的效果。

近代以来，博物馆陈列始终体现着科学的艺术化和艺术的科学化趋势。科技力量作用于博物馆，为陈列的艺术表达提供了新素材、新思路和新手法，从而为观众带来了全新的艺术体验和美感。陈列设计艺术性的增强，有赖于设计者的深厚艺术素养和对陈列主题、意义的深刻理解和准确把握。如果过度地依赖技术，而漠视对陈列内涵和特质的研究，就会导致技术对艺术的弱化或侵蚀。在陈列展览的总体设计中，形式是手段，内容是目的，而在具体的形式设计中，则科学技术是手段，文化艺术是目的。苏东海先生曾多次强调："在陈列展览中，技术是手段不是目的"，因此，"不要滥用新技术手段，不要喧宾夺主"。

形式设计和技术运用的终极目的都是张扬文物展品的文化个性，而不是为形式而形式，为技术而技术。应该信守博物馆陈列的基本理念，避免不顾主题特性，背离艺术规律，混淆艺术和技术，盲目追求高科技手段，从而降低陈列展览的文化与艺术品位的问题出现。博物馆陈列是由多种展示要素构成的，其中包括文物、图片、艺术品、模型、蜡像、道具、建筑、景观、影像、符号、文字、声音、灯光、多媒体等。一方面，陈列艺术寓于技术要素之内，前者要通过后者来展现，另一方面，艺术效果也不是技术要素的简单堆砌。在博物馆的陈列展览中，技术从属于文化艺术，而不能僭越或替代文化艺术[21]。

"20世纪80年代，外国博物馆学家评论我们的陈列是挂在墙上的教科书。这是一针见血地指出了我们陈列的弊端"[22]。当前，博物馆事业正在迎来空前繁荣的时代，为陈列展览提供了更加广阔的平台。但是，我国目前的博物馆陈列设计的现状，仍然是喜忧参半，喜的是伴随蓬勃发展的博物馆事业，优秀的陈列展览设计不断涌现；忧的是量大面广的陈列展览，出现形式和风格的相似、雷同，缺乏理论研究和新的探索。身处博物馆展厅之中，仔细观察不难发现，大多数参观者属于走马观花式的浏览，参观活动结束后很多人对展出内容依然只是一知半解，这样不仅使展览的效果大打折扣，博物馆的教育功能也没能得到充分发挥。

目前，不少博物馆的陈列展览仍然缺少个性和特色，许多陈列展览往往选题没有新意；主题提炼不足，平铺直叙，面面俱到；内容枯燥乏味，学究气浓，通俗性不足；展览结构混乱，逻辑性不强，多为教科书的翻版或是沿袭简单的王朝体系，展览表述过于理性，感性不足；展览信息安排繁杂混乱，不易为观众接受[23]。在我国传统的陈列展览理念与实践中，一般是强调思想性、学术性、知识性等，观赏性问题长期不得重视而很少提及。有时甚至将其置于被排斥、被批判的地位，将观赏性与思想性等对立起来。缺乏空间变化的陈列展览，不仅使人们感到压抑，而且令人感到乏味，无疑大大妨碍了人们对陈列展览观赏性的认识和营造。

早在1936年上海市博物馆馆长胡肇椿就曾指出，"博物馆是完成文化艺术使命的机关"。1947年中国博物馆学家韩寿萱也在一次演讲中强调："陈列的本身就是一种艺术"。他在介绍欧美博物馆时说道，"他们的陈列，是先选定一个展览目的，然后根据这个目的，去收集实物，研究实物，再创造适当的环境，陈列其中，使陈列品更有意义。而最重要的，是他们的陈列，能将高深的学理，通俗化、具体化，使人易于了解。或者把

杂乱无章的实物，整理出个系统，看出了异同，鉴定了时代，使参观的人们，可以了解历史上的演变和文化上的进步"。这样的博物馆陈列"有意义、有系统、富于美感、易于领受"。

今天，造成我国博物馆展览水平不高的一个关键原因，是陈列展览规划与设计不到位。事实证明，一个陈列展览精品的形成，并非仅仅取决于好的题材立意与高科技手段，更为重要的是取决于内容和形式的统一和协调。例如上海博物馆的青铜器陈列给参观者以深刻印象，展示空间选用类青铜色织布作展墙基色，其上还镶嵌了体现金属特性的金线条，并在展柜台座上设计了仿古装饰纹样。与展品的艺术风格相映成趣、互相衬托的陈列形式以及造型别致、各具千秋的一件件艺术珍品，共同成就了一个颇具古雅、凝重艺术气质的陈列展览。

注释

[1] 李让，李文昌：《博物馆的记忆与想象》，北京，学苑出版社，2005。

[2] 宋向光：《在陈列的瓶颈期》，载《中国文物报》，2009-12-02（6）。

[3] 宋向光：《在陈列的瓶颈期》，载《中国文物报》，2009-12-02（6）。

[4] 苏东海：《博物馆的沉思：苏东海论文选（卷二）》，北京，文物出版社，2006。

[5] 贾钦生：《博物馆与世博会》，载《中国文物报》，2010-07-28（5）。

[6] 张浩：《博物馆不应是花瓶》，载《北京日报》，2010-02-02（8）。

[7] 冯好：《浅谈博物馆的公共形象》，载《沈阳故宫博物院院刊》，2008(6)，27页。

[8] 江涛：《博物馆陈列设计风格的多元化问题》，载《中国博物馆》，2006年(4)，40页。

[9] 卫东风，曾莉：《改造与整顿时期中国博物馆展览活动案例分析》，载《中国博物馆》，2008年(4)，91页。

[10] 李让：《博物馆就是要最大限度地利用自己的资源为时代进步和社会的发展服务》，见《博物馆观察——博物馆展示宣传与社会服务工作调查研究》，北京，学苑出版社，2005。

[11] 侯春燕：《博物馆陈列艺术与技术的界阈约论》，载《中国博物馆》，2008(1)，70页。

[12] 宋向光：《愉民育民 不辱使命》，载《中国文物报》，2008年4月25日，第6版。

[13] 中国博物馆协会，宁波博物馆：《21世纪博物馆核心价值与社会责任》，北京，科学出版社，2010，49页。

[14] 卫东风，曾莉：《改造与整顿时期中国博物馆展览活动案例分析》，载《中国博物馆》，2008(4)，91页。

[15] 甄朔南：《世博会与博物馆》，载《中国文物报》，2010-04-14（4）。

[16] 严建强：《论博物馆的传播与学习》，载《东南文化》，2009(6)，100页。

[17] 杨建新：《博物馆：浙江公共文化服务体系的重要环节》，载《国际博物馆》，2006(2)，112页。

[18] 王德玮．《试论博物馆现代化》，载《博物馆学研究》，2011年，第179页。

[19] 《第九届（2009-2010年度）全国博物馆十大陈列展览精品评选呈现出六大特点》，载《中国文物报》，2011-07-13（7）。

[20] 陈立超：《色彩斑斓的"珍宝盒"》，载《.a+a》，2009(5)，32页。

[21] 侯春燕：《博物馆陈列艺术与技术的界阈约论》，载《中国博物馆》，2008(1)，70页。

[22] 苏东海：《什么是博物馆——与业内人员谈博物馆》，载《中国博物馆馆刊》，2011(1)，140页。

[23] 陆建松，郑奕：《中国博物馆学应加强博物馆建设研究》，载《中国博物馆》，2008(3)，56页。

We Saved the Ancient City, or the Ancient City Saved Us?
On Guangfu Conservation Plan

我们救了古城，还是古城救了我们？
广府古城保护规划汇报的感悟

罗健敏（Luo Jianmin）*

编者按： 2013年4月，住房和城乡建设部与国家文物局联合下发通知，对山东省聊城市、河北省邯郸市、湖北省随州市、安徽省寿县、河南省浚县、湖南省岳阳市、广西壮族自治区柳州市、云南省大理市等8市县，因保护工作不力，致使历史文化名城历史文化遗产遭到严重破坏、名城历史文化价值受到严重影响的情况进行了通报批评。这一通知被视作有关部门对历史文化名城保护不力的地方发出的第一次"黄牌警告"。"拆真名城、建假古董"，在经济利益的驱使下，珍贵的文化遗产遭受到不可逆转的破坏，现状令人震惊。2013年5月31日，在《中国建筑文化遗产》杂志社承办的"千年古城文化遗产保护与传承高峰论坛"上，宝佳集团提出另一种保护性改建的方案。河北邯郸广府小城是华北平原上一座拥有超过2500年历史的古城，是隐藏在中国建筑史中的瑰宝。宝佳集团顾问总建筑师罗健敏先生就广府古城的保护规划方案向与会的专家作了说明。围绕古城保护与发展的问题，罗总提出不是"能拆的都拆"，而是"能留的全留"的设计理念。报告结束后，故宫博物院院长、中国文物学会会长、原国家文物局局长单霁翔对方案给予了高度评价，认为它是"近十年来难得一见的寓遗产以尊严的古城保护优秀方案"。杂志特邀罗健敏总撰文介绍对广府的研究成果及保护方案。在编辑部与罗总的交谈中，可以感受到他对这座建筑文化遗产由衷的崇敬之情。"随着研究的深入，我越发感觉到广府规划建造的精妙与建筑先辈智慧的深广。"罗总如是说。在这篇2万余字的长文中，作者论述了广府的断代、选址、攻防、防洪排涝等问题，描绘出广府卓越不凡的设计全图，并在此基础上提出了保护性改建的规划方案。本刊特此全文刊载，以资交流借鉴。

Editor's Notes: The Ministry of Housing and Urban-rural Development and the State Administration of Cultural Heritage jointly issued a circular in April 2013, criticizing the ineffective conversation and severe damage of historical and cultural heritage in 8 places including Liaocheng in Shandong, Handan in Heibei, Suizhou in Hubei, Shouxian in Anhui, Xunxian in Henan, Yueyang in Hunan, Liuzhou in Guangxi and Dali in Yunnan. The circular was regarded as the first "yellow card" given to those places that did not perform well in their jobs. What was so astounding was that we saw, because of the economic profit behind it, a lot of historical buildings had been pulled down to make place for fake antiques. At the Summit Forum for Thousand-Year City's Cultural Heritage Protection and Inheritance hosted by *China' Architectural Heritage* on May 31st, 2013, the Architects CRANG & BOAKE Inc. provided a solution of protective reconstruction. Guangfu in Handan, Heibei is an old city with over 2,200 years of history and is a treasure in the history of Chinese architecture. Luo Jianmin, the chief consulting architect of CRANG & BOAKE, introduced the protection and development scheme of the ancient town, suggesting "reserving what we could reserve instead of knocking down all we could knock down". Mr. Luo's report was highly appreciated by Shang Jixiang, the president of the Palace Museum, head of the Chinese Society of Cultural Relics, former director of the State Administration of Cultural Heritage, who believed "it is one of the most outstanding protection schemes in a decade that really respects heritage". So here we invite Mr. Luo to share with us his research of Guangfu

*本刊学术顾问、宝佳集团顾问总建筑师

and the protection scheme. Through the interview we could feel how much he admires this architectural heritage. "The more I study, the more I find how exquisite and delicate the town is and the more I admire the deep wisdom of those ancient architects", he said. In his twenty-thousand-word article, he discusses the history of Guangfu and its ancient design, including its site selection, offense and defense, and flood control, and presents the protective reconstruction scheme.

广府古城保护性规划，从开始动手到深入完成，有一个认识大转身的过程。从最初的"该拆的都拆"到后来的"能留的全留"，基本方针发生了180°的变化。而这个大转弯的发生，最初始自我们对一座小小古城历史的"怜惜"，到后来却变为古城自身的价值召唤着我们，把我们一步步引上了正确的方向。这个过程甚至有点戏剧性。前后差别之大，是我们事先没有料到的。

广府古城位置在河北省邯郸市东北郊25公里处，大家说有2500多年的历史，是一座只有1平方公里的小城。这城虽小，却有若干很有价值的特点：它拥有一圈完整的古城墙，方方正正全长4.5公里，是国家级重点文物保护单位；它处在一个总面积35平方公里的自然湿地的中央，是湿地当中一座孤岛式的小城；它又是杨式太极拳和武式太极拳的发祥地，杨式与武式太极拳的创始人杨露禅和武禹襄的墓地都在这里，每年的世界太极拳大会都在这里举

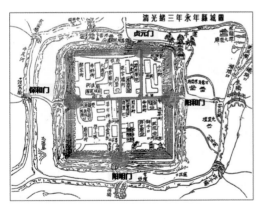
▲ 古代广府地图

▲ 广府南城门外景

▲ 广府东南角护城河

行。

但是，广府古城的现状却让人看上去很不乐观——全城真正有历史的、像样的古建筑不到3％。97％的房屋破旧低矮或者是近几年十几年改建的质量又差、式样也差的很烂的"新房"。

因此，广府曾经作的前三轮古城改造规划，都是把古城基本拆光，原居民全部迁走，然后用仿古式样的建筑把广府新建一遍。说得清楚一点，就是在原地另造一座新城，一座与古城毫无关系的新城。

这三轮改造方案的编制单位也都是名校名院。甚至我们自己单位的第一轮方案做成后一看，也与前面一样，也是全拆全建的思路。

我们也参观考察了许多座已经改造完成了的古城。从外观上看，许多古城的主要大街，的确古色古香，的确很有"古城味道"。但是细一问，发现有些古城中真正的古建筑往往很少，多数"古建"其实是今年才造的。说得好听一些，是"复古"或"仿古"，说得不客气点，其实是假古董。

再进一步了解这些"古城"中的商铺、客栈、酒店的经营者，就发现里面根本没有古城的原住民，而100％是外来的经营者。也就是说，所谓的"古城"，往往也就只有地理位置和城名是原来的，而城里的街道、房子、业态、人，都已经完全不是原真的了。

这样的情况让我们怀疑：这种模式的改建算得上"古城改建"吗？

我们也警醒地反问自己：我们也要如此这般地对广府来个拆光新建吗？这能不能叫"古城保护改造"？保护了什么？明明是人全轰走了，房子全拆光了，怎么可以叫"古城保护"呢？

为了弄清楚我们应该干什么，我们不可以干什么，我觉得第一步是要认真认识我们面对的这个对象：广府古城。我们应该全面深入地调查了解一下，这个小老城有些什么有价值的、值得保护的东西。如果它的确又小又破一无所值，拆就拆了罢，也许也不算罪过吧？可是如果它有有价值的东西呢？也敢照拆不误吗？谁给你的权利？

那么，有，还是没有，要通过实地调查和深入研究来解决，让事实来说话。

到我们自己对自己提出这个疑问的时候，我们的规划团队已经去古城调查了四次。对广府南大街、对古城墙、全城民居、城外护城河、护城河外堤、外堤之外的湿地……都已经进行了许多次考察、访问、拍照……有的规划师已能不借照片详细描述广府南大街房屋的现状。

比他们更早，两所大学和一个大规划院也同样进行了周详的现状调查，他们甚至拍出了比我们的更完整的整条南大街的照片。

但是，我们还是要再去广府作实地调查。去之前，先要再一次从文案资料上做功课。

一、广府调研

（一）古城的断代

要解决的第一个问题是：广府古城的断代。人们说"广府有2500多年的历史"，有什么证据？我们已有的全部依据，只是《左传》上的一段话：

重修广平府志卷三十七

古迹略城址

永年县

曲梁故城今县治春秋时为赤狄地左传宣公十五年晋荀林父败赤狄与曲梁遂灭潞杜注今广平曲梁县也汉元康三年封平干顷王子敬为侯国北齐文宣帝省曲梁移广年县来治隋仁寿元年避

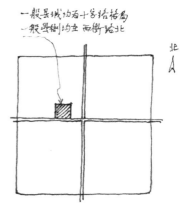

（重修廣平府志卷三十七内页）

▲《重修广平府志卷三十七》内页

炀帝讳改曰永年元和志永年本汉曲梁县。

人们说《左传》谈到的曲梁就是现在的广府。

但是以历史考证的标准来衡量，仅仅古籍上的一句话作为给一座城定年代的依据，证据是不充分的。必须有实物来佐证古文中的记述，这叫"实证"。梁思成先生研究中国古建筑的"实证"的方法，是国际通用的方法，也只有实证，才是可被公认并且无法推翻的。

但是在广府，不但没有2500年以上的古建筑遗存，连年代足够久远的古碑刻、石器、陶瓷、青铜器等地上地下文物也一件都没有。那么怎么能证明广府有2000多年的历史？如果没有2500年，是多少年？有什么能证明1000多年？八九百年？也是没有的。这样岂不是说广府有2500年历史的说法是一个疑案，没有证据吗？

就在我们研究广府城平面图时，我注意到广府城内的主路格局不是我国一般小县城传统的十字街，而是很奇怪的丁字街。并且府衙的位置不在传统的西街路北，而是位于丁字街的

北端，坐落于城中轴线上，这是一个非常重要的情况：从规模看广府城面积仅1平方公里，城内居民现在仅10625人，所以，它只能算一个小县城；从编制来看，广府现在只是河北省邯郸市永年县下的一个小镇，连县级都不够。这样小的小城从规制上是怎么也不该将衙门放在城中轴线上的。

但事实上，广府的旧府衙就在中轴线上。

这个事实一直存在，却没受到足够的重视。这是第一个重大突破，下面的所有故事都是从这个丁字格局开始的，从这个丁字的道路格局可以判定：广府建设之初，不是一个小小的县城，而是曾经的一个国都。

广府的丁字格局向我们证明，左传提到的曲梁，当初是作为一国的都城来建造的。这么一来，广府的奠城建都自立国号必定在秦始皇统一中国之前。而始皇帝统一中国建立大秦的一统天下是在公元前221年。所以广府之建都只可能在秦统一中国之前。因为如果在大秦统一中国之后还把自己的小县城按皇城规制来建，那就是自找满门抄斩了。也就是说，历史最短也有2200年以上了。我国从公元前770年的春秋到战国时期，直到公元前221年大秦一统，在这500多年间，左传提到的叫得出名号的"国"就有120个。广府是在这500年的120个国中的一个国的国都，这是完全正常的。

再进一步，《左传》成书于公元前456年，而《左传》已提到曲梁，这么一来，广府的可考年代还得进一步提前。也就是说，广府，作为春秋战国时期一国之都，其时间最少也有2400~2500年了。

这一个结论是由广府现存的道路格局证明出来的。一个古城的丁字形道路格局竟然能说明这么重要的东西，对我们来说，这是一个极大的突破：为了研究"如何保护"古城，居然发现了能为古城断代的考古实证，一项"保护规划"居然获得了考古断代的成果，这真是一个大出意外的惊喜。

这个发现以城市的现有格局向世界证明，广府的历史最少也有2013+456=2469，最少最少。（因为公元前456年，即距今2469年时广府作为都城已然存在，其始建当然比这更早）

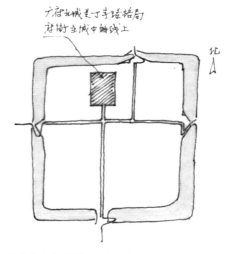

▲ 普通县城的道路格局（十字路）

▲ 广府古城的道路格局（丁字路）

这个发现还帮我们擦亮了眼睛，教我们学会去看见现存的而我们却一直视而不见的东西。

这个发现还端正了我们对待历史文化遗产的态度。我们觉悟到，只有端正了态度，眼睛才能看清东西。否则，一叶障目，是可以不见泰山的！

研究至此，我不光是惊喜，也很后怕，自己惊出了一身冷汗——我们刚刚走过的那一段探讨古城改造方针的过程，曾经路过了一个极危险的边缘——那时一个轻率的"拆光重建"的决定就可能将保存了2500多年的这个历史证据一扫而光。那将是多么可怕的错误！

如果是那样，我们岂不成了历史的罪人！幸亏我们对中华祖先文明的尊敬还没泯灭，它提醒我们去怀疑一下"拆光重建"的所谓"古城改建"方针的正确性，这才让我们有了今天的进步。从这时起，我们已经是抱着一种崇敬

的态度来看待广府古城了。

态度一端正，我们就一件接一件地不断有了新的发现，真的是柳暗花明。

（二）对古城选址的研究

我们的第二个疑问是：广府作为一个国都，为什么要选在湿地包围的一个"孤岛"上？广府现在叫广府镇，是一个最低级别的政府建制。连县城都不是。面积只有一平方公里，的确是一个很小的小城。那么当初既然立为一国之都，为什么幅员定得这么小？又为什么不在华北冀中大平原上任何一个交通方便、商业发达、人口众多的地方建都，偏偏在这35平方公里的湿地当中建个一平方公里的国都呢？

要解答这个问题，仅仅凭我们在广府表面看到的东西就不够了。以20世纪人的眼睛来看2500年前的建城动机，时空之差是太大了。我知道认真拜读一下古代兵书是必不可少的了。于是急来抱佛脚，星夜啃读黄帝《阴符经》《孙子》《六韬》《淮南子》等最著名的兵书。没想到，自己试探性的浅浅的阅读，竟使对广府的疑团迎刃而解。《吴孙子》卷上第四中说"故善战者，立于不败之地……"立于不败之地是我们当代也常用的一句话，十分耳熟，但是过去总把它理解为对战争形势的估计上，这太肤浅了。它的真义不是对客观态势的评价，而是要主动地去谋划，以使自己能占据到不可战胜的有利位置（"位置"是广义的），如此则可不败。

黄帝《阴符经》说："绝利一源，用师十倍，三反昼夜，用师万倍"（扬长避短，发挥长处相当于用兵十倍，三反昼夜，相当于用兵万倍。）

《孙子》佚文中"四变"里说："城有所不攻，地有所不争。"并解释说："地之所不争者，曰：山谷水泽无能生者……如此者，弗争也。"就是说如山谷沼泽那样的地方，军队无法生存，就不要去争了。

顺着这样的思路来看，广府这个小首都选在一大块湿地当中就选得太好了。

第一，广府选在一个不是战略要冲的非兵家必争之地，如果选在虎牢关、娘子关那种战略要地，那就躲不了战火，就不是别人爱不

爱打而是非打不可了。而广府位于沼泽地之中心，没有战略价值，又是"无能生者"的水泽，实在属于"有所不争"的地方。这就是外因上获得了不受攻击的条件。

第二，从内部条件来说，广府这1平方公里，现状总人口才只有10625人。古代建筑密度应比现在低，因此城中可容纳的总人口一定比现在少很多。即使当时城中居有10000多人，还即使这10000人100%是士兵（这是不可能的），那么这个国都的总兵力也不过一万之众而已。这在春秋战国时期动辄几十万大军作战的时代来说，确实是个不堪一击的小国、弱国。这是内部条件，这是自身的不利条件。自身的不利，迫使他们寻找外部的有利条件，"绝利一源用师十倍"，于是他们选在湿地中央，这样，就有了第三。

第三，永年洼湿地的总面积是35平方公里。这是一个可以借用的外部资源。华北平原是中国古代文明发达的地区，2500年来人类的开发活动必然已大大压缩了湿地的范围和水量。换言之，2500年前，选址于此的时候，这里的湿地范围一定比现在更大，水量一定更足，周围一定更荒凉。在那样的环境下进攻广府会更困难。广府关起门来经营自己的这一小块天地，的确有利于置身于相互争杀的战乱之外。而从地势来说，这更是一个易守难攻的绝地。原因如下。

（1）洼地的面积足够大：大到其自然环境已经可以形成一个足够广大的防御范围，要想包围整个湿地以形成封锁圈，几十万大军是不够的，还要更多。所以外来势力很难形成包围攻势。

（2）水不深：湿地既然已经不是旱地，步骑兵就无法步行，更走不了兵车，就必须依靠船只才能运兵，而湿地水浅且深浅不均到处是浅滩芦苇地，大船根本无法通行。而依靠小舟小筏是无法调集大军的。所以攻击者难以调动万马千军聚众一攻。

（3）封闭：此处的大面积湿地并不与大江大河直通，所以大型舰船进不了这块湿地。

这样一分析就很明显了：作为一个无意对外扩张而只求易守难攻可以据险自守的弱国来说，选在湿地中央建一座孤城真是再高明不过的决定了。

（三）护城河是以防为主的又一个佐证

我们再看如今保持完好的护城河：这条护城河之宽是国内少见的，最窄处也有70多米，最宽处达110米宽。这个宽度比北京紫禁城的筒子河的57米还宽，比北京城护城河也宽很多。

一个2里见方的小城，人口不过10000的小城，湿地中央的小城，还有必要修一圈这么宽的护城河吗？但广府就是这样修了（而且一保就是2500年完好无损）这是以另一个物证证明：防守，才是建立这个古代都城的初衷。解开了这个在湿地选址之谜，我们发现广府这座小小的古城教给我们的东西越来越多了。

▲ 护城河宽达110米，国内罕见

（四）广府瓮城：巧妙的战防设计

广府古城墙是全国重点文物保护单位。古城墙包括总长4.5公里的城墙、四个城门楼、四个角楼，还有东西南北四个瓮城。现在南、北两座瓮城已被拆没了，东西两座瓮城还很完整地在东城门、西城门处。

我们在读图和绘制广府古城地图时，四个瓮城的奇怪平面引起了我们的兴趣。中国古代城郭建有瓮城的有很多。对我们来说遇到瓮城实在算不得新鲜事。但是广府古城的瓮城实在奇怪。也许是我们孤陋寡闻：常见的瓮城，内城门（正门）一般与外门（瓮城外门）都是正对着的。瓮城以内外门的连线在一条中轴线上左右对称。但是广府古城的瓮城却不是这样。（见平面图）广府的四个瓮城，内城门洞与一般古城城门一样，（门洞垂直于城墙直进直出）但是外城门却不在内城门的轴线上，却开在瓮城侧面的一个角落上。进城要走一段"之"字形路才能进内城门。这么一来，每一次进城出城，人马车辆都要绕个"之"字弯。

用最简单的推理我们都可以知道，这样的路形和瓮城的弯弯绕绝不是偶然的，更不是古人不会走近道、不会走直道，却偏偏要绕弯的，其中必有道理。

我们认真研究瓮城的图形，探寻这样建造的目的。然后大家实践了一下，从东护城河岸外过桥，进了一次城东门，实地感受一下瓮城的"之"字路。

进了瓮城以后，在四面围合的瓮城圈里，看着周遭13米高的封闭的城墙和上面的堞垛，我们每个人都产生了一种陷于釜底，被人四面包围那么一种森然的不安全感。后脑勺发凉，后脊梁冷飕飕的，很不自在。这种不安全感提醒我们：瓮城是为战争设计的。这种形式一定具备利于己而不利于敌，利于防守而不利于进攻的功效。从这方面入手，来认识理解广府的瓮城吧。思路对了，我们就解开了广府瓮城设计之字路和侧开门的玄机。

（100米）的护城河，水深又成了一大障碍，当然、趟过去、游过去攻打一座城都不靠谱。最佳的进攻选择，成了唯一：只有夺取吊桥，或者（守方烧桥后）抢搭浮桥、渡桥。其位置，也是唯一的：就是城门外吊桥处，只有那里河面最窄。接下来，就算过了河，最好攻的部位，当然还是城门，而不是去爬城墙。

这时我们还注意到，广府护城河的内岸非常窄。城墙脚下的窄地无法聚集兵力。古代攻城用的云梯、战车也无法运到城下。最佳的攻法，就是攻打瓮城城门。

我们可以设想，广府守军不必在坚守瓮城外门时太下功夫，而重点必在内门。甚至可以看到：来敌过了桥要向右奔袭，冲向城门，而"之"字路的这一段是平行于瓮城外围城墙的。在这一段路上，进攻方的军队将遭受守军的侧面箭攻。这是第一次侧面受袭。就算

这样的战争局面并不是我们的凭空想象，更不是电子游戏般的耍着玩，而是我们设身处地地设想自己是攻方，会遇到什么，自己是守方能做到什么。这样认真"演习"的结果，只能承认，广府古城的瓮城真是为敌人设计了一座有来无回的坟墓，为自己设计了一座坐歼来敌的堡垒，固若金汤。

读懂了广府瓮城的奥秘，又一次让我们叹服：2500年前设计广府古城的前辈，是一位多么伟大的军事家、建筑家、水利学家、气象学家。他是多么智慧，又有智谋，又有实践，善于操控战局调动敌人。大布局则高屋建瓴，置家园于奇境以长安；小处理则精细入微，保城池无往而不胜。高山仰止！

广府政府领导告诉我们，政府已决定按翔实的历史资料，恢复已被拆掉的南瓮城和北瓮

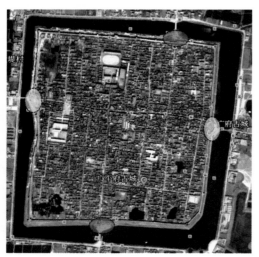

▲ 卫星照片上的四座瓮城

▲ 城东门的瓮城现状

原来，广府位于湿地中央。如有来犯之敌，无论兵员多么众多，也只能沿着通向四座城门的四条小路进攻。攻到护城河边，30丈宽

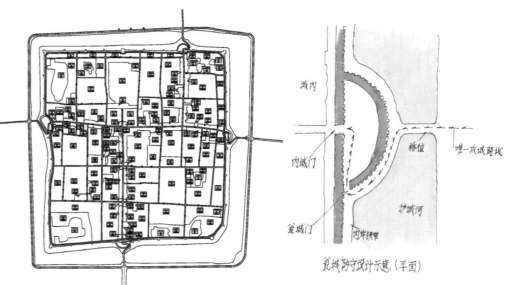

▲ 恢复四座瓮城的总平面图

攻方攻入了瓮城，他们还要再次平行于瓮城城墙奔向内门。这时攻方士兵就要受到守军从内外城墙上的两面夹击了。试想，来敌源源攻入瓮城，四面13米高的城墙上箭如雨下，攻不上内城门则进不能进退不能退，人越多死伤越多，越乱，守方即使扔石头都可以弹无虚发，正可以关起门来打狗。这样的防守工事在冷兵器时代，该是多么坚固的铁桶江山。

▲ 瓮城防守设计示意（南城门平面）

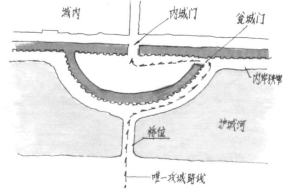

▲ 瓮城防守设计示意（东城门平面）

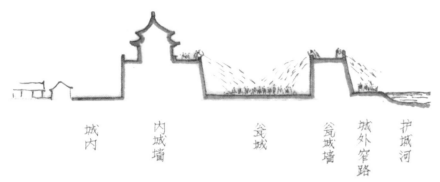

▲ 瓮城防守设计示意（剖面）

城。这样广府的四座瓮城就完整了。

瓮城偏城门的优越性的挖掘至此并没挖完。稍后，我们还要认识一下它在防天灾（洪水）上的高明。

如果说前面三条防守优势是我们的分析的话，它在历史考古上最多算一种推论，而不能叫作结论，更不能成为"定论"。只有历史事实才能判定一种推论是不是正确。时间是检验真理的标准。

那么，要找到2500多年来历史战争中广府的境况，就必须查阅历代战史。但我们只是一个规划设计单位，不是搞历史的，更不是做考古的。作为一项设计项目而不是历史研究，没有可能让全体设计人员放下工程去浩如瀚海的古籍堆里，去纸缝里找广府这个无名小镇的战争历史资料。谈得坦率一点，连该找哪本古书都不知道。这么一来，是不是这些推论就无法被证实了？

绝路再一次逢生。广府政府和当地百姓告诉我们："那还用往远里找？解放战争就是最好的证明。"原来，解放战争进行到1948年，在东北辽沈战役胜利东北全境解放后，华北战场的平津战役也已大获全胜。武攻天津文攻北平，国军已向长江全线溃退。就在这种解放军所向披靡一日千里的进攻态势下，广府，这座一平方公里的小城，居然是全华北最后被解放的一城。

国民党军把广府据守为华北最后一城，完全不是凭借兵多将广、装备先进，而纯粹就是因为这个地势实在易守难攻。所以解放军才把这块最难啃的骨头撂在了最后。想想以20世纪的武器装备，以1948年解放军的兵力和胜利态势，以我方力求尽快战胜蒋军解放全中国的决

心，广府都会作为最难啃的骨头据守到最后，难道不是一个最好的实证，证明2500前这个弱国国都的选址造城是多么高明吗。

（六）广府古城的防洪排涝

选址于永年洼这个四面湿地的孤岛之上，不远处又有滏阳河和支漳河两条河相夹。这就不能不让人担心：这座水中孤岛该如何防范水患？历史上是如何防止水患的？

一旦滏阳河支漳河大洪泛滥，古城如何自保？当然我们看见了古城墙，但是就算城墙对外可以阻拦住洪水，可城内雨水大了对内涝又如何解决？

我们大家都知道，防洪与排涝是一对矛盾。如广府这样一个地势不那么高的水中岛城问题就更难处理。如果雨水大了，外面挡得住洪水，城内的水就排不出去。如果有下水管能把内涝排出去，则同一个管道在外面洪水高时，水就可以逆管而上，倒灌入城，直到最后城里城外水面一样高为止，而这就是灾难。

20世纪60年代，解决北京城积水问题曾是一个大的战役。那时胡同还仍旧是北京的基本交通成分，而很多破旧小院地势低洼，院外的胡同年年垫土，越垫越高，很多院子成了进院门就下台阶的一个个坑。60年代雨水很多，一下雨院中雨水不但流不出去，街上的积水还会由雨水管倒灌进院，院里的下水井口就变成往上涌水的暴突泉。

广府的地势平均只有海拔41~43米，只有城中心局部略高，而城外护城河水位是40.5米，再外圈湿地的常年水位是41米。很明显这小小的一两米的高差完全不足以抵挡大的洪水。

可是据我们查到的史料和永年、广府百姓的口传，历史上广府城里2500年来从未遭过水淹！无论是外面的洪水还是城中内涝，都从未有过成灾的记录。那么广府城的防洪排涝是怎么解决的？带着这个疑问，我们查遍全城。虽曾有专业人士说古城是有雨水管道的，只不过年久失修堵塞了。但是我们的调查不能证实曾有过雨水管道。我们到处都找不到一个雨水口，经向当地政府求证也证明整个古城竟然没有雨水管道。面对着水中孤城的广府古城防洪涝谜团，我们再次俯身在广府地图上，我们想起了当地关于城内有"三山四海"的说法，民间说"三山不显，四海不干"。顺着这个线索，我们引导出两个有待印证的"结论"：

结论一：对外的防洪，完全依靠（一直完整的）城墙，它是防洪保命的屏障。所以你看首都北京敢拆城墙，可广府人却岿然不动，不拆。明朝嘉靖年间（公元1443年）还把全部土城墙砌成了完整的砖城墙。

结论二：城内的防涝是靠四海的池面蓄水解决的。带着这种待证实的结论，我们仔细研究古城内的各个位置的标高，我们又有了惊人的发现：我们发现了2500年前的高明得令我们叹为观止的伟大的竖向设计。以今日的规划设计经验，加上卫星探测等高等现代手段，来看广府2500年前的竖向设计，也得授给一面特大的金牌。

既然没有地下雨水管道排水系统，那么广府的雨水就完全靠地面排水解决了，于是我们把眼光聚焦到竖向上。

（七）卓越的竖向设计

我们把广府城内各海拔标高点连成等高线图，发现一个开始令我们不解的谜团：城中的最低点不是四个城门口，而是城的四个角：死角。也就是说城内雨水一旦多了不是从城门泄出去，而是流到城内四个角上的池中去，蓄起来。城中水，城中留。

这可是个大胆的决定！2500年前我们的大师，你竟敢把全城的雨水聚在城内，而不把它排出去，你有多大的胆！豹子胆吧！你又如何有那么精确的把握，这四个角的水池和洼地足以容下全城的雨水而不会溢满为患以致把城淹了泡了呢？

可是2500年来的历史，铁铁地证明：从来没淹过。于是我们计算了一下，城内四角低于42米以下的部分，面积总和占城内土地总面积的14％也就是1/7。换言之，42米以下与42米以上之比是1：6，就是说用城内1/7的水池洼地容纳另外6/7地面的雨水。

我们换算了一下，以北京2012年7月21日淹死人的暴雨的等级来算，那场雨的平均降水量为60毫米（6厘米）。那么，即使径流系数为100%(实际是不可能的)那么全城6倍于四海洼地的雨水将会使42米以下的部分的水面提高60毫米×6=360毫米。也就是池中水将上涨一尺二寸。如此而已！

只要允许"四海"之水上涨的一尺二寸，则全城其余部分，全体居民就可以安然无恙！2600年的历史证明了：1/6的面积，满足了全城蓄水排涝的要求。这个设计是科学的、成功的。这里又有几点值得注意，具体如下。

（1）广府城内大部分地面仍保持原本的砂石土路。他们没有铺装硬化的嗜好。院子里有铺装处，也是铺砖多，铺石少，所以地面渗水良好，径流系数比北京低得多。有效降低了径流水量。

（2）尽管城墙之内是成熟居住地面，寸土寸金，但2500年来，无人侵占城中四角的池面和附近的洼地。它们一直保留着那种水草旺盛、小池潋潋的"四海不干"的自然状态。善哉广府古民之不贪！如果这四海的任何一块被占了，这1/6的比例被打破了，则广府不淹的历史早就结束了！

（3）更可贵的是，改革开放30多年来，永年县广府镇的历届政府都没对"四海"进行过任何"景观建设"式的改造"开发"。他们一直留着它那看似荒芜的自然状态。也正是这种自然状态才保持着这1/6土地的蓄涝功能。如果把它改造成"水上公园"，石头砌岸铺满石板地砖，造些什么亭台楼榭，造些"景观"，这个池子就会失去其蓄水作用。四海就完了！广府也就完了！

善哉广府政府不搞那种"景观开发建设"之不为也！

正是这种"不为"，保护了广府古城先民的"大作为"这份宝贵文化遗产，让我们2600

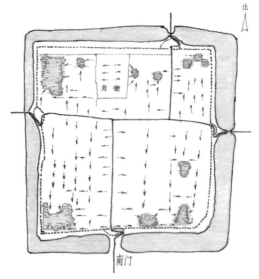

▲ 广府城中地面雨排水方向

年后，改革开放30多年后，还有幸能探索发现到这些伟大的历史文化遗存。

这个过程，这个事实，令我对古代圣贤的一句名言有了更深刻的体会。子曰："温故而知新。"问一问自己，我们在心里深处真的有"温故"的诚意吗？我们心里真的相信温故可以让我们"知新"吗？

广府这座小小的古城，我们稍加探索就发现了那么有价值的知识，令我们这些自以为很有科学知识的现代人自叹不如，这真的是温故知新啊。

工作到这个阶段，规划小组的全体成员已经进入了一种如同考古学家发现了地下宝藏般的那么一种兴奋状态。我们觉得不是我们在拯救古城，而是古城在教育我们。古城和古城人民是我们的良师。挖煤的挖出金子来了。

我们再进一步细读广府的竖向现状图，

又有了新的发现（我觉得自己快成了考古迷了）。我们注意到，广府大部分街巷的纵坡约为3‰～3.5‰，这个坡度对地面排水是我们现代科技书和规范中采用的最佳坡度。而先辈在2500年前就已经这样做了。横坡则是路两侧高而路中心低。这种横坡避免了雨水量大时对建筑外墙墙脚的冲刷。这对于完全靠地面排雨水的古城来说，这个横断面也是科学的。

再进一步琢磨，广府的竖向设计，不仅如此，还有更周密的组织。

原来每条胡同的纵坡与汇集了雨水的稍大道路的纵坡都是不断变化的。小胡同的纵坡一般为3‰～4‰，平均3.5‰，而汇水干路的纵坡，从顶点到最低点坡度则是变化的，由大到小渐变，由1.3%～1%到0.35%～0.3%。上端坡陡，越到下游，坡度越小，最后缓缓注入低地

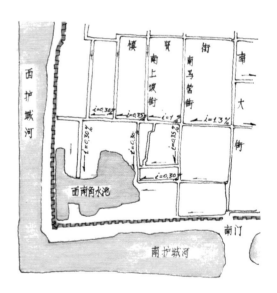

▲ 城内西南部地面雨排水分析

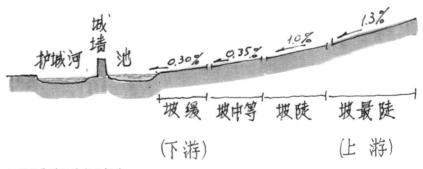

▲ 现状街道纵坡变化解读

水池。（见纵坡剖面示意）

这样的坡度组织显然非常科学：

因为在汇水干路上，起初（在上游，即城内高点）水量尚不大（汇水面积小），所以让雨水下泄较快没有问题，所以纵坡做到1%左右，最陡处做到1.3%。但随着路面下行，汇水面积越来越大，径流量增加，并且上游的来水已经流动了一程，将要形成加速度了，这时就把纵坡度改小（变缓）向0.6%~0.4%转变，以降低流速。再下游，路面汇水更多了，流速就必须进一步控制，以避免径流对土路面和路边墙基的冲刷，所以纵坡再减小，变到0.3%左右。

这样精细的纵坡设计竟定局于2500多年前！广府规划老前辈的水平太高了。

正是因为有了这样周密的竖向设计，有了（总面积1平方公里的）城市最终规模控制，加上科学合理的城市总高程设计，1/6地面的蓄水低地（四海），广府才能历经2500多年的风雨而不修雨水管，却能保证了外不受洪水淹、内不受内涝泡，一直保持平安。

有趣的是这样的道路纵坡设计与中国瓦屋面的坡度变化异曲同工。世界上坡屋面形式无数，却唯有中国木架陶瓦的中国建筑体系把屋瓦面设计成渐变的坡度。这种坡度既保证了排雨水通畅，又减小对屋瓦的冲刷力，更加大了雨水到檐口时水平向外的冲力，不使檐头雨水尿墙。所以也只有中国建筑敢用纸来糊窗！只有中国坡屋顶在檐口不做水平雨水管沟。

这种科学设计也同时成就了中国建筑独特的立面风格。建筑的这种坡度设计与广府的道路纵坡设计思路是完全一致的异曲同工。

还有更精微的，在古城中轴线府衙大院的西墙外发现了一条全城唯一的一条连续做蛇形蜿蜒的路。（其余路及胡同都没见到这种情形）这又是为什么呢？原来，府衙大院是全城唯一最大的院落，此院的北端便是古城的北城墙根了。在广府城内，地势都是由城中心向城墙逐渐变低的。而府衙的大门入口在城中心，如果也采用向外渐降的坡向，则府衙的院内就会是越往里越低，这种坡度古人称之为倒坡，或叫"进门跳坑"。这不

但在风水学上十分忌讳，而且人的直观感觉也会非常不舒服。

于是府衙大院采取了中轴高而向东西两侧排水的坡向。而府衙西墙外这条路，是本城内坡较大的一段，而且府衙大院是城内最大的院子，也是雨水量最集中的一条街。正是为了让量最大的雨水沿着坡度较大的街不要流得太快，古规划大师把这一段路做蛇形的连续弯。

这小小的连续弯有两个效用：第一，同样的降位差，由于连续弯，其线长度加大了，因此行水可以慢一点；第二，由于同样的降差而线加长，结果纵坡的坡度减小了，所以流速也因之略降。

虽然这个蛇形纹只扭来扭去了一点点，但这一点点的弯折可展现了大智慧。换了今天，在大学里即使竖向设计课学得十分认真的好学生，能不能设计得如此巧妙，都很难说。对2600年前古人的这份竖向设计真是得给满分还得再加一个加号：

A+！太精彩了。

此外，广府城的单向渗水层是个谜。

四角上的"四海"水位增高了以后，最终会流到城外吗？这是我们到现在尚未弄明白的一个疑团。

根据调查，古城四角的四海与城外没有水道相通，没有管道从城墙脚下穿过，这是肯定的。没有涵洞。也就是说，集中后的雨水是停滞在"海子"里面的。它的常年水位是41.5米，护城河40.5米，有1米的高差。这1米的高差也证实，海子与护城河的补给是很弱的一个过程，这件事尚不惊人。而惊人的是，当城外洪水高涨时，洪水却不会渗进城里来。这是怎么回事？

这岂不是要告诉我们，在城墙下面存在着一个只向外流而不向内流的一条"水的半导体"土层吗？

这个题目难住了我们，这怎么可能呢？到我们写这个报告时，我们仍然没有找到答案。对我们，这仍是个谜。因为没有数字能证明全城全年的雨水下渗了多少，也没有数字能表明向天上蒸发了多少，所以我们无法证实"四海"的水有没有向护城河渗出，也就没能证明存不存在一种单向渗水而反向不渗水的"半导体"透水层。

如果有，这个土层的结构太神奇了，以我现有的知识，我真画不出这个层是什么成分什么构造。有没有呢？不知道。也许应该这样解释：古城墙下面也许并没有透水层，也不存在单向透水层，城内四海雨水就是蓄在海,里成为湖面的。它除了向地下的有限渗透而补充了地下水外，只是向空气中蒸发。每年就是这样往复循环着，完成着原始生态的自然平衡。

是不是这样呢？我们不知道。应该吧。

（八）百分百的雨水利用

20世纪以来，在世界范围内，在城市规划、建筑设计和生态环境学方面，都越来越强调提倡雨水收集。

实际上，只有少数国家在雨水收集利用上做得好。大多数城市多数建筑的雨水还都是经雨水管——最终排入河道流向大海的。雨水从天上来到人间，被利用了的比例还是很低的。

改革开放以来，由于许多政府和景观设计师们不恰当地追求人工景观，把城市地面的铺装比例不断地加大。在我国就全国来讲，我们是个淡水资源匮乏的贫水国。所以留住天上降下的雨水是一个"国家级"的重大课题。在我国范围内存在着不雨则是旱灾，有雨就成水灾的可悲现状。

以北京为例，2012年7月21日大雨之所以造成那么大的城市型水灾，如果完全说成天灾是很不诚实的。实际上城市地面硬化率的加大，径流系数的提高，造成了雨水稍大一点变成积水，甚至成灾。所以"人祸"的成分是不应忽视的。

正是在这样的时代背景下，我们再看广府古城的雨水处理，我们再次五体投地了。2600年前古城广府的规划大师就把每年100%的雨水留在了城里，一桶水都没排进河流。

说一句也许孤陋寡闻的话：以我们对当今世界的了解，世界上还没有任何一个城市可以拍胸脯说：我们已把100%的雨水留在了当地，0%排入河流。世界上有这样的城市吗？

看来只有一个：中国河北省邯郸市永年县广府古城。它在2500年前就已经做到了，而且，这一做就做了2500年！伟大的广府古城，我对你三拜九叩首！

（九）瓮城对防洪的贡献

城墙防洪的一个重要组成部分是：城门不能"失守"。如果堵不住城门洪水照样进城。经过研究我们发现，瓮城的"之"字形路线和偏开门，不但有利于战时防敌，也有利于防洪水。瓮城的外门设计表现出保护城门抵御洪涛的优良性能。

我们都知道，堤岸之类防御体，在受浪冲击时，正面的垂直冲力最大。所以，应设法让城门避开大浪的正面冲击。广府位于滏阳河流域的洼地之中，历史上经常被洪水包围。相传洪水最大时，能在城墙上从城外的洪水中掬水洗手。这个传说与广府的实际状况相吻合：直到21世纪的今天，这里每年都有洪水过境，而广府则总是汪洋中唯一的"安全岛"。

广府古城的瓮城外门，正是在防敌的同时也考虑到防洪浪的正面冲击，才把城门设在了瓮城的侧面的。我们从地图可以看到，东门西门两个瓮城的外门都开在瓮城朝南面，而南门和北门的瓮城外门则都开在朝东一面，它们并不对称，却都选在了南向和东向。这种瓮城朝向的全面道理，我们还没研究透，但是可以肯定，古代风水学上东、南是吉向这个理由，恐怕不是唯一的依据。我们从水力学的常识上试着给出了一个答案。

从图中可以看到，当排浪袭向城墙时，瓮城的最突出部（中轴线上）受冲击最早，也是受冲频率最高、受冲力最大的部位。如果瓮城外门开在这里，对防洪肯定是最不利的。所以，对于有避洪预警的一座城来说，不把瓮城外门设在这个位置，绝对是正确的。（但对于完全不存在四周波浪滔天冲向城墙的其他地方来说，这一层考虑就完全不必要。这也是我们在全国其他地方还从未发现这种设计的原因吧。）

接下来，外城门不开在正面，开在何处更好？何处最好？我们注意到，华北、京津地区的气象规律：当东风连续时，会带来渤海湾一带的水汽，从而形成雨云，但仅有云并不构成降水的充分条件。而一旦刮起西风，就会大雨骤降了。所谓"山雨欲来风满楼"，在华北地区"风满楼"的风一定是从西边刮来的。因此，又避水又避风的好朝向就是东南。北京历史上最大的一次雹灾曾经毁了城里楼房的很多

万块窗玻璃。事后大家发现：所有被打碎的玻璃全部是朝西的窗户（有史可查）。朝东朝南的一块也没碎。这不是一个偶然的个例，华北地区都是这样。

所以，万一广府已经泡在一片汪洋之中，水高及城，又遭大风挟浪袭向城墙，则此时，朝东朝南的城门危险最小。这就是我们悟到的道理。至于风水学上怎么讲，并不在我们考察范围之内。

当然，这是我们的解决。至于2500年前的造城家是如何拥有这样有效的保护古城的丰富经验和高超智慧，就不是我们这些2500年后的小辈可以猜想的了。

二、保护性改建

以上简述了我们由于改变了态度，读懂了一座很小的古城，发现了它的历史文化价值，于是广府古城的保护规划发生了质的变化。我们重新拟定了广府保护规划的基本原则，具体如下。

第一，确定了必须完整保护广府古城的结构肌理，其主要道路的丁字形格局应当永久保留，永久不改变。

第二，对城内原有的建筑的方针，从"该拆的全拆"，改为"能留的全留"。

第三，广府南大街改建是古城改建的一期工程。要重新进行细微摸底调查，调查范围从沿街画出宽度一刀切，改为按门牌，按产权，按院落为单位，对涉及南大街门面的建筑包含相关联的院落逐家逐院逐门逐间地调查，为此编制了一个新的调查表（附表略，350多页）。

第四，针对旧城97%的原建筑不具备原封保留的质量，而我们又力求少拆多留，所以拟出了几条界线，以实现多留少拆：

第一类：凡有一定历史的，全部保留，其

▲ 第一类保留建筑实例 1

时间线由明清时期降至民国。新中国成立后，20世纪改革开放前的较好建筑也算。

▲ 第一类保留建筑：城中唯一幸存的、有两百年历史的古建筑

▲ 第一类保留古建筑室内

▲ 第一类保留建筑实例 2

第二类：凡是结构的确坚固的，即使样子不好，只要能加以修饰，也予保留。在原结构基础上，打扮出老模样，变身为所谓的"传统建筑"。对这一原则，我们曾犹豫不决。因为这样的房子往往改造起来很难。例如，有的是新房，沿街面是承重砖墙仅开了普通砖混结构常用的窗，要把它拆墙改为木构式样，或贴包木构假象，都既费劲又不自然。然而，注意到这一类建筑的面积在南大街上占有相当数

量，并且基本都是近年来才建起来的，仅仅为了"古城风貌"就一拆拉倒也于心不忍。所以决定这类建筑先留下，逐渐琢磨一种比全拆全建花钱少的改造方式，一栋一栋地来。对于一家非政府非公益性的商业性质规划设计单位来说，这个做法肯定大大提高工作成本，而收费却可能因新建面积减少造成设计费不增反减。

这绝对是吃力不讨好的做法。在当今经济环境下，肯不肯采用这种明知吃亏的做法，是在考查我们有没有一点付出精神吧。

但是梁思成、林徽因先生在日寇侵略的环境下躲轰炸逃难，不但无利可图连健康生命都在遭受摧残，他们仍然矢志不移。这才从炮火中、战乱中抢救出中国古代建筑史的宝贵资料。这种精神在我们心中留下的不仅仅是感动、钦佩而已。我们做不到他们那么好，但在力所能及的情况下，稍稍损失点自己的收入还是应该也可以做到的吧。同时，广府古城的丰富而罕见的历史文化遗产也召唤着我们为保护它尽自己的绵薄之力。

年轻规划设计师们全体一致心甘情愿地投入了这项细致繁复而难见业绩的工作。广府南大街353处原建筑，逐一编号，逐件拍照，定级定性，形成了一大本一寸半厚的A3的第一手资料。

担任建筑设计的建筑师，也将已经全部完成的670米长南大街东西两侧1300米长的建筑立面放在一边，重新逐栋设计。

▲ 改造为广府大酒店示意图

▲ 广府大酒店及后院现状

第三类：式样尚好，质量不佳的予以保留，进行加固修缮。

▲ 第二类：此楼拟改造为一座旅馆（"广府大酒店"）

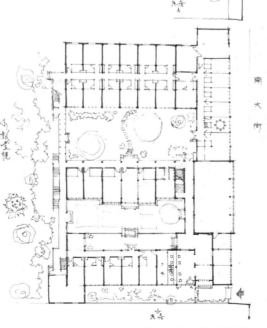

▲ 改造为广府大酒店平面图

▲ 第三类保留加固实例

▲ 第三类建筑式样尚可、质量不佳，可保留改造

第四类：无论从历史、从结构、从式样都实在一无可取，拆了实在不可惜，新建只有好处的，不可吝惜，拆除。这样的房子在东南大街街面相关部位上约占40%，之多。即使这样，要拆掉的房子从97%减至40%，留下的从3%增至57%，也已经是一个了不起的大变化了。

这样改造的南大街，看上去恐怕没有平遥古城、榆次古城、山西大院等那么整齐划一地拥有古街面貌，但它却更真实。它留下了广府古街原有的宽度，原有的建筑栋数，原有的权属范围，原有的城市节律，很可能使用者都是原住民，如果新房子出租经商了，出租者房主应该也还是原主人。一句话，广府还是广府人的广府，南大街还是南大街人的南大街。不把原住民赶走，我们何其欣慰。

▲ 第四类建筑：拆除

三、广府新城规划

此次广府古城保护规划的重要内容之一，是广府的新城。政府将广府城南与湿地相连的一块地许给开发商，冲抵开发商在广府古城改造上所投入的资金。开发商在古城保护改造中基本是有投入而没有钱赚的。而新城建起后，开发商可以从房地产上赚钱。这样，政府虽主导古城保护项目，却不为筹集资金发愁。这个新城规划中，以"中国太极拳发源地"为主题，取名"太极新城"。

新城总用地面积5平方公里，意图建造一座楼不高不密，环境好，与广府古城的风貌相协调的新区。

经过规划，基本确定了主要的几条：

（1）新区5平方公里内，房屋最高四层，不建高楼；

（2）建筑形式拟设计成比较朴素的新中式，不搞西洋古典豪宅或西式摩登洋楼；也不建南大街那样复古的木建筑；

（3）道路网格局为了与"太极"相关，规划成八卦形的格局，以放射型路网将新区切成八块梯形。

前面两条，设计、开发、政府三方一致同意。第三条八卦形城市平面虽然政府方面很欣赏，开发商也认同，但在设计人员内部意见并不一致。

同意八卦形的意见，认为这是政府的希望，上级领导还指出新疆有个特克斯城，造了一个八卦城，还专门派了人去考察它。考察回来，政府信心更足了，因为新疆的这个新城，虽然道路格局是八卦形，但它历史上并没有一点儿道家的、太极的等历史文脉，纯粹是当地领导的喜爱使之成了一个城的现实。可是广府确确实实是中国太极拳的发祥地，所以广府要把新城叫作八卦城是师出有名的。

这里要说一下中国另一个"太极拳发源地"——河南省温县的陈家沟。有一种观点是：陈家沟的陈卜是太极拳的创始人，所以陈家沟是太极拳的发源地。此主张有很大的响应面，每年在陈家沟举办的太极拳大会也很盛大。但是太极拳的真实发展史有这样一个过程：

陈卜的确最早创出一套拳法，寓刚于柔，与长拳等外发力的拳法大有不同。国内许多武术高人都到陈家沟学他的拳术。包括杨式太极拳的创始人杨露禅，武式太极拳创始人武禹襄都曾到陈家沟向陈长兴学拳。陈长兴是杨、武二人的师父。这是毫无争议的。

然而在那时候，该拳法被武界称为"棉拳"，还有别的称法，但并不叫"太极拳"。同时当时棉拳的主要功能与当时大多数武功拳脚一样，是主要用于技击的，击败对方保卫自己是该拳的宗旨，当然手法是以柔克刚，此其特点。

杨、武二人从陈家沟学了棉拳后，回到广府，发现这套拳法内敛元气、调养气血的内功锻炼。如果推广来健身强体，会具有很好的功效，不必非得与人打斗才需学它。于是刻苦钻研，逐渐成熟，形成了82式84式105式等以健身为主要目的的拳法。而这拳法的高人在许多比武中由于其内功的坚实和能守能攻的技法，虽看似绵柔，反而多次取胜称雄。

大清光绪皇帝的老师翁同龢，见杨露禅与人比武时，曾高兴地向大臣说："杨进退闪躲神速，虚实莫测，身似猿猴，手如运球，或太极之浑圆一体也。"翁同龢对杨露禅颇为欣赏，曾手书对联赠之，对联称杨露禅："手捧太极镇寰宇，胸怀绝技压群雄。"

此语一出，杨氏的该路拳法便被国人一致称为"太极拳"了。所以太极拳之成为"太极拳"，是在杨氏、武氏将它带入河北等地加以演变之后，而不是陈家沟的原货。

至今，陈家沟与广府都想成为太极拳的发源地，愿望都没有错，也都有根据。我们的观点，二地没有必要一定把自己的老家打造成太极拳的唯一发源地而必欲令另一家摘牌偃旗息鼓。没这个必要也没这个道理。太极拳的的确确是最早源于棉拳，也的的确确到了杨氏、陈氏手中才发扬光大为一种全民健身的拳法，并也才叫作"太极拳"的。所以，二地都是太极拳的发源地。为什么一定要有我无你，你死我活呢？

说清这段历史，是为了说明，在规划上广府新城出现了八卦城方案是有历史因缘的。但是，这并不是唯一意见。我们当中另一种意见希望新城不要做成八边形（八卦形）。理由如下。

（1）八边形平面，八条放射路所形成的路网，对一个城市来说不够方便，关系比较乱，人们容易"转向"；

（2）八边形形成的街区，每一块都有两个锐角，无论土地使用或车辆转弯都有缺点；

（3）一个城平面呈八角形，以5平方公里的范围，在地面上没人看得到这个八卦形，只有在地图上，在飞机上才能看到，作为城市设计，其必要性和效果可疑；

（4）一个城市的八角形道路网与八卦太极的道教思想理念有何种关系、何种功能，较难解释；不过是取个外形相似而已；

（5）更要注意的，八卦图上的各个方位，在算卦时，是有吉有凶、有吉位凶位之分的。万一有较真的人出来说：该图形上的某某方位不吉，主"大凶"，是"凶宅"，只要有一个人这样说，信不信八卦的人，一定都不去买那个"凶位"的房了。这么一来不是有大片大片的房产成了死货？开发商要赔了。

但新城规划至今尚未正式送审。所以第一轮的八卦城方案图仍是一个方案。我本人的观点是反对这个八卦形的。

2013年5月31日，在广府请到许多专家、学者、领导，就广府古城的保护改造加以研讨。会上有的专家也提到"新城是不是一定要做成八卦形，也可以再研究吧"。用语虽然婉转，意思是很明确不赞成八卦形的，这也与我们的想法一致。

这是一个转机，接下来又有两件事影响了新城的规划：

一是，政府给开发商的5平方公里土地当中，东南角有一块是基本农田。大家都知道，基本农田是一条铁的红线，是绝不可以打破的，因此原来的八卦形已经无法完整形成了。

二是，到这时我们对新古城保护的研究也已取得了深层的收获，广府历史价值的真义，不在是否造一个八卦平面，而古人解决防人祸、防天灾、巧用地势、收集雨水、无管排涝等高明建城手法的宝贵内涵（文化的、精神的、技术的）已经大大教育了我们，我们觉得重新做一个真正传承了广府精神的新城，才是对的。

这一来，对规划班子来说，又要返工，增加成本了。

但团队的年轻规划师们表示，即使赔点钱，也有必要重做。

新的新城规划思想体现在以下几点：

（1）保持首轮方案的第一、二条：最高四层，不建高层；较朴素的新中式风格，不搞西式复古也不搞中式复古。

（2）放弃正八角形城市平面和道路网。

（3）按扣除基本农田后的土地，合理布局。

（4）不到5平方公里面积的城内，依照与邯郸、广府老城和湿地的交通需要，科学布置路网。

（5）城市竖向设计吸收广府将全部雨水留在城中洼地的精神，将城市剖面设计成M形，即：城市最中心处和四角共布置五块低地，皆为城市绿地，将相当比例的雨水经地面集中到五块绿地中蓄起来，既可降低城市地下雨水管网投资，又可雨水利用，改善城市环境。

（6）大力降低城市硬铺装面积，降低径流系数，增加对地下水的涵养，说得明白点：凡可不铺装处都不铺装，绿的越多硬的越少越好。

（7）城市绿化不以"景观"为主，而以环境为主。

（8）城市确定远景最终人口规模，此规模永不突破。人增到满员后，应另起其他城镇，不做无限放大；不搞面多了加水，水多了加面。

（9）在造价允许条件下，多使用太阳能，投资如达不到，也要预留将来安装太阳能的条件（板、墙留洞、留管）。

（10）所有住户空调室外机在初次设计时即外墙留孔，孔洞作临时封闭，建成后外墙不得打孔，以保证外墙保温性能。

（11）建筑设计中采取物理措施，利用烟囱效应，制造建筑内夏季的无动力自然通风，以减少空调设备的安装和使用频率。

以上十一条新城建设原则，将与新城规划图纸一起上报主管部门批准后予以执行。这是我们的希望。

四、弘济桥

广府的智慧宝库并未到此为止。在广府城东还有一座著名古石桥：弘济桥。这座石桥史载建于明弘治十八年（1505年），距今已建成500多年。从照片可以看出，这是一座结构与赵州桥完全一样的桥。（传说此桥的设计者也就是赵州桥的设计者）

这座桥横跨滏阳河，桥长44.6米，历史上是河北通往山东的必经交通要道。因此，桥上几百年来始终交通繁忙，桥面上被车轮磨出的车辙已经深达一二十厘米，可见石桥功能之重，使用率之高。可贵的是，几百年来华北区地震频繁，洪灾不断，战争频频，而这座古桥居然至今保存完整，桥面铺砌的巨石至今未曾更换，大桥结构从未进行过"大修"。历史上，山西的煤都是经过这座桥运到山东的。直到20世纪末，十几年前，运煤的大卡车还行驶在这座桥上源源不断。停止运煤的历史才不过十几年。

对比几个事实，便可以比出来这座古老的石桥有多么伟大。第一，弘济桥和赵州桥这种主跨平时过水，副跨洪水大时可以加大过水断面的"敞肩拱"，减少受洪水冲击的这种聪明结构，西方比我们晚几百多年。第二，已经拥有了现代造桥技术的现代人，无论欧美还是中国，凡设计大桥都有一个"使用寿命"的安全期，这个保险期短则几十年，最长也不过100年。兰州市的黄河第一铁桥建于清光绪三十三年（1907年），至今使用百年已算超期限服役，备受称赞，不过百年而已。上海的白渡桥建造也只有150多年，前年也已拆掉重建了。而弘济桥则根本不知保险期为何物，几百年来从未歇息一直服务于中华民族，岂不伟哉。第三，谈谈桥梁的安全荷载极限，2012年哈尔滨城一座现代结构大桥刚用了一年，就垮了。官方"调查"的结论居然是这桥的车"超载"压塌了大桥，这种荒唐结论也敢公布！有网友调侃道"汽车超载，轮胎没爆，桥塌了！"不是笑话吗？500年前弘济桥的造桥人岂能料到500年后会有大卡车，每车装煤连自重都多达数万斤，而且车速快，震动极大，这都是500年前造桥时做梦都想不到的。就是在这种超期超载超震的情况下，弘济桥屹立在滏阳河纹丝不动。哈尔滨塌桥的造桥人你们也有脸活着？

▲ 弘济桥现状

▲ 弘济桥桥面现状

弘济桥以其无比的历史价值，已被列为全国文物保护单位，如今终于不让超载的卡车再碾压石桥了。小小的广府竟然拥有两项国家级文保项目，确实难得。

弘济桥上还有一些小花絮令人赞叹：一是桥面石头中，有几块含有古代化石。带我们参观的同志必定手持一瓶水，到那块大石头处用水一淋，就清晰地看见好几处三叶虫的化石。它们是生活于数亿年前的古生物，其躯体包在这块巨石里，铺在桥面，被车碾压了几百年竟然完整存在，也是一小奇景。

▲ 桥面石块上的古化石

二是桥拱正中有一块石探出桥面以外，在迎水的方向。石头上表面有一个鸡蛋大小的圆孔。这个孔洞拐了弯向下通出去俯向水面。由于此石的高度与桥面平，所以平时距水面很远。但是一旦洪水来袭，水面高到一定程度，这个孔就因水量和水流速的变化发出特殊的哨音。这个声音一响，人们就知道"洪水很大"，要防洪，要采取措施了。这样巧妙的报警装置我们是第一次看见。它不用人看管，永不出故障，永远不会错报，永远不会漏报，不使用任何能源，没有任何维修成本，其寿命与大桥同，我实在想不出比这更高明的报警装置了。

▲ 弘济桥侧面

▲ 弘济桥桥拱细部

三是铺桥石的巨石中，有一块是玉石。它与其他石块一起默默地为华夏服务了几百年。虽然它没有被雕琢成首饰摆件，挂在富人身上招摇过市，却在这里起着比饰物更实在的作用。在我们眼里，它在这古桥上鹤立鸡群，它比许多价值不菲的珠宝玉器更加光辉。

五、广府湿地保护

本文到最后才写到湿地保护当然不是因为湿地保护在永年最不重要。相反，永年洼湿地不但在几千年前为广府古城提供了兴建一个小国都城的条件，并使它平安度过了2500多年，而且，到现在还是河北邯郸地区分洪泄洪的重要地面，也仍然是这一个地区维持生态平衡的重要支柱。

因此，保护好这块自然湿地，在某种意义上是比保护一座城更重要的、具有地域级别的、更大的重要性了。

我们的研究任务，原不包括湿地保护。是广府保护研究过程中湿地的优美环境昭示我们要同时关注湿地的安全。而当前存在的一些问题所

带来的对湿地前景的可能不利影响，更令我们忧虑，使我们将保护湿地作为我们的意见提出来。希望引起重视，希望对保护湿地起些作用。

官称我国现有湿地总量6594万公顷。我们不太认同这个数字。因为此种统计将湿地的定义拉得太宽泛，把910万公顷湖面、200万公顷水库库面、3800万公顷稻田全算进去了。这种算法无助于我们正确认识我国的湿地萎缩的危机状况及其面临的问题。

我反对把3800万公顷水稻田算作湿地，理由是充分的，具体如下。

（1）水稻田里的水是人工的，不是天然的。

▲ 卫星照片上的广府古城及湿地

▲ 湿地现状实景 1

▲ 湿地现状实景 2

（2）水稻田里的地，虽然在栽稻子时是"湿"的，但每年只在插秧前后"湿"一阵子，而到了收获稻谷时就干了，怎么能算"湿地"？

（3）湿地是一个生态概念，湿地中应当有与湿地共存的水生植物、水草、芦苇，水生动物（鱼类、蛙类、虫类……），鸟类（各种水鸟、野鸭、野鹤、鹈、鹭……），但在水稻田中，它们根本不能生存，所以不具有湿地生态。

（4）湿地的核心价值是涵养水源。而水稻田不但不涵养水源，反而是消耗淡水的用水大户，怎么就成"湿地"了呢？

（5）水稻田是有产权的农业用地，其唯一用途是生产粮食。一旦土地所有者不种水稻了，其土地用途立刻可以变为非水田。这是土地所有者的权利，以外的别人无权干涉。所以从法律意义上，水稻田的"湿"的特性，国家根本无法从生态意义上予以保证。

至于水库，库中只有水，并无地，哪里来的湿"地"？湖泊，虽然是天然的，也是有水无地才叫湖。湖面能叫地面吗？因此，某些"部门"把3800万公顷水稻田，200万公顷水库库面都算成湿地，让人们误以为"贫水"的中国湿地并不少，居然占有全世界湿地的10%，位居亚洲第一，世界第四！这种算法除了能令国人蒙在鼓里盲目乐观，能有别的好处吗？不但没有好处，还有极大的坏处，就是它可以让各地的领导、开发商们在侵蚀湿地、毁灭湿地大搞开发时，变得更加肆无忌惮。

所以我主张，对我国的湿地面积，不要混淆视听地谈成有6594万公顷，请老老实实地去掉稻田水库的4000万，老老实实地说我们只有2594万公顷湿地。请注意即使这样，里面还有910万公顷湖泊面积。真的湿地不过1600万公顷！这才是实话。（1600万公顷=16万平方公里，只占我国国土面积960万平方公里的1.67%）

事实上，我国面积在1平方公里以上的湿地仅有80几块，自新中国成立以来湿地面积已减少了50%！最严重的是，我国民族的命脉长江黄河的源头青海的三江源湿地虽然曾经是世界唯一的、单一块孕育了三条大江的高原湿地，现在面积却缩减了30%。黄河最差的一年，365天中断流的时间竟达到330天。这个可

怕事实，才是我们中华民族面临的严峻现实。想拿3800万公顷水稻田来充填湿地面积，以减轻我们对湿地消失的担忧，是不道德的，很不道德。如果有人拿湿地"定义"来跟我搅，除了混淆视听别无好处。

永年洼湿地是我国面积超过100公顷的湿地中的一块，又位于中原，临近邯郸古城，它的继续存在是河北省经济社会生活能顺利维持的保障之一。

邯郸市领导和永年县领导都是很关心湿地的。近几年来，不断在保护湿地安全上作出了许多重要决定，并予以实施。例如关停一些危及湿地水质的工厂，在湿地一带划出保护界线等。同时，随着旅游事业的发展，永年洼湿地也正在成为邯郸一带重要的旅游资源，广府镇也在湿地边缘的杨氏墓、杨氏故居博物馆等处开辟了湿地游船等旅游项目。

出于关注，我们在网上对永年湿地的查询中发现了一些消息，引起我们对湿地安全的担心。

引起我们关注的是网上公布的以下几条消息。

（1）据说有计划要对湿地进一步开挖，以扩大湿地范围，从35平方公里扩大到40平方公里，有说从5平方公里扩到10平方公里，应是统计口径不同。

（2）据说要围绕湿地挖一条新的运河，成为比广府护城河大一圈的新运河。

（3）有计划说要在湿地新建9个岛，岛上要搞建筑，形成湿地的新景观，以扩大旅游规模等等。

上述消息我们尚未得到证实，不知进度如何。

从我们已掌握的湿地知识看，上述计划实在应慎行。我们是明确不赞成的。

理由如下：

自然湿地若能够形成，必须同时具备以下几个自然条件：

（1）有非人工的天然水源，且长期保持（长期不是几百年几千年的概念，是多少万年不断源）；

（2）有相对低洼的、总面积足够大的一片低洼地带；

（3）洼地底下有一个稳定的广大的不透

水地层（底不漏水）。

（4）其中有水生植物或亲水近水植物生长（水草、芦苇等草本及垂柳等木本），有野生水禽、鱼、蛙、虫类与湿地共生，从而才不会使一潭死水变臭。

上述条件是缺一不可的。永年洼同时具备了这所有条件，所以才能成为湿地。

国际对"湿地"的定义各有不同。我们比较认同加拿大的定法，他们把长期有水而水深平均不超过2米，保持有亲水生物生长定为"湿地"的条件。我们觉得这是科学的。水太深就不叫湿地叫湖泊了，没有水就是旱地了。

湿地虽然对人类非常重要，但其生态是很脆弱的。过分的开发活动一旦打破了原有的生态平衡，几万年的湿地可以在几年内消失且永久消失。罗布泊所以叫泊，是因为曾是湿地，而现在罗布泊是沙漠。变为沙漠的过程就发生在我们这一代。我上中学时，罗布泊还仍然是多条内陆河的终蓄湖。这才过了多久啊？

挖河，扩大湿地、建岛，都有可能破坏湿地的存在条件，因为：

（1）湿地一直维持目前的范围，是因为多少万年来，该地带一直维持着这样一个天然的水量。扩大湿地的意愿是好的，但面积人为地扩大了以后，更多的水从哪里来？如果指望从滏阳河引入更多的水是没有科学依据的。中国淡水贫乏，北方更贫水，否则为什么花那么多亿从长江搞南水北调？

如果说水源不能增加，而湿地面积却扩大了，水位必然下降，水位一降，许多动植物死亡，接着湿地萎缩干涸，湿地可能因而灭亡。

（2）湿地下面的保水层是什么构造？面积多广，不透水层多厚，都是未知数。本来我们不必求解，有多大就多大、有多厚就多厚，保持原状就好。但是一旦开挖扩大，开挖新运河，建造九岛，岛上建旅游设施（酒店或什么），只要有建造，就必须做基础，基础必须放到持力层上，必须深挖或打桩。（房子、岛子不能座在稀泥上），这些深挖、打桩工程一旦打穿了保水层，湿地的所有的水会很快漏光。别忘了一个针尖大的小孔就能把整桶水漏光。大自然是不开玩笑的。等到湿地干涸了，在湿地建造的岛、饭店也就成了废物，而湿

地变成了沙漠。这样的生态灾难我们是受不起的。这不是谁来负责、谁拿什么担保的问题。谁都担不了责。拿脑袋担保都没有用，脑袋变不成湿地。

那么可以通过钻探摸清家底吗？不可以！这些钻探活动不就是要摸清保水层的厚度吗？不打透了保水层，怎么能知道有多厚？等知道有多厚不就是已经打穿了吗？

新中国成立后北京建的第一座大水库就是官厅水库。当时没弄清楚官厅凹地的底是不保水的，我们称为"漏水"。因此，官厅水库从建成那天起直到现在，蓄水量从来没达到过设计库容，水库周边拆迁走的"淹没区"几十年来一直在耕种，从未上过水。顺便说一句，我在那里住了四年。

不小心把湿地搞干了很容易，想要恢复可就没办法了。不是难，是没办法。我们不知人类灭亡之前罗布泊还有希望重新成为一个水草丰美的湿地吗？哪个上帝来办这件事？

（3）广府城周围的护城河是为了战争守护的需要而挖成的。如今没有人要攻打永年广府，围着湿地再挖一圈运河是出于什么需要？水又从哪里来？真以为大自然的水取之不尽用之不竭呀？连瑞士那么环保的森林高山湖泊之国，2011、2012年冬的阿尔卑斯山上都因降雪不足露出岩石了，滑雪场都倒闭了。北冰洋就快化成北水洋了。我们守着千金难买的永年洼湿地，不需要挖深，不需要扩大，不需要修河，不需要建岛，能保持它的自然状态就是最好最好的了。

因此，我们建议河北省、邯郸市要为白洋淀、永年洼等湿地立一些严格的保护条令。而现在针对湿地、关系到湿地的所有建设、开发活动，都应该立刻停下来。立刻，不要等永年洼变成小罗布泊时再后悔。彭加木的遗体到现在还没找到。他是为考察罗布泊牺牲的！而他牺牲的地

方，他魂牵梦绕的罗布泊，现在是一片沙漠！

永年洼湿地作为旅游资源有必要利用，也可以利用。但不要再挖河挖湖筑岛。我们已经策划了很多仅仅漂在水面上的湿地旅游项目（如漂浮草屋等，见示意图），可以在不破坏湿地的前提下开发。

如果永年人在保护湿地上做出了显著成绩，那么他打响的知名度可就不是几间客房几万游客可以比拟的。当前我国和全世界都面临着保护湿地难题。在这方面动动脑筋作出些成绩是利在当代功在千秋的大功德。只要方针对，我们上下齐心、官民合力，一定会在保护湿地的同时让环境、社会经济、当地人民生活水平都有令人满意的发展。我们期待这样的前景。

后记

关于广府古城保护规划的汇报，已经写了上面两万多字，但是真的没能把我们的所做所感该表达的都表达出来。

实际上，该做的工作，我们还只做了不到一半。做了的，主要是调查和认识这座有2500多年历史的小小的古城。而具体到怎么把一栋一栋的小屋（或破旧，或新丑）改造成不难看的坚固安全适用的家，而又不把古城的历史文脉荡平，能把古代中华先祖们的智慧传承下来，实在是任重而道远——虽然只有1平方公里，只住了10625人。

但是我们在这一年多时间里感受到的，丰富和重要到让我们自己震惊——中华民族的许多宝贵遗产正在我们这一代人手里毁灭。我们自己经手的这一小块差一点也毁在我们手里。我们还算稍有良知，心一软，心一明，我们保佑了他，救了一座小小古城。看上去，是我们救了古城，实际上是古城救了我们。它的平淡的辉煌，文化智慧，感动和教育了我们，让我们温故而知新，学会了从沙土里去挖出黄金，从而使我们免于成为帮助别人毁灭祖产的罪人。所以，感谢广府古城，救了我们。

如今，全国各地以保护为名，行毁灭之实的"古城改建"运动方兴未艾。有人对我说：改革开放30几年对中国建筑文化遗产毁灭是重之广之深之，超过了过去自鸦片战争以来，集

八国联军、英法联军、军阀混战、日寇侵略，解放战争的国共大战，以及"文化大革命"，这近200年所有破坏的总和。我觉得此言甚确。可怕的是，这个破坏毁灭活动现在仍在继续。特别是以"保护古城"名义进行的破坏尤其令人胆寒。这样破坏下去，中国也就不再是中国了。不要以为这是危言耸听。

看看世界古代的几大文明：尼罗河文明、恒河文明、两河文明、玛雅文明，等等，所有的文明古国（包括有的古文明民族）全都灭亡了。为什么独中国的古代文明一直延续到我们这一代，中华文明尚未灭亡呢？又为什么，同在南纬北纬30°～40°的温带环境下，南北美曾一直是荒蛮，所谓是"人类起源"的非洲那么落后，而独独多山地、多灾多沙漠、淡水贫乏的中国大地，人口却繁衍于世界最多延续至今呢？答：是中国古人的智慧、文明。是它，养育和保护着这个民族。

而这些智慧、文化、文明，是广大而细微地被保存在一座座古城、古村、古街巷、古道桥、古屋宇当中的。可这些中华灵魂的载体，却正在被毁灭中。我们做广府保护时，从一个小城的丁字格局找出了为它断代的实物依据，这让我们欣喜若狂。挖煤的挖出金子来了。值得我们挖掘。我们应当保护和传承的中华文化遗产，是无比丰富的。是这种收获教育了我们。对我们，这是一种心灵的救赎。

别盲目以为中华民族就一定不会灭亡。像这样自毁，像这样唯洋是尊是崇，吃必汉堡包、喝必可乐，唱必摇滚，穿必耐克，盖必玻璃幕墙、"欧陆风格"、托斯卡纳、普罗旺斯。所谓"发扬民族传统必拆光真遗产，打造伪古董"。再这样下去，中华民族就转基因了。除了会说中国话，中华真文明还剩下什么？古城救了我们。我们救了自己。谁来救中国？

临文泣涕，不知所云。

（2013年10月23日晨三时于北京）

古城保护规划参加及照片提供：

张子丰　徐纯静　康振磊　刘欣岩　杨海城　商晓尧　王展　张洋　张子丰　徐纯静对本文多有贡献

▲ 湿地水上旅游设想一例——漂浮草屋示意图

（手绘图／罗健敏）

Record of Two Private Gardens of Meng's Family in Taigu, Shanxi

山西太谷孟氏二园纪略*

贾　珺（Jia Jun）**

提要：明清时期的山西太谷县是晋商会聚之地，私家园林鼎盛，富商大户曾在城内外修建大量宅园和别墅花园，其中孟氏家族至今尚有两处遗构留存至今。本文通过现场考察，对这两处花园的格局、建筑、山水、植物进行记述和分析，并简单总结其主要的造园特色。

关键词：太谷，私家园林，晋商，孟氏

Abstract: Numerous private gardens were created in Taigu County, Shanxi Province where rich merchants gathered in Ming and Qing Dynasties. Two gardens which belonged to Meng's family survive today. Based on site survey, the author records the developing histories and layouts of two gardens, and makes further study on buildings, rockeries, pools and plants in order to generalize their gardening characteristics.

Keywords: Taigu County; Private garden; Shanxi merchant; Meng's family

一

太谷县位于山西省中部，属于晋中盆地，春秋时期为晋国大夫阳处父的封邑，西汉即在此设阳邑县，隋代开皇十八年（598年）更名为太谷县，其后变置不一。太谷地区山川秀美，物产丰富，文化发达，明清时期成为中国重要的商业中心，有"金太谷"之誉，正如民国《太古县志》仇曾佑之序所称："自明以迄有清中叶，谈三晋富庶之区者，无不于太谷首屈一指。"

城内建有数以百计的大票号、大商行，涌现出一大批富商巨贾，分号遍布全国，故而乾隆《太古县志》称："阳邑于郡以殷庶称闻其间，商贾辐辏，市肆鳞集，西北至燕秦，东南至于吴越、荆楚之境，意者操奇赢、计子母，习于金贝、钱刀之气深，而文物诗书之意少欤。"这些商人财力丰裕，热衷于在家乡建造宅院和花园，使得太谷颇以园林而显称于世，盛极一时，著名者如孟氏园、赵氏园、武家花园、范氏东西园、杜家花园等。可惜随着时光变迁，古城逐渐衰败，这些旧园大多毁失，难窥原貌。山西农业大学的教授陈尔鹤、郭来锁等先生于20世纪80年代末合著的《太谷园林志》对太谷昔日的私家花园有较为详细的记述，可以帮助我们了解其基本情况。

孟氏是山西太谷著名的晋商大户，清初开始发迹，清代中晚期族人多在江淮一带经商，家资豪富，同时注重读书，子孙多有中举、中进士并为官者，堪称本县一大望族。孟氏在太谷城内外建有多座宅园、别墅，是晋商花园的杰出代表，其中在县城内和县城外分别有一座宅园和别墅园遗构留存至今，弥足珍贵。本文通过现场考察，对这两座园林进行初步的记述和分析，希望能够引起更多人来关注这些故园旧迹。

二

县城内的孟氏宅园始建于清朝乾隆时期，完成于咸丰年间，东临南大方巷，北临上官巷，西临杨庙巷，其中包含若干院落和东西两个花园。光绪末年传至孟广誉手中，家道逐渐败落，民国19年（1930年）孟氏将宅园全部售于大财阀孔祥熙。孔氏略加改葺，基本保留原貌。1934年蒋介石曾经在此住宿，抗战期间被日寇占据，后曾用作阎锡山部队的兵站、医院。1949年后，此宅用作太谷师范学校（现名晋中学院太谷师范分院）校园，近年整修开放，并以"孔祥熙故居"的名义被定为山西省重点文物保护单位。

宅园主入口位于北侧的上官巷，全宅由五路并联的多进院落组成，从东至西依次为东花园、主院、厨房院、戏台院、墨庄院，另有一个附属的西偏院（图1），总占地面积约6300平方米。

* 本文得到国家自然科学基金项目"中国北方地区私家园林研究与保护"（项目批准号51178233）资助。
** 清华大学建筑学院教授、博士生导师、一级注册建筑师、《建筑史》丛刊主编、清华大学图书馆建筑分馆馆长。

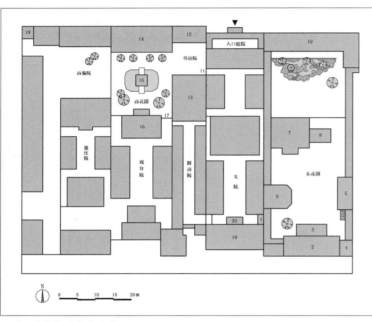

▲ 图1 孟氏宅园总平面图
1东花园入口 2东花园南楼 3南楼抱厦 4凉台 5东轩 6船厅 7东花园正厅
8东耳房 9六角亭 10东花园北楼 11西花园入口 12日知月无忘斋 13过厅
14赏花厅 15小陶然 16西花园南厅 17宝瓶形门洞 18岗亭 19瀛洲风范 20谨节亭

东花园占地面积约3亩，通过西南角的园门与主院相通。全园分为南北两进，东西两侧以通长的游廊串联。

花园南侧建有一座五间硬山楼阁（图2），北出三间平顶抱厦，屋顶兼作二楼的观景平台。此楼高大宽阔，底层为封闭的砖墙，上开拱形门窗；二层设前廊，开敞通达。二层前檐与抱厦的梁枋均含有丰富的雕饰和彩画，显得很华丽。

▲ 图2 孟宅东花园南楼

东西厢位置各建一轩，东轩为半座三开间歇山建筑，居于高台之上，南侧设爬山游廊，一直延伸到南楼东侧的一座凉台之上。西轩地势较低，是一座平顶房，端头处理成抹角的形式，当地人称之为船厅，可能有模仿画舫的意思，但院中并无水池，属于"旱船"的性质。西轩的屋顶也兼作平台，可以登临（图3）。

▲ 图3 孟宅东花园西轩船厅

花园正厅位于西轩之北，为三开间周围廊建筑，南出抱厦，东侧带两间耳房。正厅之北另成一院，北侧建有一座"L"形平面的楼阁，楼前辟有大假山，西侧山坡上建一座小巧的六角亭。院西有一条两层的游廊与南院的西轩相连，东侧也有游廊通向南院东轩。

目前东花园只剩下南院，北部的正厅、东耳房、北楼、游廊以及假山均被拆除。另外值得一提的是，此宅主院的南侧楼阁名"瀛洲风范"，北侧抱厦名"谨节亭"，都含有园林建筑的味道，似乎是东花园入口处的前导之景（图4）。

西花园位于厨房院和戏台院的北侧，由东西两个连通的院子组成，占地面积仅1亩多，至今仍保持完好。西花园东部的院子较小，又称"书房院"，北侧有小建筑"日知月无忘斋"，南侧为三间过厅，进深很大。

▲ 图4 孟宅谨节亭与瀛洲风范楼

西部为花园的主体所在，北为正厅赏花厅（图5），五间硬山建筑；南为三间厅堂，前出

▲ 图5 孟宅西花园赏花厅

▲ 图6 孟宅西花园小陶然亭

▲ 图7 孟宅西花园西北岗亭

▲ 图8 孟宅东花园借景无边寺白塔

一间悬山抱厦。中央有一个十二边形的水池，池中心建有一座方亭，南北各建一段石桥，跨于池上（图6）。此亭名"小陶然"，据说有模仿北京陶然亭的意趣。南北桥头各有两个狮子石雕，水池周边设栏杆，并在栏杆柱头上雕刻了十二生肖的形象，造型生动。

西花园南侧设有宝瓶形门洞，可通向后院。宅院的西北角建有一座高高的岗亭，也成为西花园景致的一部分（图7）。

这两个花园的规模都不大，却展现了晋中地区城市宅园的典型特色。花园的主体部分均拥有明显的中轴线，建筑、山水、植物大致对称。东花园的景致较为丰富，通过楼阁、高台、屋顶平台、假山、两层游廊形成高度上的变化，四周封闭的院墙也尽量表现出错落有致的效果，高低起伏，空间灵活。西花园则以静谧精巧见长，小陶然亭和水池成为景致中心，周围的建筑和花木作衬托。

两个花园的建筑形式包含楼、厅、轩、舫、台、亭等不同造型，多为砖木混合结构，敦厚之中含有富丽的气息。东花园的假山以当地所产的砂石叠成，西花园通过掘井来为小池提供水源。两个花园中分别种植了椿树、楸树、桑树、侧柏、槐树、丁香等花木，增添了一股绿意。登上东花园西轩的屋顶平台，向东可看到无边寺的白塔，形成优美的借景效果，进一步拓展了园林的意境，打破了封闭的感觉（图8）。

三

清代中叶，孟氏家族在太谷县城东郊的杨家庄建有一座别墅花园，占地达33亩，规模较大，人称"孟家花园"。光绪二十六年（1900年）

后赔偿给美国基督教公理会，在此开设贝露女子学校，宣统元年（1909年）成为铭贤学校校园。抗战期间，铭贤学校南迁，花园被日寇占据，遭到一定程度的破坏。1950年铭贤学校回迁，1951年在此基础上创建山西农学院，后改称"山西农业大学"，原孟家花园为校园中重要的游览区，虽遭到大幅拆改，仍保存了较多的原有建筑和部分花木。

孟家花园实际上兼有庄园的性质，主要的建筑院落和山水景致位于中部，其余空地多辟为瓜棚菜圃以及农田（图9）。园北侧设东西两个入口，由此可进入北

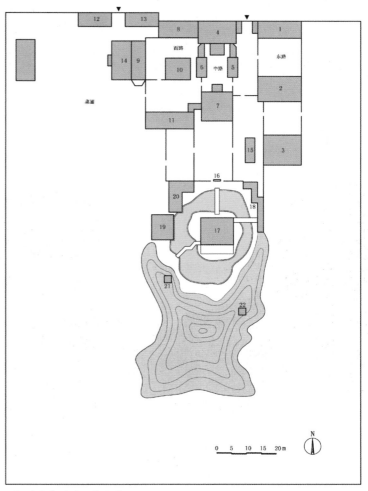

▲ 图9 孟家花园原状平面图
1东路铺面楼 2东路过厅 3东路绣楼 4天后圣母楼 5中路东厢房 6中路西厢房 7尚德堂 8卧房 9中路西厢房 10书斋 11歇山花厅 12马厩 13厨房 14平顶轩 15洛阳天 16色映华池牌坊 17四明厅 18曲廊 19迎宾馆 20曲尺形水榭 21方亭 22方亭

部的三路院落。

东路北侧为五间硬山卷棚顶楼阁，外临街道，是当年孟家的当铺店面；之南为五间过厅，用作当铺掌柜、店员的住所；再南为五间高大的歇山顶绣楼（图10），室内存放各种花木盆景，楼北院中设有花畦，种植丁香、榆叶梅、连翘等花灌木。

中路最北为三间楼阁，南出一间抱厦，梁枋、斗栱和外墙上都带有精美的雕饰和彩画，表现出富丽堂皇的气派（图11）。抱厦的屋顶处理成中央平顶、周围出檐的"盉顶"形式，平顶部分以雕砖墙围合。此楼旧名"天后圣母楼"，原供奉天后像，以保佑孟氏家族经营的水上运输的安全。铭贤学校时期改称"崇圣楼"，供奉孔子。院东西建有厢房，南侧为尚德堂，三间硬山建筑，南设前廊，北出一间歇山抱厦（图12），与天后圣母楼南北相对。

西路为内寝区，北侧为五间卧房，西南角建有一座两层的方形攒尖顶小阁，为护院家丁所居（图14），形式颇为特别。西厢房为五间单坡建筑，南山墙突出半座六角亭，以砖包砌，并不开敞，属于"暖亭"性质（图13）。院落东北种有一株高大的侧柏，南侧是三间书斋，再南为五间歇山花厅。

西路院落之西为菜圃，北设车马厩和厨房，东侧设五间平顶轩（图15），前出抱厦，旁依古槐，背后与西路院的西厢房紧贴。

东路院与中路院之间有一个狭长的跨院，其南部用矮墙围合成独立的小院，院中建有三间小轩，名"洛阳天"。中路尚德堂以南，沿轴线布置一座木牌坊，上悬"色映华池"匾

▲ 图10 孟家花园东路绣楼

▲ 图11 孟家花园天后圣母楼侧影

▲ 图13 孟家花园西路西厢房南端暖亭

▲ 图12 孟家花园尚德堂北立面

▲ 图14 孟家花园西路北房小阁

▲ 图15 孟家花园菜圃东侧平顶轩

额。牌坊之南为假山水池所在，池中央筑岛，岛上有四明厅（图16），为三间厅堂，带前后廊，厅北设长长的石拱桥与牌坊相连，东侧有石平桥通向曲廊，廊下的涵洞即为水池入水口。厅西南侧另有曲桥通向西岸，西侧建有一座迎宾馆，其北为曲尺形的水榭（图17）。水池之南为大假山，山东西两侧各有一座方亭，登山可远眺凤凰山。

这座花园在中轴线上布置最重要的楼阁、堂、牌坊、石桥、水池、厅、假山，两侧院落、景致大致对称，同时又表现出一定的变化，正是北方私家园林的典型布局。院落之间多以1米多高的矮墙分割，空间彼此连通，并无阻隔。建筑形式非常丰富，或高大，或小巧，或华丽，或朴素，或封闭，或开敞，彼此形成明显的对比。园中旧有大量古树，略有密林深处的清幽意境。

目前此园北部的院落和建筑大体保持完整，部分厅堂、楼阁经过重修；南部的水池被填，假山被毁，洛阳天、迎宾馆、石桥均被拆除，古树大半被伐，四明厅、曲尺形水榭、方亭和部分游廊被迁移到西侧，旧貌仅存十之三四，但徜徉其中，仍然可以大致体会到浑朴雅致的独特艺术魅力。

四

相比北方其他地区的私家园林，太谷孟家的这两座花园表现出更为端庄、浑厚、质朴的特点，布局

上拥有明确的中轴线，建筑墙体厚实，色彩偏于深灰，是晋商园林的重要例证。二园既无北京园林的华贵富丽，亦无山东园林兼容南北的特点，更不像江南、岭南、巴蜀等南方地区的园林那样轻灵秀气，但同样具有参差的空间变化、丰富的山水花木和深远的意境效果，其造园手法善于在平淡中凸显妙景，值得今人予以更多的研究和借鉴。

▲ 图16 孟家花园四明厅

注解

[1]（清）郭晋等编.太古县志.清代乾隆六十年刊本

[2]（清）章青选等编.太古县志.清代咸丰五年刊本

[3]（清）恩浚等编.太古县志.清代光绪十二年刊本

[4] 安恭己，胡万凝等编.太谷县志.民国二十年（1931年）刊本

[5]陈尔鹤，郭来锁，赵景逵等.太谷园林志[M].山西省太谷县县志办公室，1990.

[6]汪菊渊.中国古代园林史[M].北京：中国建筑工业出版社，2006.

▲ 图17 孟家花园曲尺形水榭

Macartney's Embassy and "Chinoiserie" Renewed

马戛尔尼使团与"中国热"的再度兴起[*]

李晓丹（Li Xiaodan）[**]　兰　婷（Lan Ting）[***]　汪义麇（Wang Yijun）[***]

提要：中西方文化第一次直接接触是16世纪末以利玛窦为首的耶稣会士来华，开创了西方人真正了解中国的滥觞。17世纪末，法国耶稣会士来华，为西方人认识中国翻开了新的一页。该文编译自帕特里克·康纳的《西方的东方建筑》，以一个外国学者的角度，认为18世纪末随着马戛尔尼使团访华的返回，英国再次兴起"中国热"并延续了至少20-30年，对英国建筑及园林文化产生了影响。

关键词：马戛尔尼使团，"中国热"，中式建筑

Abstract: In the late 16th century, the Jesuits led by Matteo Ricci came to China, which is the direct contact of Chinese and Western cultures for the first time, and is the beginning of truly understanding China for Western. At the end of 17th century, French Jesuits came to China, which opened a new page for Western to understand China. This article is edited and translated from Conner Patrick's *Oriental Architecture in the West*, and from the perspective of a foreign scholar, it discusses that with the return of Macartney's embassy from China in the late 18th century, the renewed interest in "Chinoiserie" affected the architecture and garden of England in the two or three decades.

Keywords: Macartney's embassy; "Chinoiserie"; Chinese architecture

① 威廉·钱伯斯（William Chambers，1723–1796）：英国造园家、建筑师，对中国园林很有兴趣。1757年、1772年分别出版《中国建筑、家具、服装、机器和器具设计》和《论东方园林》。

② 1787年（乾隆五十二年），英国政府第一次派出使团（查尔斯·卡斯卡特为正使）访华。

③ 马戛尔尼（Macartney，1737–1806）：英国18世纪贤明的政治家、杰出的外交家。1792英国政府委任他为访华全权特使，斯当东爵士为副使兼秘书，率领百余人组成的英国使团于1792年9月26日出发来华访问中国。

④ 威廉·亚历山大（William Alexander，1767–1816）：英国画家。担任马戛尔尼使团的画师，随团访问了中国的天津、北京、承德、杭州、广州和澳门，回英国后创作了一系列有关中国的风俗画。

⑤ 即承德避暑山庄，又称"热河行宫""承德离宫"。

* 该文为国家自然基金项目（编号：51078349）资助，同时获教育部人文社会科学研究规划基金/青年基金/自筹经费项目（编号：10YJC760097）资助。

** 中国矿业大学（北京）建筑系教授，博士生导师

*** 中国矿业大学（北京）建筑系硕士研究生

译者前言

17–18世纪，中西方发生大规模、平等的文化交流。就建筑领域，中国的园林艺术、家具、瓷器等造型工艺对西方产生重要影响，形成所谓的"中国热"。但长期以来，就这一时期中国建筑文化对西方的影响问题存在"是非之争"。在英国，有相当多的学者不承认中国园林、建筑对西方的影响。这是因为，西方还存在"西方中心主义倾向"，部分西方学者甚至中国学者不承认西方历史进程中的外来影响。

本文编译自帕特里克·康纳的《西方的东方建筑》（Conner Patrick：Chapter Eight, Contact with China Renewed, *Oriental Architecture in the West*, Thames and Hudson, London, 1979）。作者认同中国建筑对西方的影响这一观点，18世纪末随着马戛尔尼使团访华的返回，英国再次兴起"中国热"并延续了至少20—30年，对英国建筑及园林文化产生了影响。

尽管从17世纪早期开始，英国就建立了和中国的贸易往来，但是所有的欧洲贸易商都只是在澳门和广州边境。没有一个英国人见过中国皇帝，也没有人见过中国长城以及皇宫。人们对于中国的认识必定是来自耶稣传教士和其他欧洲国家派出的少量使者。因而，像布雷特和钱伯斯①等英国旅行者的绘画作品，都可能是仅根据广州这样的城市而画的，而广州距离中国首都有1500英里之遥。

1787年，在查尔斯·卡斯卡特（Charles Cathcart）上校的指挥下，英国人第一次派使团乘坐"贞女号"军舰试图进入到北京的皇家宫廷②。但遗憾的是，到东印度群岛时，卡斯卡特因肺结核去世，使团被迫返回。英国派往中国的第一个使团以中途夭折而告终。

为了扩大英国对华贸易并在中国设立永久驻华使，在经验丰富的外交官马戛尔尼③勋爵的带领下，一个更庞大的远征使团正在酝酿中。威廉·亚历山大④是1792年乘两艘船来华的九十五名使团成员之一。

使团沿着中国海岸，经过广州到达北京。乾隆皇帝在塞外热河行宫⑤接待了他们。乾隆显然很欢迎使团，但是像之前的皇帝一样，他并不认为和欧洲形成进一步的联系有什么好处。马戛尔尼没有达到目的，不得不带着乾隆给乔治三世的诏书返回。在一个半月内，使团看到了很多中国内陆地区，亚历山大和亨利·帕里什中尉及时地记录了这些地方，并且画了一些有价值的草图。

如此壮观的一支探险队给返回的使者带来了出版回忆录的有利机会。1797年，马戛尔尼的副使乔治·斯当东（George Staunton）在亚历山大之后出版了一本带有版画插图的《英使谒见乾隆纪实》（An Authentic Account of An Embassy from the King of Great Britain to the Emperor of China）；使团的监查官约翰·巴罗（John Barrow）出版了与这次远征有关的4部作品，包括大约一半的马戛尔尼的日记（这些日记于1962年全部出版）。

这些作品中最敏锐的是马戛尔尼的记录，他记述了这次访华任务每天的进程，包括对中国人生活的许多方面的详细观察。除了传教士，马戛尔尼和他的随从很可能是最早在热河见到中国皇家园林的欧洲人。马戛尔尼显然很熟悉风景造园学的著作，和珅惊讶地发现他的客人竟然知道热河的园林是康熙皇帝的杰作。和许多欧洲人不一样，马戛尔尼似乎对中英园林的共同特点而不是差异印象更深。在围绕园林中的湖泊参观的过程中，马戛尔尼对四五十个宫殿和亭子很有好感，由此他意识到之前见到的斯陀园（Stowe）、沃本公园（Woburn）、潘思山庄（Painshill）——所有园林同样都因其建筑而著名。同时，他也很欣赏园林的田园方面：外形和植被的对比，意想不到的景点的连续，以及精心设置的装饰性建筑。

在热河马戛尔尼看到的西部园林比他之前见的东部园林更荒凉、有更多山，他对汹涌的瀑布、阴暗的水池、巨大的峡谷的描写和钱伯斯《论东方园林》（Dissertationon Oriental Gardening）中的描述相差并不远。返航途中到达广州的前几天，马戛尔尼乘坐小舟出发去了菩萨庙。在经历了褶皱的山脉、惊险的悬崖、咆哮的洪水这样戏剧化的旅行后，"一个老和尚从他的房间里出来为我们做这个隐蔽迷宫的向导"[1]。不久，他们遇到了菩萨像——"一个巨大的，有着撒拉森人脸，露着两排镀金尖牙笑着的可怕形象……"这个菩萨的对面是一个与之相匹配的景象："上面杂乱岩石的晃动阴影射入远方的光亮中，下面是沉静的深渊，总之迷信的阴霾徘徊不去，这些以积聚的恐怖和最吓人的景象共同打击人的意志"。

然而，总结马戛尔尼对中国园林的观察，他反对"恐怖"元素在中国园林中起到重要作用。他写道，他没有看到人工废墟、洞穴、隐士住处，"快乐"是他感受到的最主要印象。他对中国的园林建筑特别满意：

▲ 马戛尔尼使团觐见乾隆图（当时滞留在北京的W·亚历山大想象中英使节在热河觐见皇帝的场面）马戛尔尼跪膝呈送国书，小斯当东也效仿，接受皇帝赠品。引自 [法] 佩雷斯特.停滞的帝国：两个世界的撞击.王国卿，毛凤支，译. 北京：生活·读书·新知三联书店，1993.

所有建筑物是同类建筑中最完美的，或者简洁的，或者根据想要出现的效果而极度地装饰……中国人的建筑有一种和其他的完全不同的特殊风格，不被我们的规则约束，但又完全符合它自身的规则。它必定有一些从未偏离的法则；尽管按照我们的规则来检验时，中国建筑与我们所接受的布局、构成、比例的概念不相符，但是整体来说，它往往能产生最令人满意的效果；就像我们有时看到一个人脸上没有什么突出的特色，但其面容却非常有亲和力。

访华使团的返回以及随后7部文学作品的出版为英国公众提供了一系列关于中国的见解，这是人们第一次看到通俗易懂的语言对中国著名景点和建筑的描述。亚历山大关于中国人物、船只、建筑物的作品于1795-1800年在皇家艺术学会展出，这些画合乎英国地形水彩画细腻而精致的优良传统。有时候他可能夸大了屋顶的曲线，但是基本上避免了把主题浪漫化，我们愿意赞成使团检查官的评判，即"亚历山大先生的水彩画画得漂亮而真实，同时也丝毫没有忽略那些中国的东西"。

根据亚历山大的画制作的铜版画影响到更广泛的受众。他的《中国的服饰》（Costume of China）（1805年）的48幅彩色版画中，《一个苏州附近的塔》（A Pagoda near Soochow）、《满清官吏

① 原著作者引自 An Embassy to, Lord Macartney's Journel, Some Account, Narrative of a Journey in the Interior of China, China in a series of views。

的宅邸》（The Habitation of a Mandarin）（图
1）、《舟山定海城南门》（South Gate of Ting-
hai,Tchusan）等是非常明确的中国砖瓦建筑的代表。
但是1797年和斯当东的《英使谒见乾隆纪实》一起
出版的开本版画最能揭示中国建筑的奥秘。通过线雕
铜版画，北京西直门、有汉白玉舍利塔的皇宫园林、
长城、有小布达拉宫之称的热河附近的喇嘛庙、圆
明园正大光明殿，还有水闸门、水车，各种宝塔、
桥梁、拱门以及住宅为英国读者所熟悉。亚历山大
的观点在摄影时代到来之前一直占有无与伦比的地
位；进入19世纪，这些观点常常未经证实就被用来
佐证一些关于中国的书，比如约翰·弗朗西斯·戴
维斯[1]1836年出版的《中国人》（The Chinese: A
General Description of the Empire of China, and
Its Inhabitants）。到1843年四卷乔治·纽厄纳
姆·赖特（Rev. G. N. Wright）的《中国见闻系
列》（China, in a Series of Views）[2]出版时，卷入
第一次鸦片战争的弗雷德里克·怀特中尉(Frederick
White)和斯托达特（Stoddart,R. N. ）上尉的画作也
可作为有价值的资料，但是至于很多版画彩图，出版
者还是依赖托马斯·阿罗姆(Thomas Allom)用钢版雕
刻机翻制的亚历山大的作品。

▲ 图1 满清官吏的宅邸

许多英中建筑史上有重要历史价值的作品受到了欧洲旅行者皮尔
西·布雷特（Peircy Brett）、威廉·钱伯斯、威廉·霍奇斯[3]、托马
斯（Thomas）、威廉·丹尼尔[4]，还可能包括马国贤[5]带回的画作的启
发。威廉·亚历山大从中国返回之后，英国再次兴起对"中国热"的
兴趣并影响了英国20年，亚历山大完成的画必然对此起到重要作用。

马戛尔尼的使团促进了"中国热"的再次兴起。但是一次建筑上
"中国热"的复兴取决于一个经验丰富的建筑师的影响，他有能力把新
鲜生命注入中英设计的落后形式里。钱伯斯的《论东方园林》出版和法
国大革命之间的这些年，是东方建筑在欧洲大陆最流行的时候，但是在
英国几乎完全被忽略。18世纪80年代末，当法国遏止英中式园林的事件
发生，少许著名的东方设计项目才在英国兴起，相关的建筑师亨利·霍
兰德（Henry Holland）在此之前不久访问了法国，这绝非偶然。

霍兰德有三次机会来完成钱伯斯已经开始的项目，其中的两个项
目卡尔顿府（Carlton House）和沃本修道院（Woburn Abbey）包含了
东方设计。1783年，乔治王子[1](Prince George)得到一个属于自己的
宅邸时，他决定卡尔顿府的改造让霍兰德来完成。钱伯斯以他总建筑
师的身份执行了一些最初的修复，到1784年，霍兰德似乎已经开始负
责这个项目的运作了。

1785年秋天，亨利·霍兰德访问巴黎。他的工作已经暗示与法国
新古典主义设计的密切联系，后来的一些成就表明他对法国首都最新
的建筑项目密切关注。Salm公馆（Hôtel de Salm）由皮埃尔·卢梭
（Pierre Rousseau）在霍兰德访问的那一年完成，有一个爱奥尼亚式
的隔断，与霍兰德马上要伸展到卡尔顿府前院的隔断相媲美，公馆的
花园前面有一个被石头雕像围绕着的圆形建筑，和霍兰德1787年在布
莱顿[2]为海滨阁（Marine Pavilion）[3]设计的布局相似。巴葛蒂尔公园
（Bagatelle）也吸引了霍兰德。霍兰德调研过大量巴葛蒂尔公园中的
中国艺术风格并受此激发，回去向威尔士亲王和贝德福德公爵提交了
中国风的设计。

---

① 约翰·弗朗西斯·戴维斯（John Francis Davis, 1795—1890）：英国人，中国
通。
② 即Chinese Cat Merchants, from China in a Series of Views by George Newenham Wright
1843（《中国猫商，来自乔治·纽厄纳姆·赖特1843年中国见闻系列》）。
③ 威廉·霍奇斯（William Hodges, 1744—1797）：英国风景画家。
④ 威廉·丹尼尔（William Daniell, 1769—1837）：英国园林艺术和海洋艺术派画
家，也是雕刻师，英国皇家院士。长期游历远东地区，也长期在英国的海岸线创作
水彩画。
⑤ 马国贤（Matteo Ripa, 1692—1745）：意大利人，传教士。在中国宫廷13年（1710—
1723年），制作了《御制避暑山庄图咏三十六景》铜版画，并与其他传教士共同完成
《皇舆全览图》。
① 即下文的威尔士亲王，后来的乔治四世（George IV, 1762—1830），1762年至
1820年以王储身份出任威尔士亲王（Prince of Wales），1811年至1820年期间兼任摄
政王。1820年继位，1830年去世。
② 布莱顿（Brighton）：英格兰南部海滨城市。
③ Marine Pavilion即下文中的Royal Pavilion。

▲ 位于圣彼得堡附近的沙皇别墅里的中式木亭 ▲ 英国柴郡比达尔夫农庄里的中式亭

在霍兰德的指导下，卡尔顿府被建造成有中央科林斯式柱廊和粗琢立面的稳固的帕拉第奥风格的外观。内部主要是精致、拘谨的古典风格，其灵感来自法国。1790年中国画室成立（图2）；幸运的是有文件记载，即谢拉顿[1]的《家具师与软包师家具图集》（Cabinet Maker and Upholsterer's Drawing Book）（1793年）中两幅版画以及一份画室内容的清单。一幅版画展现的是南墙，窗户之间是一个中式风格的矮几；另外一幅展现的是房间的其他部分，左边是另一个矮几，右边是一个壁炉架（它们上面都有带龙的镀金座架以及中国词语），沿着北墙是一个冬天可机械加热的垫脚软凳。矮几和壁炉架现在收藏在白金汉宫。

至于中国画室的细节，霍兰德一定参考并借鉴了钱伯斯的《中国建筑、家具、服饰、机械和器具设计》（Designs of Chinese Buildings, Furniture, Dresses, Machines, and Utensils）。竹子框架里中国壁画的布置源自钱伯斯的室内版画，但是霍兰德在房间四周增加了一连串细柱，这些柱子带有"柱环"，和钱伯斯的"不同种类的柱子"开始所展示的相类似。每根柱子上部刻有一对"雷纹螺旋"（lei-wen

spirals）图案并悬挂着铃铛——其灵感来自钱伯斯的"铃声"（《中国建筑、家具、服饰、机械和器具设计》，第VIb版插图），这也是围绕画室墙下部的格子图案墙裙的来源。

同时，霍兰德在沃本做一个中式建筑外观。钱伯斯曾在那里受雇于第四位贝德福德公爵，但是年轻的第五位公爵，雇用霍兰德继续对房子改建并增加一些附属建筑物，包括现在仍保存的中国乳品场（图3）。这是一个非常成功的湖边建筑，但其东方韵味并不浓厚：屋顶的轮廓线和上面八边形的灯笼式天窗实际上并不那么中式。一个柱廊沿着湖的曲线蜿蜒，到乳品场前面作为走廊而逐渐变得缓和，水边柱廊的格子状栏杆在拱上不断重复，在一层水平面上形成一个开敞的阳台。乳品场的彩绘窗户上保持这种规律而低调的格子模式，这在钱伯斯的《中国建筑、家具、服饰、机械和器具设计》中是无前例的；内墙和天花也没有用几何图案来描绘，这可能是在卡尔顿府协助霍兰德工作的约翰·克雷斯（John Crace）设计的。围绕乳品场的壁架的装饰直接来自《中国建筑、家具、服饰、机械和器具设计》的第13页插图，房间中间是一个小八角桌，

[1] 谢拉顿（Sheraton，1751—1806）：新古典的家具大师，英国四大家具巨匠之一。

▲ 图2 卡尔顿宫的中国画室

▲ 图3 沃本的中国乳品场

① 普克勒－穆斯考大公（Prince Pückler-Muskau，1785—1871）：风景园林设计大师，1815年至1844年建造的普克勒－穆斯考公园（Pücklers Muskauer）是波兰和德国共同的世界文化遗产，是19世纪最杰出的欧洲景观建筑之一。

几乎和同一页上钱伯斯所描绘的原型一样，它刚好在八角形天窗正下方，仿佛是从上面洞口掉下来的。乳品场的玻璃窗于1789年由西欧多尔·佩拉什（Theodore Perrache）描画，由此我们可以推测这是乳品场完成的日期；建筑师霍兰德的卡尔顿府画室的速写标有日期1789年1月，画室家具的账单标有日期1789年11月，那么他一定是同时进行的这两个相当不同的中式项目的工作。

1826年12月普克勒－穆斯考大公（Prince Pückler-Muskau）①参观沃本时赞美中式园林中的乳品场（当时全面运作）是"一个卓越而美丽的地方"：

这是一个中国式的场所，有大量白色大理石和彩色玻璃装饰；中间是一个喷泉，墙周围是数以百计的中国大碗碟以及各种形式和颜色的日本瓷器，里面装满新鲜的牛奶和奶油。立有这些容器的"操作台"是中国家具的完美典范。窗户上是绘有中国画的磨砂玻

璃，在昏暗的光线下非常奇幻。

在某种意义上这个乳品场的风格以小圆屋顶和半东方格子细工的形式传播到1795－1798年罗伯特·萨蒙（Robert Salmon）在沃本建的公园农场。20世纪中叶，乳品场和修道院间的"飞行的公爵夫人餐馆"依然存在。餐馆有格架状的拱门和一个"由两个双曲抛物面组成的"很大幅度弯曲的屋顶。和乳品场一样，餐馆不是直接模仿而是间接地来表现东方化的。

1783年秋在布莱顿，威尔士亲王第一次拜访了他叔叔坎伯兰公爵。1786年10月，威尔士亲王的管家路易斯（Louis Weltje）租了一个离坎伯兰公爵的海边别墅不远的木构架农舍；1787年亨利·霍兰德受邀将这间农舍改为豪华宅邸。1787年4月至7月间，霍兰德在现有农舍北边加盖了一栋和它相似的房子，每一栋外都多加了一间房，并且用中间的圆形大厅将这两个房子连接。从而这五个主要的房子构成了一套面向东面布莱顿宽阔的老霍夫大街的又长又窄的建筑。西面是位于人字形门廊侧面的佣人耳房。圆形大厅投射到老霍夫大街一侧的花园，爱奥尼克柱廊强调了它的曲线，上部一个浅浅的圆屋顶靠在一个被古典雕像环绕的鼓形座上。

同时代的版画显示这是一个舒适、朴实的建筑，它的鼓形座有一点粗劣但总体来说轻巧而不失隽秀；许多早期的参观者称赞这个设计。但即使在古典时期，海滨阁也免不了遭到非议。一个法国的参观者描述它就像一个乡下的牧师住所，安东尼·帕斯昆（Antony Pasquin）1796年所著的《新布莱顿指南》（New Brighton Guide）也表示不喜欢它的布局设计：

海滨阁主要由木头建成；在建筑上它是一个难以形容的怪物。它看起来像是一个疯人院，或者说是这个房子发疯了，因为它既没有开始和中间，也没有结束……

1801年7月，霍兰德提交了关于扩大海滨阁的计划，包括名为"Steyne的立面设计"（图4）的设计图，给整个建筑"穿上中式的衣服"——带有龙装饰的屋脊，中国风的尖顶饰和雷纹螺旋图案。这样中央的圆屋顶将会变成一个双层宝塔，从而巧妙地把鼓形座隐藏起来。在同一个速写本里的另一个设计图"正在施工的Steyne立面"（图5）显示，扩建部分实际

上是在1801—1802年完成的，包括一个餐厅和一个暖房，分别从海滨阁的东北和东南末端以45度角伸出。那个设计里似乎只有一个元素被采纳了：绿色的向外弯曲的金属天篷（后来成为摄政时期建筑的一个流行特征）出现在中国风设计里，但并未出现在"正在施工的Steyne立面"设计图中。据说这些可能构成了亲王的海滨阁外观最早的东方元素。

有进一步的证据表明，中式设计方案是霍兰德1802年11月绘制的（图6）。这些设计作品相比前一年的更加清晰，为马厩和路易斯的房间设计了中式外立面，还把马厩与海滨阁南部的佣人耳房的末端连接起来。与此同时，亲王开始从中国进口了大量家具、瓷器、画和小饰品。据爱德华·布莱利（Edward Brayley）说，海滨阁是这样首次引进中国风的：

1802年，改造进行的同时，一些非常精美的中国壁纸被进献给了亲王，亲王一度没能决定如何使用这些纸。由于大厅和新北侧厅之间的餐厅和图书馆已经不再用于最初的功能，作为顾问罗宾逊先生（Mr. Robinson）建议将隔断拆除，把室内变成一个中国式长廊。这个意见被迅速采纳；墙上悬挂着中国壁纸，长廊的其他部分被描画和装饰成一种与之相应的风格……

霍兰德的设计包括卡尔顿府的室内设计都表明海滨阁内的中式装饰并不仅仅依靠壁纸——但是皇家档案馆中霍兰德的记载在一定程度上证实了布莱利把1802年作为海滨阁室内设计的转折点。霍兰德1801至1803年间的清单记载上提到"各位先生桑德斯（Saunders）、黑尔（Hale）和罗伯森（Robson）、玛希（Marsh）和泰瑟姆（Tatham）、莫瑞尔（Morell）、克雷斯……做中式装修设计，指导工程和家具的完成"，五代都是异国情调设计专家的克雷斯家族最重要的贡献，是后来英皇阁(Royal Pavilion)①发展的一个阶段，在那一阶段中国和印度文化共同影响而产生我们今天可以见到的壮丽奇观。

尽管亨利·霍兰德在一些圈子里引发了"中国热"的复兴，但是中国建筑再也没有广泛流行起来。到该世纪的最后25年，人们不再认为园林中必须展示来自各种文明的建筑物了。18世纪90年代，如画园林（the Picturesque）盛行起来，并通过威廉·吉尔平②的作品和草图以及尤夫德尔·普赖斯和理查德·佩恩·奈特③严谨详尽的论文而传播。整洁的中国亭子在吉尔平及其追随者推崇的不规则

A Design for the Elevation to the Steynes

▲ 图4 Steyne的立面设计

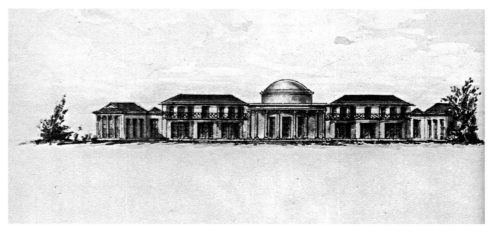

▲ 图5 正在施工的Steyne立面

形式和粗糙轮廓的观念中没有立足之地。皮兰蒙特（Pillement）画的优美地摇摇欲坠的小屋的确实现了如画美学的很多理念，但是这些还不足以削弱中国建筑是人造的、严谨的形象。奈特的《风景园林，一首教诲诗》（The Landscape, A Didactic Poem）一书含有两幅版画（图7），一幅是一条小河蜿蜒地经过平滑的草地和团团的树木，流向一个住宅对称的外立面；另一幅是同一视点看到的画面——这个住宅局部被植物遮蔽，河岸杂草丛生，一棵倒下的树垂落在水中。第一幅画中的简支梁桥在第二幅里换成了一个更简单的粗木构架的桥。根据书中诗文可知，第一个桥是中式的，它似乎代表了奈特非常厌恶的东西："……这座单薄脆弱的中式桥；轻巧、奇幻，然而又僵硬、呆板，就像缺乏想象力的孩童的怪念头……"

如果期望这时候有一个英国人可以凭借他极大的资源、独立于流行观点，以及对东方终身的兴趣，去创造一个完全异国情调的园林，那这个人肯定是威

① 英皇阁（Royal Pavilion），又称皇家穹顶宫，位于英国布莱顿市，始建于十九世纪，是位于英国海滨旅游胜地布莱顿的豪华宫殿，是英国皇室建造的避暑胜地。
② 威廉姆·吉尔平（William Gilpin,1724--1804）：英国如画运动顶峰时期最著名的人物。
③ 理查德·佩恩·奈特（Richard Payne Knight, 1750—1824）和尤夫德尔·普赖斯（Uvedale Price, 1747—1829）：著名的如画理论家，也是超越了园林风景具有广泛兴趣的哲学家和文艺评论家。

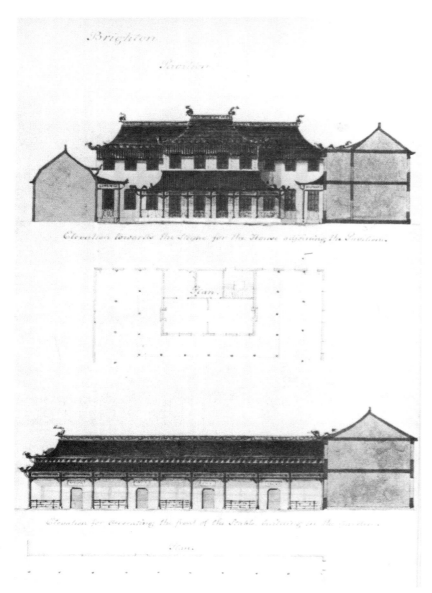

▲ 图6 1802年11月霍兰德为海滨阁做的中式设计

图7《风景园林，一首教诲诗》的两幅版画

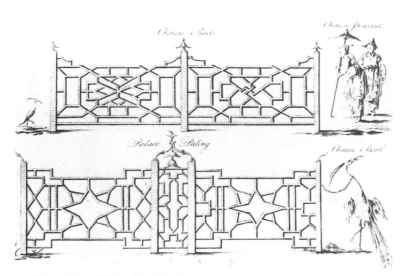

▲ 保罗·德克尔设计的"中式栏杆"，1759年

▲ 英国特威克纳姆的草莓堡，理查德宾利设计的中式凉亭

廉·贝克福德[①]。青年时代的贝克福德师从威廉·钱伯斯先生学习建筑原理，同时亚历山大·科曾斯（Alexander Cozens）指导他绘画，年仅9岁的莫扎特教他作曲。钱伯斯很可能向贝克福德传播了一些对中国的兴趣，而且亚历山大·科曾斯无疑激起了他的学生对东方浪漫的想象力。另外，年轻的贝克福德的想象力一定受到他从小长大的房子Fonthill Splendens的进一步激发[②]。

早年，贝克福德沉浸在关于中国和日本的旅行书籍中，他的一些读书笔记留存了下来：其中提及一个中国皇后的照明塔，也许是贝克福德将要在丰特希尔修道院建造的高塔的构思原型。后来，建筑吸引了他的注意力，"他建造了一个摩里斯科风格的高塔"。1782年12月，据《漫步》（The Ramble）称，贝克福德正在准备一个奢华的东方娱乐场所："一个巨大的临时建筑物"，将包含一个人造太阳和一个彩绘的天空，印度音乐将从它的走廊里传出。

1787年，在妻子去世以及自己被英国上流社会流放之后，贝克福德动身去位于牙买加的家族地产。然而由于晕船，他只走到了里斯本，这是一次愉悦的经历。即使在地震摧毁其首都之后，葡萄牙仍然有很多东西引起这位东方学者的兴趣。贝克福德在他到达后不久写道："里斯本所拥有的珍贵的日本陶器和印度古董超过任何其他欧洲城市。"

尽管他的文学作品里对东方建筑有很多想象，但是从贝克福德对葡萄牙伟大的曼努埃尔式建筑的反应可见，他在内心深处里并不十分地钦佩东方华丽的建筑。在巴塔利亚（Batalha），他称赞《皇家修道院》（Claustro Real，西班牙语）中拱的比例以及窗饰的优雅，但《未完成的教堂》（Capelas Imperfeitas，葡萄牙语）是他无法接受的：

……无屋顶的、未完成的一群小教堂耗费了最精心雕刻的丰富的装饰，却没有达到非常美满的结果，就像在类似情况中经常发生的一样。凭良心，我不能说服自己去赞美如此可悲的浪费时间和创造性——一个腐败、俗气的建筑的"嘲弄，奇想，荒唐的诡计"……撒克逊式的褶皱和弯曲够糟糕的了；早期诺曼式荒诞的瘦长窄匙状的拱更糟糕；摩尔式偏离优美曲线的马蹄状的样式，稍好一点[③]。

这里引用的《回忆录》是贝克福德74岁时也就是参观葡萄牙修道院的40年后写的，但并没有歪曲他

▲ 坎伯兰公爵在废船甲板上建造的中式亭，其室内装饰豪华，并装饰有中国的灯笼、围栏和龙旗，1754年

年轻时的体验。1787年9月，他对辛特拉宫（Sintra Palace）曼努埃尔式窗户已经没有什么印象，"那十足是一个东方的奇异外形"，还有18世纪的马夫拉宫（Palace of Mafra），巨大但完全没受任何东方的影响，引起这位英国参观者非常保守的反应：

每边各有两座塔上升到300英尺的高度，和伦敦圣保罗大教堂的有点类似。它们轻巧且有很多非常讲究的柱子，但是它们的外形轮廓太哥特式，或者更为糟糕的是，它们是宝塔似的风格，又想要显得庄严。

所以当贝克福德前来整顿丰特希尔修道院的房地产时没有用东方奇特的东西来装饰庭院并不令人意外。他用一个12英尺高的墙围住大约1900英亩的风景园林，大概是模仿圆明园中的花园，多名马戛尔尼远征队的记录者强调了圆明园巨大的规模和围墙。丰特希尔的公园也以带有洞穴和一个隐士住处的大量假山为特色；但是同时代的记载或版画都没有提供任何有关东方建筑物的证据。后来，在巴斯的兰斯多恩新月20号他的花园里，贝克福德建造了一个有点"摩尔式的"洋葱形圆屋顶的凉亭，然而他承认这种风格并不怎么合他品味。贝克福德对怪异的东方风格的喜爱，更充分地表现在他的文学作品《瓦提克》（Vathek，1786）中，这本书是继钱伯斯的《论东方园林》后一部非常有价值的作品。

① 威廉·贝克福德（William Beckford，1760—1844）：英国小说家、建筑艺术家、收藏家。他的哥特小说《瓦提克》和哥特城堡丰特希尔修道院使他成为文学和建筑史上的传奇人物。丰特希尔修道院（Fonthill Abbey）：英国19世纪建造的宏伟奢侈的建筑奇迹，修道院最初为英国富商贝克福德的住宅，后因建筑结构问题在修建30年后倒塌，因其独特的建筑风格而被许多著名的艺术家作为创作主题，占地500英亩，正门37英尺高，修道院的八角形高塔雄伟厚重，塔高270英尺，建筑群以该塔为中心而延伸312英尺。
② 原来的伊丽莎白时代的宅邸"Fonthill Antiquus"，在1755年的一场大火中被很大程度地烧毁，于是市政议员贝克福德（Alderman Beckford）在那给他自己建造了一个帕拉第奥式的宅邸（1768年建成，1808年拆毁），包含一个土耳其式房子和一个拱形埃及式大厅，有85英尺长，天花由詹姆斯·怀亚特（James Wyatt）设计。庭园里的建筑物包括一座宝塔，显然是在大火之前建造的。
③ 原著作者引自贝克福德的 Recollections of an Excursion to the Monasteries of Alcoba A and Batalha。

The Architecture of Qinhuai River House in Nanjing at Jiangsu Province, China

南京秦淮河房厅的建筑技艺[*]

马　晓（Ma Xiao）[**]　　周学鹰（Zhou Xueying）[***]

提要：秦淮河是南京的母亲河。沿秦淮河两岸密布的河房（厅）是秦淮文化重要的物质载体，建筑技艺颇具特色，传递具有时代特征的历史文化信息。可惜的是，硕果仅存的秦淮河房（厅），2006年以来在旧城改造的名义下被加速拆毁，亟待保护。

关键词：秦淮文化，古建筑，河房（厅），建筑技艺，地域建筑

Abstract: Qinhuai River is the mother river of Nanjing. As the most important substantial carrier of the Qinhuai culture, Qinhuai house has its unique architecture features and conveys the information of time spirit and social custom. Unfortunately, the Qinhuai houses of reduced numbers have been quickly destroyed in the name of city renovation since 2006. How to solve these contradictions will be an urgent task.

Keywords: Qinhuai Culture; Vernacular Architecture; Qinhuai House(hall); Building Skill; Regional Architecture

1 引言

内秦淮河自东向西，环绕南京老城南。历代以降的秦淮河沿岸，多是人烟稠密之地，达官贵人、富商巨贾、平头百姓等五方杂处。大体而言，六朝至明清，南京老城主要沿内秦淮河逐渐向北发展（图1）。

▲图1 内秦淮河示意

六朝建康（孙吴称建业，东晋南朝称建康）曾是当时世界上最宏大、最繁华的都市之一。谢朓《入朝曲》"江南佳丽地，金陵帝王州。逶迤带绿水，迢递起朱楼"，可为写照。唯兴衰迅捷，战乱频仍，现今地面上除墓葬、石刻外，建筑遗址均埋没地下。因之，南京博物院前院长、著名考古学家梁伯泉先生认为：除地上文物组成的"地上南京"外，地下遗存可喻之"地下南京"。

明初，太祖朱元璋定都南京，应天府在南唐都城基础上扩建成为全国的政治、经济、文化中心。朱元璋迁徙各地能工巧匠、富户，充实京师。

明成祖朱棣迁都北京，南京为留都，六部与京师同。南京人顾起元《客座赘语·市井》云："盖国初建立街巷，百工货物买卖各有区肆。"实际上，内秦淮河沿岸达官贵人宅第亦多，深宅大院，隔秦淮河相望，两岸建筑高度（单层为主，二层较少）与内秦淮河宽度空间尺度精当，交织成完美的图画。明末乱季，流连在秦淮河畔的才子佳人，演出过一幕幕救国济世、生离死别的香艳悲歌。

清初改江宁府，两江总督于此设治，为东南重镇，工商业发达，"每日中为市，负担而来者，踵相接也"。

1912年1月1日，世纪伟人、中国革命的先行者孙中山先生在南京就任中华民国临时政府大总统，南

* 国家社科基金艺术学项目，编号11BF058
** 东南大学建筑学博士，南京大学建筑学院副教授。
*** 同济大学建筑学博士、东南大学建筑学博士后，南京大学历史学系教授、博导。

京步入第三个黄金期。1927年，中华民国正式定鼎南京，都市人口急速增加，各种建设层出不穷，故遗留至今的民国建筑遗产相当丰富。

1937年12月13日，南京沦陷。陆咏黄先生《丁丑劫后里门闻见录》云："幸免者，则中华门以西之门西区域，近鼓楼之北门桥大街一带。受灾最重者，则由太平路经朱雀路，至夫子庙一带。中华门以东之门东地方，以日寇之先锋队系由通小火车之雨门花攻入，受灾亦巨。余此次返里，系由水西门入城，两旁商店如常，不似劫后迹象。据云升州路全路损毁极少……"这与我们近10多年的调查结果切合。

因此，近现代以来，南京虽经多次动荡，船板巷、颜料坊牛市、中华门东、中华门西、钓鱼台、南捕厅、百花巷、安品街及金沙井等，均属保存完好的明清历史街巷，且绝大多数沿内秦淮河分布（图2），弥足珍贵。

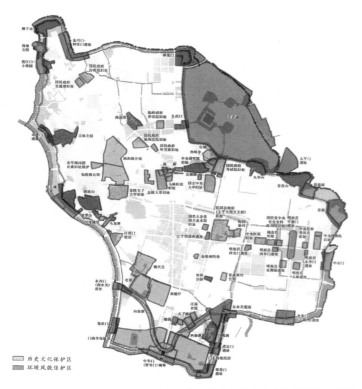

▲图2 南京老城环境风貌和历史文化保护区分布图

尤其是，南京老城南的人口、职业多有变化，但仍有相当数量的老南京城南居民在此世代繁衍、坚守祖业，人与老城、历史街巷、古建筑、老树、风俗同生共长，衍生出独特的老城南人文景观，在全国独树一帜。

南京地域建筑文化颇具特色[1]。在香艳秦淮文化滋润下的秦淮河房（厅），形成了鲜明的建筑技艺特征。

2 秦淮水，金陵源

秦淮河是南京的母亲河，古称龙藏浦、淮水。唐代许嵩《建康实录》云："始皇三十六年，始皇东巡，自江乘渡。望气者云：'五百年后金陵有天子气。'因凿钟阜，断金陵长陇以通流，至今呼为秦淮。"不过，同书注云："屈曲不类人功，疑非秦始皇所开。"《建康志》类似记载，"秦淮二源合自方山埭西注大江，分派屈曲，不类人工，疑非秦皇所开。"

实际上，秦淮河主流为天然河道，包括上游的句容河和溧水河，主要源自南京东部的宁镇、茅山山脉，全长约110公里，流域面积2631平方公里，沿岸阶地上发现多处湖熟文化遗址（相当于商周时期）。

秦淮河在南京明城墙通济门外分两股：一股为外秦淮（又名老秦淮河），其西北向的主流环绕成护城河。另一股在通济门东水关入城，为内秦淮，其干流向西出铁窗棂，与外秦淮河汇入长江（即习称的秦淮河）。长江、秦淮河、青溪、"运渎"、"潮沟"、御河、进香河、破岗渎以及玄武湖、乌龙潭等，一起了构成南京城内外的完整水系。大体而言，六朝至明清以来，南京城主要沿着内秦淮河逐渐向北发展。

虽然，六朝时期南方战事稍少，然旋风般的王朝更替、朝不保夕的人生际遇，遗留下无数河山易主、佳人别离的历史典故，成为秦淮文化的一种表征，荡人心魄。

譬如，王徽之的《桓伊三弄》，王献之的《桃叶歌》，庾信的《哀江南赋》；尤其是南唐后主李煜被俘至汴京（今河南开封）怀念故国，留下了"问君能有几多愁，恰似一江春水向东流""想得玉楼瑶殿影，空照秦淮"等千古名句，流露着难以言说的家国之痛。

唐代李白有《长干行》："郎骑竹马来，绕床弄青梅。同居长干里，两小无嫌猜。"刘禹锡有《乌衣巷》："朱雀桥边野草花，乌衣巷口夕阳斜。旧时王谢堂前燕，飞入寻常百姓家。"杜牧有《泊秦淮》："烟笼寒水月笼沙，夜泊秦淮近酒家。商女不知亡国恨，隔江犹唱《后庭花》。"这些诗歌中的长干里、朱雀桥、乌衣巷、秦淮酒家，均与秦淮河水密切相关。

明清时期孔尚任的《桃花扇》、吴敬梓的《儒林外史》，余怀的《板桥杂记》、珠泉居士的《续板桥杂记》、金嗣芬的《板桥杂记补》等咏叹的"秦淮八艳"；20世纪20年代俞平伯、朱自清同游之后分别创作的名篇《桨声灯影里的秦淮河》等，均使得旖旎的秦淮文化名动天下。

3 秦淮河房（厅）的分布

明初的南京城，基本可分为三区：居住区主要分布在原先的老城南，驻防区主要分布在鼓楼以北，城东则为宫殿区所在。

明制，都城之内者为坊，外者为厢。因水路交通量大便捷、性价比高，古代流通更然如此，故城内秦淮河两岸最为繁盛，靠近聚宝门（现中华门）西多为市井行口，《洪武京城图志》记载甚详。南京人顾起

① 马晓，周学鹰：《地域建筑的文化解读——南京"九十九间半"》，载《华中建筑》，2012（1），176~181页。

元《客座赘语·市井》云："铜铁器则在铁作坊；皮市则在笪桥南；鼓铺则在三山街口，旧内西门之南；履鞋则在轿夫营；帘箔则在武定桥之东；伞则在应天府街之西；弓箭则在弓箭坊；木器南则钞库街，北则木匠营。盖国初建立街巷，百工货物买卖各有区肆。"

《正德江宁县志》载："颜料坊，在草鞋街东，即古西市，东接铜作坊"，"铜作坊，在县治西，即古东市"，"箭匠坊，在铁作坊东，南接丫头巷，北接望火楼巷"，"弓匠坊，在铁作坊西，北通三山街，南通颜料坊"。"黑簪巷又名丫头巷，牛市西临秦淮河，曾有浙江会馆"等深宅大院，隔秦淮河相望，两岸建筑高度与内秦淮河宽度空间尺度精当，交织成完美的图画。

明末以降，除"沿旧名而居者，仅此数处。其他名存而实亡，如织锦坊、颜料坊、毡匠坊等，皆空名无复有居肆与贸易者矣……"实际上，各坊之内也兼具着各自的商业，《江宁县乡土志》载"金陵工业以缎业为大宗，织机之工，多秣陵关人，所居皆在新桥，上浮桥以西。至染经之染坊，则在牛市、船板巷左近。盖秦淮西流水，以之漂丝，其色黝而明，尤于玄缎为宜"；金陵缎业"多萃集于门西（今中华门西）一带，因地势高耸，不易受湿，于缎最为适宜"。

清《同治上江两县志》载，牛市"古子敬香皂、汪天然包头、吴玉峰膏药、耿氏香糕、杨君达海味、仲氏纸扇和伍少西毡货，皆以一物名"，蔚为市场，可为佐证。

因此，明清时期南京各行各业分别而作，本行业内同人居住又相对集中，而整体的商业、居民、会馆公所等又聚集于老城南，不少分布在东向西穿城而过的内秦淮河两岸（表1），上、下五华里号称"十里秦淮"者，历代以降沿线河房（厅）密布，史不绝载（表2）。

典籍记载秦淮河房举例（表1）

序号	名称	内容	出处	备注
1-1	俞通海宅	上浮桥西玉带巷，旧指为俞通海宅。今中州会馆内石坊尚存，南临淮水，虽无字可识，而雕凿狮子气象轩昂，非公侯家不办。郡志未载。袁简斋先生《江宁县志》称："明成国公宅在上浮桥西，临秦淮"	[清]甘熙.白下琐言[M].南京：南京出版社，2007：42	
1-2	某大姓水榭	近有某大姓，在秦淮河葺治水榭，召集宾客宴饮	同上59	
1-3	水边廊屋	于阁（县学魁星阁，笔者加注）旁沿河处添造廊屋，为朔望洒扫会憩之所	同上132	县学
2-1	张泺宅	濒淮有张明经泺宅，与顾槐三夹河而居，人称"白门二妙"	[清末民国]陈作霖.东城志略[M].金陵琐志九种（上）.南京：南京出版社，2008：113.	
2-2	黄观祠	街西有明黄侍中观祠，屋后临河，立忠节石坊	同上114	祠堂
2-3	刘氏河厅	傍（贡院，笔者加注）南岸者，以合肥刘氏河厅为冠，盖在丁字帘前遗址左右	同上114	

续表

序号	名称	内容	出处	备注
3-1	秦淮酒家	秦淮酒家以"问柳"为最古。道光时，筑水榭临河，上悬"流水声中访六朝"横匾，"□□访□"四字名其后，后以门有老柳，因改今名	[清末民国]陈作霖.炳烛里谈[M].金陵琐志九种（下）.南京：南京出版社，2008：300	酒家
3-2	顾槐三	钓鱼巷北口，巷旧名手帕巷，为妓寮麇集之所。顾明经槐三居其间，虑冶游者误入，榜其门曰"得过且过日子；半通不通秀才"。想见其风趣也。巷侧临水有御河房，为明武宗南巡观灯船之所	同上374~375	御河房
4-1	焦状元宅	焦状元巷，旧名豆巷，张氏居之。有堪舆家谓之曰君宅。后之河，自西而东，所谓"一湾辛水向东流也"，于法当出状元。后焦封君瑞移家其侧，其子竑果于万历乙丑大魁天下	[清末民国]陈作霖.钟南淮北区域志[M].金陵琐志九种（下）.南京：南京出版社，2008：383	

《金陵园墅志》载历代秦淮河房举例（表2）

序号	名称	内容	出处	备注
1	骠骑行	秣陵纪思远将军瞻以疾求退，就拜骠骑将军。即家为府第，有园池林木之胜。宅旁有航，人因呼为骠骑行	[清末民国]陈作霖.金陵园墅志[M].金陵琐志九种（下）.南京：南京出版社，2008：422	东晋
2	刘绘、张融、周颙宅	时后进名流以刘绘为领袖，与张融、周颙并临淮水而居。时人语曰"三人共宅夹清漳，张南周北刘中央"	同上424	齐
3	梁王园	梁王旧园在潮沟，徐楚金《梁王旧园诗》所谓"梁王旧馆枕潮沟"是也	同上425	梁
4	青溪草堂	建勋有诗云："地虽当北阙，天为设东溪。"又云："窗外皆连水，松杉欲作林"	同上427	南唐
5	竹西草堂	在秦淮侧，上元薛克恭益别墅	同上429	明
6	长吟阁	昆山吴子充扩，自称河岳玩仙，移家南京，筑阁秦淮上，啸咏其中	同上433	明
7	环溪草堂	在青溪侧，上元姚文洁莹别墅	同上444	清
8	青溪书屋	在东园仇家湾，上元张子澜茂才泺别墅。泺性简亢，有才气。诗为阳湖孙润如所赏。与顾秋碧夹河而居，时称"二妙"	同上448	清
9	杨氏水阁	薛尚根题"停艇听笛"匾额，合四声而成其余林氏水阁、停云榭、怀素阁、烟月双笼水榭、画船箫鼓小榭、梦六轩水榭，人名皆无可考，俱在秦淮北岸，夏日避暑最佳，亦一时别墅之尤有风韵者	同上458	清
10	仓园	在复成桥畔，仇继恒拓而新之。增构初台于水阁旁，远挹钟山，近依淮水，颇饶风韵，遂为地方工会	同上459	清
11	秦淮小公园	在旧贡院前，南临秦淮。民国十八年，辟地建园，围以花木，为游人憩息之所	同上461	民国
12	石氏水榭	在石坝街……有堂三楹，面对秦淮	同上462	民国

4 河房（厅）的功能

溯源秦淮河房（厅），或许可至吴王夫差在句曲建造的梧宫："因山铸冶，既立冶城，又营梧宫于句曲，与西子避暑居之，梧楸成林"[①]。

河房是临河而筑的房屋总称，也称"河厅"，规模较小者为"河亭"。相对而言，河厅规模大些，具公共性质。作为临河建筑，多是因地制宜的居家生活、闲居之所，或有会馆公所之类的行业建筑、酒家、祠堂等。

在文学描述或世人的印象中，河房（厅）与金陵佳丽并处，多为冶游之所，明时最盛。钱谦益《金陵社夕诗序》曰："海宇承平，陪京佳丽，仕宦者夸为仙都，游谈者据为乐土。"秦淮河房，"便寓、便交际、便淫冶，房值甚贵，而寓之者无虚日。画船箫鼓，去去来来，周折其间。河房之外，家有露台，朱栏绮疏，竹帘纱幔。夏月浴罢，露台杂坐，两岸水楼中，茉莉风起动，儿女香甚。女客团扇轻纨，缓鬓倾髻，软媚著人。年年端午，京城士女填溢，竞看灯船。好事者集小篷船百什艇，篷上挂羊角灯如联珠。船首尾相衔，有连至十余艇者。船如烛龙火蜃，屈曲连蜷，蟠委旋折，水火激射。舟中镎钹星铙，宴歌弦管，腾腾如沸。土女凭栏轰笑，声光凌乱，耳目不能自主。午夜，曲倦灯残，星星自散，钟伯敬有《秦淮河灯船赋》，备极形致"[②]。

曹大章《秦淮士女表》云："当时胭脂粉黛，翡翠鸳鸯，二十四楼，列秦淮之市，无有记其胜者"。类似记录，史载如缕（表3）。

冶游秦淮举例（表3）

序号	名称	内容	出处	备注
1	妓寮	昔日妓寮，悉在秦淮两岸，谓之开河房，无窑子之名也。今则某氏河厅某氏河厅，皆为豪贵避暑之别业，飞檐远出，直压河心，而水流淤塞，不可治矣	[清末民国]陈作霖.炳烛里谈[M].金陵琐志九种（下）.南京：南京出版社，2008：334.	
2	河房	秦淮灯船之盛，天下所无。两岸河房，雕栏画槛，绮窗丝障，十里珠帘	[明末清初]余怀.板桥杂记 续板桥杂记 板桥杂记补[M].南京：南京出版社，2006：10.	明末清初
3	妓家	前明河房，为文人宴游之所。妓家则鳞次旧院，在钞库街南，与贡院隔河相对。今自利涉桥至武定桥，两岸河房，丽妹栉比	[清]珠泉居士.板桥杂记 续板桥杂记 板桥杂记补[M].南京：南京出版社，2006：53.	明代
4	妓者	闻之金陵父老云：秦淮河房，向为妓者所居，屈指不过几家，开宴延宾，亦不恒有。自十余年来，户户皆花，家家是玉，冶游遂无虚日。丙申丁酉（乾隆四十一二年间）夏间尤甚。由南门桥迄东水关，灯火游船，衔尾蟠旋，不睹寸澜。河亭上下，照耀如昼。诸名姬家，广筵长席，日午至酉夜，座客常满，樽酒不空。大约一日之间，千金靡费。真风流之薮泽，烟月之作坊也	[清]珠泉居士.板桥杂记 续板桥杂记 板桥杂记补[M].南京：南京出版社，2006：63.	清代

续表

序号	名称	内容	出处	备注
5	住家女郎	两边河房里住家的女郎，穿了轻纱衣服，头上簪了茉莉花，一齐卷起湘帘，凭栏静听	[清]吴敬梓原著，陈美林批点.新批儒林外史（第24回）[M].南京：江苏古籍出版社，1989：268.	清代

清代南京妓业，繁荣不亚于明代。事实上，秦淮河还有生产输运之功，河房便生产之效。秦淮河的功能分区段，如门东多士子佳人之所、河房宴集，门西多缎造生产场所，而众多的会馆、公所更可佐证（例如已被拆毁的"南北果业公所"等，图3、4）。

5 河房（厅）的建筑技艺特征

目前，秦淮河沿岸硕果仅存的河房（厅）如糖坊廊61号（图5）、钓鱼台河房（图6）、信府河55号及钞库街38号等，它们紧沿着内淮河两岸延伸，高低参差，河房与河道，相互依存、互为对景。其中，糖坊廊61号可为代表。下文以其为主，就相关古建的空间布局以及大木作、小木作、砖石作等技艺特色，略作说明。

5.1 空间布局

河房（厅）的空间设计，庭院平面布局等，与全陆地的宅院有一定的区别。

▲ 图3 2007年3月7日，拆毁前的北货果业公所

▲ 图4 2009年3月18日，拆毁后的北货果业公所

▲ 图5 糖坊廊61号

▲ 图6 2000年3月11日，钓鱼台河房

---

① 陈作霖：《金陵园墅志》，421页，南京，南京出版社，2008。
② 张岱：《陶庵梦忆·秦淮河房》，90页，青岛，青岛出版社，2005。

河房或河厅，"凭波俯影，间以垂杨，盛暑则轩棂悉去，遍挂湘帘"①。其主要厅堂的布置并不近入口，多枕河而筑，后房临街。以糖坊廊61号为例，其雕梁画栋的敞轩临流而立。入口则在侧面，宾客经过雕花门罩进入庭院，直接升入面水的厅堂，并不影响后楼内眷的清静。后楼与街巷之间设小庭院，栽花植草，不仅情趣盎然，又隔离了街道的嘈杂，颇具匠心（图7、8）。

▲ 图7 糖坊廊61号一层平面

▲ 图8 糖坊廊61号剖面

河房、河厅之后门临河，设有下河的踏步、台阶、码头等，以近水、亲水。内秦淮河宽度有限，多在20米左右，故临水的河房（厅）多为一层（二层较少），河与房（厅）两者体量相互映衬，房低以衬河宽，河宽以衬房（厅）远，相得益彰。

与此同时，为尽可能利用空间，河房大多以秦淮河的驳岸为基。更有甚者，将屋悬挑于河上。"水上两岸人家，悬椿拓架，为河房水阁。雕梁画槛，南北相望"②。其法有二：

一是在石基上预埋石牛腿，支撑悬挑的房屋。此举不占用河道，但石材不抗弯翘，因此出挑不可能太大。

---

① 夏仁虎：《岁华忆语》，68页，南京，南京出版社，2006。
② 夏仁虎：《秦淮志》，48页，南京，南京出版社，2006。
③ 屋内有蝴蝶厅，雅致可爱。见张通之：《秦淮感逝.南京文献（第七册）》，323页，上海：上海书店，1991。
④ 计成：《园冶注释》，2版，113页，北京，中国建筑工业出版社，1988。
⑤ 马晓：《消失的黑簪巷》，载《中国文化遗产》，2007（3），76~83页。

二是砌墩架屋，坚实、稳固；然侵占河道，不利航运。

5.2 技艺特色

5.2.1 大木作

南京地域文化中固有的质朴、大气的风格，使得该地域建筑具有相似的性格。"上元为京畿首邑，王化所先，故民淳易治"（《万历上元县志》卷三）。"有浙之华而不浇，淮之醇而雅"（顾起元《客座赘语》）。因此，南京在传承本地建筑文化并交融太湖流域、安徽、湖湘等地的建筑风格时，又形成自身浓烈质朴的特质。其单体构架具有风格上的共性：华而不侈。

河房（厅）屋架也分扁作、圆堂。前（大）厅正贴多为抬梁式，用料较大；边帖多用穿斗式，用料较小、较省。大厅形式多样，譬如蝴蝶厅③等。糖坊廊61号仅余跑马楼，靠河为二层楼，底层为厅，临河一侧有弓形轩，与厅之间采用挂落分隔，隔而不断，既利于临流雅集，又十分雅致。

钓鱼台河房位于镇淮桥西逸至新桥南逸之间。其中，钓鱼台196号清代翰林院某学士的河房颇具特色，共前后两进房屋一进院落，硬山顶。后进为河厅，临河建有四角攒尖顶小亭一座，形式别致。内院四廊檐下挂落、门楣雕刻细致（图9），具明清秦淮河房的典型特征。

▲ 图9 钓鱼台196号挂落

其前厅为扁作厅，用料较大。内四界大梁扁作，其上驼峰曲线优美，其上安坐斗，支撑太平梁；山雾云上图案雕刻优美。因太平梁又高又宽，其上童柱相对较小，故童柱与梁交接时，直落其上。至于圆堂，则依自然弧线相交，极少用鹰咀，这是南京地区明清建筑大木的典型做法。

与普通民居后堂屋架相对较简率、采用板条仰尘④（《营造法原》谓之承尘）、多为二层楼阁不同，河房（厅）临河厅堂往往是单层建筑，其加工更为细致，除保留前厅大木构架特色以外，其屋顶较前堂为高，明间落地格子门高大轩敞，气派不凡。

因之，整体大木构架做工精致而不烦琐，落落大方而不局促。作为十朝都会的南京，其建筑风格一改明清时期江南民居的柔美之气，而显雄浑直爽的大气，并在建筑构架中表露无疑，在我国古代传统民居建筑中独树一帜⑤。

5.2.2 小木作

5.2.2.1 卷轩

河房（厅）的卷轩多位于内四界之前，有弓形轩、船篷轩、一枝香轩、鹤颈轩、菱角轩等；以弓形轩为多，亦有楼厅下部采用卷轩者（糖坊廊61号，图10）。

钓鱼台196号前厅前部设弓形抬头轩，梁体高大（清代后期南京的七架梁多用拼帮做法），其挑头用南京特有的云龙头，轩梁下的蜂头为透雕，外形方正、直率，并不似苏式建筑的曲折卷翘，此为南京地域建筑大厅或楼厅的普遍做法（图11），如糖坊廊61号亦然。

▲ 图10 糖坊廊61号临河弓形轩

▲ 图11 钓鱼台196号前厅前部设弓形抬头轩

5.2.2.2 门

河房（厅）之门可分为外门、屏门、内墙门等。

外门：多用实拼门（板门），门扇上多雕刻楹联，具有浓烈的书卷气。

屏门：装在门厅或轿厅正中柱间的室内门[1]。屏门全部开启时，由门厅向里观望，有"庭院深深深几许"之感。由四至八扇门组成的平整板壁，平时不开，由两侧出入，只在婚丧嫁娶、或有贵客临门时才临时开启。屏门本为每户必备之设，然目前能完整保留者不多。

内墙门：多为实拼门（板门），与大门相似，门扉表面往往也有精致的对联（图12）。

▲ 图12 拆毁前的北货果业公所边门门扉

5.2.2.3 窗

窗：可分长窗、半窗、地坪窗、横风窗、和合窗等，其图案、花纹等多样，造型优美，往往成为古籍记载的重点（表4）。

长窗：多为落地窗，将门扇和窗扇的作用结合，布置在厅堂的明间或全部开间。上半部约占全扇的十分之六，为空透的窗格，利于采光，纹样不一，图案美丽。长窗下半部为夹堂和裙板。雕饰如意、花卉或静物，或

▲ 图13 糖坊廊61号长窗

在裙板上雕刻戏剧情节，一扇窗就是一节故事。而糖坊廊61号河房（图13、14）可谓其中之佼佼者。长窗可分为：上夹堂、格子、中夹堂、裙板、下夹堂等几部分，通称六抹头门窗。

半窗：常用于厅堂的次间。半窗高度约为长窗的一半，下部装在矮墙之上，如长乐路62号河房。

地坪窗：则是半窗装在木栏杆上。栏杆木板可从侧面装卸，装上能挡风雨，卸下可通风。如糖坊廊61号靠河二层楼底层地坪窗，有趣的是其临河一侧也是如此。地坪窗下的裙板是重点装饰的地方，外饰雕花围栏（图15）。

横风窗：建筑较高时使用，扁长方形，装在长窗或半窗之上。其窗格花纹与其下的窗基本一致。

和合窗：北方称支摘窗，南京人称满洲窗。多用于较小的次间，或用于舫、榭等。为上、中、下三扇，各呈横长方形，上下两扇固定，中间一扇用摘钩支撑，外开。值得注意的是，此种窗户形式在南京地域建筑中得到较为普遍的采用。与北方和合窗用槛墙不同，南京地域建筑中和合窗半窗下多为裙板，少用槛墙。

糖坊廊61号河房门窗保留相当完整，可作为河房（厅）小木作门窗的杰出代表。尤其是其格子部分，每一扇的夔纹团寿中嵌四季花卉、结子装饰桃、石榴等吉祥瓜果（图16），相当精彩。

▲ 图14 糖坊廊61号长窗中夹堂、裙板、下夹堂之一

▲ 图15 糖坊廊61号地坪窗

▲ 图16 糖坊廊61号一层隔扇

有关河房（厅）小木作典籍资料举例（表4）

时代	内容	出处	备注
明	南京河房，夹秦淮河而居。绿窗朱户，两岸交辉，而倚槛窥帘者，亦自相辉映。夏月，淮水盈漫，画船萧鼓之游，至于达夜，实天下之丽观也	吴应箕.留都见闻录·河房序[M].民国征献楼蓝印本	绿窗朱户、倚槛窥帘

---

① 陈从周：《中国厅堂——江南篇》，287页，上海，上海画报出版社，1994。

续表

清	大爷、二爷走进了门，转过二层厅后，一个旁门进去，却是三间倒坐的河厅，收拾得倒也清爽。两人坐定，看见河对面一带河房，也有朱红的栏杆，也有绿油的窗槅，也有斑竹的帘子，里面都下着各处的秀才，在那里哼哼唧唧地念文章	[清]吴敬梓原著，陈美林批点.儒林外史(第42回)[M].南京：江苏古籍出版社，1989：465~467.	朱红栏杆，绿油窗槅
清末民国	江南房屋向来皆用雕花直窗，而于书房客厅则用大方窗，中嵌玻璃大片，俗呼为满洲窗，盖北方旗式也。今则无论大小长短，凡轩牖皆整用玻璃矣	[清末民国]陈作霖.东城志略[M].金陵琐志九种(下).南京：南京出版社，2008：305.	满洲窗

5.3 砖石作

相对而言，秦淮河房（厅）中砖石作较少。对于石构件而言，除墙身上的拴马石、柱础、漏窗、门罩中的门额以外，其余使用部位不多。对于砖来说，通常除门罩中的上下枋、脊饰以外，其余部位采用也不多。

5.3.1 墙身

明清以来的河房（厅）墙体基本以青砖墙加条石基为外墙面，很少刷白，体现出砖材、石材本身的色彩、质感，表现出选料之良、施工之精、用时之多，也间接交代出主人财力之厚，隐而不显、藏而不露。

墙体底层铺砌坚固的条石数层，往往露出地面二三层，其下另有土衬石；其上实（扁砌或竖砌）砌青砖数层（多为五层以上，楼房实砌层数更多）；再上砌空斗墙（如单丁斗子，空斗墙中有些会埋入木骨、碎砖瓦等，以加固墙体）。如此形成下条石、中实墙、上空斗的墙体，不仅可减轻墙体、减少基础压力，更是针对墙体承重的实际所需技术措施，充分发挥不同材质的效能之举。与此同时，砖、石不同的色彩、质感，多样不一的加工、砌筑方法，也有效丰富了立面，可谓因地制宜之典范（图17、18）。

5.3.2 门罩

入口处门罩多雕饰朴拙，含而不露。门额为石过梁，两侧多磨砖门边框；门额上部多为数层素面磨砖枋心（或有简洁之

▲ 图17 糖坊廊61号青砖墙体，自下而上：条石、实砌、空斗1

① 周学鹰，张伟：《简论南京老城南历史街区之文化价值》，载《建筑创作》，2010（2），158~164页。

▲ 图18 糖坊廊61号青砖墙体，自下而上：条石、实砌、空斗2

雕刻），两侧多为雕饰精致的垂莲柱；门楼上不用瓦陇而代之以大块方砖；脊饰为缓缓起翘的曲线，选料精良、施工精湛，一丝不苟。它们与门槛下的青石踏步一起，形成手法简洁、比例优美、色彩素雅、简朴大方而又从容高贵的综合效果（图19）。

6 小结

河房（厅）是指沿内秦淮河两岸分布的居住、会馆公所、祠堂、酒家等各式各样建筑的统称，以居住建筑为大宗。

一般而言，内秦淮河所在的南京老城南，是指内桥（古青溪水）以南、明城墙以北范围内的南京老城。历代以降的秦淮河沿岸，多是人烟稠密之地，达官贵人、富商巨贾、平头百姓等五方杂处，构筑成生动的城市发展图景。

秦淮河水养育南京人，培育秦淮文化，也得到了历代南京人的深深眷恋，史不绝载。作为秦淮文化最大体量、最重要物质载体的秦淮河房（厅），本应得到当代南京人的精心呵护。

然而，自2006年6月20日以来启动的南京老城南改造，使得众多的历史街巷被拆为"净地"①（图20~图24）。十里秦淮沿岸的历史建筑

▲ 图19 糖坊廊61号门罩

▲ 图20　2006年7月27日拆毁前的牛市、船板巷、长乐路

▲ 图24　2009年3月18日，拆毁后的回龙街

▲ 图21　2006年12月17日正在拆毁的牛市、船板巷、长乐路

▲ 图25　秦淮河畔新建的皇册家园

同样遭受重创，沿河新造、体量较大的"仿古建筑"（实为"古风"或"古式"建筑），已经映衬得宽度有限的秦淮河变为"秦淮沟"（图25），不仅环境尺度失衡，且地域建筑特色荡然：青砖墙变为白粉墙，门罩屋顶大方砖变为瓦垄，曲线脊饰变为纹头脊（图26、27），图案不一的门窗、雁翅版花式雷……独特的老城南历史风貌正在渐行渐远，亟待抢救。

▲ 图22　2008年3月7日，内秦淮河牛市段景色

▲ 图26　2013年3月29日，长乐路新建筑1

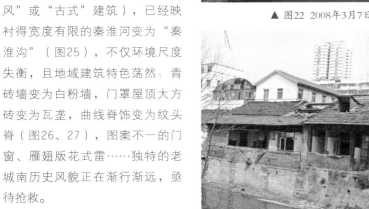

▲ 图23　2007年3月7日，正在拆除的回龙街

▲ 图27　2013年3月29日，长乐路新建筑2

Discussion on When the City Wall of Great Capital was Built

关于元大都大城城墙修筑时间的探讨

郭超（Guo Chao）*

提要： 关于元大都城墙修筑时间的研究，多年来学术界流行着两种观点：第一种观点认为元大都城墙的修筑用时约10年，即至元四年（1267年）始修筑，到至元十三年（1276年）完成。第二种观点认为元大都城墙的修筑用时长达17年之久，即至元四年（1267年）始修筑，到至元二十年（1283年）才最终完成。本文通过对元大都城墙尺度数据、工程量和对元代史料相关记载的分析以及对若干中国古都版筑土城墙尺度数据的研究，提出第三种观点，认为元大都城墙的修筑用时约为4年，即从至元四年（1267年）"正月丁未"奠基，"二月己丑"始修筑，到至元七年（1270年）末或至元八年（1271年）初完成。

关键词： 元大都，城墙，修筑时间，探讨

Abstract: There have long been two opinions about the time when the city wall of the Yuan Capital was built. The first one believes that it had taken about 10 years to build the city wall, i.e. from the 4th to 13th year of Zhiyuan Period (1267-1276), while the second holds 17 years, i.e. from the 4th to 20th year of Zhiyuan Period (1267-1283). Based on the measure of the city wall, the work amount, the investigation of relevant history data and the measure data of city walls of several ancient capitals, this article suggests a third opinion, that is, it was a 4-year project starting from the lunar January of the 4th year of Zhiyuan (1267) and finishing at the 7th or 8th year of Zhiyuan (1270 or 1271).

Keywords: Yuan Capital; City Wall; Built Time; Discussion

进入21世纪，北京正在建设世界城市。然而，现在很少有人知道，早在700多年前，元大都就已是享誉世界的大都会了。今天我们研究元大都的城市规划、政治、经济、文化、社会生活、国际交流等课题，对把北京建设成为世界城市有着积极的借鉴意义。

北京成为全中国的首都，始自元大都。元大都始建于1267年，时称"中都"，1272年改称"大都"。据《马可波罗行纪》所述，元大都为当时欧亚第一重要的大都会，城市宏大、人口众多、商旅云集、贸易发达、文化多元，时为国际商业、贸易、文化之中心。北京现存有不少元代建筑文化遗产，其中最突出的就是位于北三环路和北四环路之间、东西绵延6700余米的元大都北土城遗址和位于学院南路明光村路口（即元大都西城墙北门肃清门）以北2000多米的西土城北段遗址。这两段仅存的土城遗址，长度近9000米、宽度10多米、高度3~5米。在西土城遗址南端，有肃清门瓮城遗址；在北土城西段，有北土城西水关遗址。保存至今的元大都土城遗址，就是13世纪70年代起蜚声世界的元大都大城城墙（下文称元大

都城墙）遗址，是700多年前的中国古都建筑文化遗产，现为全国重点文物保护单位，已辟为"元大都土城遗址公园"。在土城遗址公园内，规划修建有十多组反映元代文化的雕塑景观，立有"全国重点文物保护单位"石刻。"元大都土城遗址公园"的开辟，对保护中国古都建筑文化遗产、唤起游人对世界城市元大都的追忆，起了积极作用。

城墙，是古代城市最重要的标志，也是城市最先规划修建的建筑，它发挥着保卫城市安全和维护城市秩序的功能。因此，研究古代城市，就离不开对城墙的研究。而元大都城墙，不仅是北京作为全国都城之始的象征，也是13世纪70年代至14世纪70年代这100年里作为世界大都会的元大都的空间象征，还是元朝行使政治、经济、思想、文化统治的工具之一。因此，研究元大都城墙，即研究元大都城墙的规划选址、空间走向、建筑尺度、修筑技术、历史变迁等，不仅可以揭示中国古都规划思想和元大都城市规划布局，而且还可以提高人们关于保护中国古都建筑文化遗产和把北京建设成为世界城市的认识。

关于元大都城墙修筑时间的研究，多年来学术

* 人文学者、北京学研究基地特聘研究员、北京文化遗产研究所特约研究员

▲ 元大都北土城城垣及夯土层断面遗址

▲ 元大都北土城城垣及马面（侧面）遗址

▲ 元大都北土城城垣及马面（正面）遗址

▲ 元大都北土城及顺城街遗址

▲ 元大都北土城西段城垣遗址

▲ 元大都北土城西水关遗址（北侧）

界流行着两种观点：第一种观点认为元大都城墙的修筑用时约10年，即至元四年（1267年）始修筑，到至元十三年（1276年）完成①。第二种观点认为元大都城墙的修筑用时长达17年之久，即至元四年（1267年）始修筑，到至元二十年（1283年）才最终完成②。

笔者通过对元代史料和对若干中国古都城墙数据以及对元大都城墙工程量的研究，提出第三种观点，认为元大都城墙的修筑用时4至5年，即从至元四年（1267年）"正月丁未"奠基③，"二月己丑"始修筑④，到至元七年（1270年）末或至元八年（1271年）初完成。笔者的依据如下。

（1）元朝奎章阁侍书学士虞集撰写的《大都城隍庙碑记》记述元大都城墙建成于1270年。《大都城隍庙碑记》云：

"世祖圣德神功文武皇帝至元四年，岁在丁卯，以正月丁未之吉，始城大都。立朝廷宗庙社稷官府库庚，以居兆民，辨方正位，井井有序，以为子孙万世帝王之业。七年，太保臣刘秉忠、大都留守臣段贞、侍仪奉御臣和坦伊苏、礼部侍郎臣赵秉温言：大都城既成，宜有明神主之，请立城隍神庙。上然之，命择地建庙，如其言。得吉兆于城西南隅⑤，建城隍之

庙，设像而祠之，封曰佑圣王，以道士段志祥筑宫其旁，世守护之。自内廷至于百官庶人，水旱疾疫之祷，莫不宗礼之……"⑥

《大都城隍庙碑记》明确记载了大都城墙的修筑时间——至元四年（1267年）正月丁未始建，至元七年（1270年）"大都城既成"。"既成"，即"已经完成"之意。1270年大都城隍庙的修建，充分证明此时大都城墙业已修筑完毕。

（2）《元史·世祖纪》载："至元八年正月……史天泽告老，不允。敕：'前筑都城，徙居民三百八十二户，计其直偿之。'"⑦史天泽乃元初重臣，"至元元年，加光禄大夫，右丞相如故。三年，皇太子燕王领中书省，兼判枢密院事，以天泽为辅国上将军、枢密副使。四年，复授光禄大夫，改中书左丞相。六年，帝以宋未附，议攻襄阳，诏天泽与驸马忽剌出往经画之……七年，以疾还燕。八年，进开府仪同三司、平章军国重事……"⑧"前筑都城"，说明现已筑完；为防止奸臣贪污，忽必烈命史天泽负责计算因筑城而搬迁的382户居民每户应补偿的资金数额。此次对因筑城而搬迁的居民进行资金补偿和下一年用国库支付所有筑城的费用（详见下文）两件事情说明：元大都城墙已于至元七年筑成，因国库经费所

① 陈高华，史卫民：《元代大都上都研究》，32～33页，北京，中国人民大学出版社，2010年。

② 于德源：《北京历代城坊、宫殿、苑囿》，134～136页，北京，首都师范大学出版社，1997。

③ 《日下旧闻考》卷五十《城市》引虞集《大都城隍庙碑记》。

④ 《析津志辑佚》之《朝堂公宇》。

⑤ 笔者注：大都城隍庙择址于大城之西南隅，即大城之坤位，亦有"至哉坤元"之义，以合世祖至元年号。

⑥ 《日下旧闻考》卷五十《城市》引虞集《大都城隍庙碑记》。

⑦ 《元史》卷七，本纪第七，世祖纪四。

⑧ 《元史》卷一百五十五，列传第四十二，《史天泽传》。

限，不得不分两年两次进行偿付，先偿付给搬迁户，再支付其他的筑城费用。

（3）到过元大都的波斯史学家拉施特在《史集》一书中，记载元大都城墙建成于1271年①。与虞集《大都城隍庙碑记》中记载的"至元七年，大都城既成"并不矛盾，即1271年初与1270年末在时间上基本吻合。

（4）元大都用苇席蓑城的开始时间可以证实元大都城墙建成于至元七年或至元八年。《元史》卷一百五十一，列传第三十八，《王善传》附《王庆端传》云："庆端……以功佩金符，为千户。监筑大都城……大德二年，加荣禄大夫、平章政事。"

程钜夫《冀国王忠穆公墓碑记》云："（忽必烈）授（王庆端）虎符，为千夫长，督城大都。议固以甓，公请以苇，遂省不赀。"②

阎复《故荣禄大夫平章政事王公神道碑记》记述了王庆端向元世祖忽必烈献上以苇蓑城之策的具体时间："至元八年，城大都，板干方新，数为霖雨所堕，或议辇石运甓为固，公（王庆端——引者）言：'车架巡幸两都，岁以为长，且圣人有金城，奚事劳民，重兴大役。'因献苇城之策。诏用公言，所省巨万计。"③

史载元世祖时期经济屡次吃紧，除任用善于理财的阿合马等人主政理财外，也不得不尽量节省不必要的经费开支，所以忽必烈采纳了负责具体督建大都城墙的千户王庆端以苇蓑城防雨的建议。可知至元八年元大都城墙已经建成，与《析津志》记载的"世祖筑城已周，乃于文明门外向东五里，立苇场，收苇以蓑城。每岁收百万，以苇排编，自下砌上，恐致摧塌……"的内容在时间上为至元八年相一致④。

（5）元世祖至元八年（1271年）蒙古国改国号为"大元"，此时国都"中都"的城墙已修筑完工；大都的首席规划师刘秉忠曾在国门丽正门外第三桥南立杆测定大内及中轴线方向。至元十一年（1274年）刘秉忠辞世，在其辞世前，大都的城墙已经修筑完毕。

（6）从《元史·世祖纪》"至元九年（1272年）二月，改新都中都为大都；五月辛巳，敕修筑都城，凡费悉从官给，毋取诸民，并蠲伐木役夫赋税"这条记载推知：元大都的城墙在中都改称大都之前已经修筑完毕——"凡费"，即包括完工后应支付给筑城役夫的工钱在内的诸项筑城所需的费用，由皇帝下令取自国库，而不向民间征敛。

（7）《元一统志》卷一《建置沿革》记载："至元九年（1272年）二月，改号大都，迁居民以实之，建

钟鼓楼于城中。……元初设大都巡警院及左右二院。右院领旧城之西南、西北二隅四十二坊，左院领旧城之东南、东北二隅二十坊。大都巡警院领京师坊事。建置于至元十二年（1275年），至二十四年（1287年）省并，止设左右二院，分领京师城市民事。领大都在城坊事。至元二十五年（1288年），省部照依大都总管府讲究，分定街道坊门，翰林院拟定名号。"

有学者认为，到翰林院拟定街道坊门名号前，元大都的城墙才修筑完成。其实不然。历代修筑新城池，都是先按照规划修筑城墙，然后再按照规划修建城里的主要建筑，最后才修建民居。元大都也不例外。按照规划，先修筑完成了大城城墙，再改建完成了宫城和皇城城墙及其宫殿等建筑，然后按照规划修建钟鼓楼等管理城市的职能建筑和省部院诸官署建筑，最后才完成迁民以居之的民宅的修建。偌大的大都城，新建在各个衚衕和火巷内可容纳数十万人居住的民居，须在大城城墙、宫城、皇城诸建筑工程完工后才开始修造，至少需要十几年的时间才能完成。从至元十二年建置的领京师坊事的大都巡警院可知，在此之前，元大都城墙已经修筑完毕，除大都大城内之西南部已有原居民外⑤，在大城内之东南部开始"迁居民以实之"了。即从至元九年（1272年）起，先迁非"南城"（按：元大都建成后，金中都称"南城"）之人户以实大都大城内之东南部，每户宅基面积为8亩。因迁入大都的人户不足，故于至元二十二年（1285年）再迁"南城"之人户以实大都大城之中部、北部，每户宅基面积仍为8亩。

（8）负责督建元大都城墙和宫城的官员的职务的变化，也能证明元大都城墙建成的时间不晚于1271年。

至元三年（1266年）十二月丁亥，"诏安肃公张柔、行工部尚书段天祐等同行工部事，修筑宫城"⑥。同时加封张柔为"荣禄大夫，判行工部事，城大都"⑦。又诏令张柔之子张弘略"佐其父为筑宫城总管"⑧。

张柔于"至元四年，进封蔡国公，五年六月卒"⑨。张柔死后，行工部尚书段天祐（段贞）继为筑大城总管。至元七年，大都城墙建成后，段贞的职务改为大都留守，继续负责督建皇城以及众多的衙署和民宅。张弘略总管宫城的督建，于至元八年"授朝列大夫、同行工部事，兼领宿卫亲军、仪鸾等局。十三年，城成，赐内帑金扣、珧瑁卮，授中奉大夫、淮东道宣慰使"⑩。作为"筑宫城总管"的张弘略，

① 拉施特《史集》第二卷，第322页，商务印书馆，1985年。
② 《雪楼集》卷十七。转引自王灿炽《谈元大都的城墙和城门》，载《故宫博物院院刊》，1984（4）。
③ 《常山贞石志》卷十七。转引自王灿炽《谈元大都的城墙和城门》，载《故宫博物院院刊》，1984（4）。
④ 《析津志辑佚》"城池街市"条。
⑤ 笔者注：根据元大都大城和义门（今西直门）内大街以南、大城南城墙以北、顺承门内大街（今西单北大街、西四北大街）以西、大城西城墙以东的若干胡同的间距和平则门（今阜成门）内大街以南、顺承门内大街（今西单北大街）以西的金城坊、砖塔胡同、万松老人塔等金代已有的建筑区域得知：元大都大城内之西南部的若干胡同和民宅，非为元代始规划。故此区域之胡同的间距与元代规划的大都大城内之东南部、中部、北部的胡同间距不一样，即不合50元步的规划模数；此区域的民宅也非8元亩之宅。
⑥ 《元史》卷六，本纪第六，世祖纪三。
⑦ 《元史》卷一百四十七，列传第三十四，张柔传。
⑧ 《元史》卷一百四十七，列传第三十四，张柔传附张弘略传。
⑨ 《元史》卷一百四十七，列传第三十四，张柔传。
⑩ 《元史》卷一百四十七，列传第三十四，张柔传附张弘略传。

▲ 元大都北土城遗址公园"忽必烈象辇石雕"

▲ 元大都西土城城垣乾隆题"蓟门烟树"碑

▲ 元大都西土城肃清门处城垣遗址

在至元十三年宫城修建完成后，即被授予中奉大夫，改任淮东道宣慰使。可知张弘略只是修筑大都宫城的总管而与修筑大都城墙无关。

元末陶宗仪《南村辍耕录》卷二十一《宫阙制度》记载：元大都宫城之"砖甃"于"至元八年（1271年）八月十七日申时动土，明年（1272年）三月十五日即工。"《元史·世祖纪》记载："至元九年五月，宫城初建东西华、左右掖门……至元十年十月，初建宫城外朝正殿大明殿及寝殿、香阁、周庑两翼室成……至元十一年十一月，起阁南直大殿及东、西殿。"至元十三年（1276年），宫城内廷延春阁成，至此宫城成；负责督建宫城的张弘略调往外地任职，改任淮东道宣慰使。

《元史·世祖纪》关于元大都宫城修建的记载有十条之多：

至元三年（1266年）十二月丁亥，诏安肃公张柔、行工部尚书段天祐等同行工部事，修筑宫城。

至元三年十二月，诏令张柔之子张弘略"佐其父为筑宫城总管"。

至元四年正月戊午，立提点宫城所；四月甲子，新筑宫城。

至元五年十月戊戌，宫城成；十一月，免南京、河南两路来岁修筑都城役夫。

至元七年二月丁丑，以岁饥罢修筑宫城役夫。

至元八年二月，发中都、真定、顺天、河间、平滦民二万八千余人筑宫城。

至元九年五月，宫城初建东西华、左右掖门。

至元十年十月，初建宫城外朝正殿大明殿及寝殿、香阁、周庑两翼室成。

至元十一年十一月，起阁南直大殿及东、西殿。

至元十三年（1276年），城成。即宫城内廷延春阁建成，至此宫城成；负责督建宫城的"筑宫城总管"张弘略调往外地任职，改任淮东道宣慰使。

《南村辍耕录》卷二十一《宫阙制度》则记载了《元史·世祖纪》中未记载的宫城"砖甃"城墙的时间："至元八年（1271年）八月十七日申时动土，明年（1272年）三月十五日即工。"

从《元史》《南村辍耕录》等有关元大都宫城修建的史料记载得知，《元史·张弘略传》中记载的"十三年，城成"，是指作为"筑宫城总管"的张弘略负责督建的宫城之"城成"，而非指大城之"城成"。

（9）一座新都城的修筑和完全投入使用不是一回事，修筑完新都城的城墙，只是迈出了都城使用的第一步；第二步是完成新都城的宫城与皇城的规划建筑，即营建宫城与皇城内的宫殿等帝京规制的宫苑建筑群；第三步是在新都城大城内规划建造众多的中央官署和职能建筑；第四步是在新都城大城内规划建造民宅，待民宅建成、入住居民后，新都城才算完全投入使用。所以大都的完全投入使用，不等于大都城墙的修筑完成时间。

（10）从至元九年（1272年）以后，大都城内陆续修建的官署[如中书省官署初建于至元九年（1272）二月、会同馆初立于至元九年十月、太史院官署初建于至元十五年（1278年）]、职能建筑[如钟楼、鼓楼初建于至元九年]、道观[如崇真宫初建于至元十三年（1276年）、汉祖天师正一祠初建于至元十五年（1278年）]、寺庙[如圣寿万安寺初建于至元九年至十六年（1272—1279年）]、皇家祭祀建筑[如大都太庙初建于至元十七年（1280年）]、礼制建筑[如国门丽正门瓮城初建于至元十八年（1281年）]等得知，这些建筑均是在大都城墙修筑完成后才得以初建的。

（11）益都千户王著刺杀权臣阿合马事件，可谓是元世祖至元年间发生的一个重大事件。《元史》记载这一事件发生在元世祖至元十九年（1282年）三月。《马可波罗行纪》第八四重章，记述了千户陈著和万户王著相约利用元世祖忽必烈率皇太子驻跸上都之时，假冒皇太子回京，杀掉留守都城的权臣阿合马这一事件的全过程。因阿合马居住在"旧城"（即金中都）中，在得知皇太子回京召见后，即入"新城"（即元大都大城），当时元大都新城有十一门，每门有守军1000人。《马可波罗行纪》记述此事如下：

"迨至约定之日，王著、陈著夜入皇宫，王著据帝座，燃不少灯火于前。遣其党一人赴旧城，矫传令旨，伪称皇太子已归，召阿合马立入宫。阿合马闻之大异，然畏皇太子甚，仓猝遽行，入城门，鞑靼统将统一万二千人守备大都名火果台者，询之曰：'夜深何往？'答曰：'成吉思已至，将往谒之。'火果台曰：'皇太子秘入都城，缘何我毫无所闻？'遂与偕行……"。

从元世祖至元十九年（1282年）三月元大都大城每个城门设有军队守卫的记载可知，元大都城墙在此前已修筑完毕。

（12）宋丞相文天祥抗元失败，于元世祖至元十五年闰十一月（1278年12月或1279年1月），被押解至大都囚禁，到至元十九年十二月（1283年1月），元世祖在元廷多次对文天祥的劝降失败后，亲自出面劝降，并许以丞相高位，文天祥则报以必死的决心。文天祥成为深受元朝民族压迫国策统治下的汉族民众的一面旗帜，当时大都有匿名信，扬言要烧蘘城苇草，解救文天祥出狱。可知当时元大都城墙已经建成。

（13）元代初年正值中国气象史上第四个温暖期（1200—1300年）之后期的多雨期，修筑城墙和修筑河道堤坝一样，须抢修抢筑。从元世祖忽必烈在大都文明门外东南5里开辟苇场以种植芦苇用于"蘘城"，即用芦苇保护城墙护坡，以及从元代几度修筑大都城墙的史实分析，推知：元大都城墙为传统的夯土版筑法，两侧筑有护坡，但护坡的夯筑质量低于城墙主体的夯筑质量，故护坡须用芦苇罩盖以防雨水的冲刷，故不经数年就需要"修城"。由元大都城墙护坡的修筑质量可知，元大都城墙的修筑时间不会太长，确与4至5年的修筑时间相符。如果修筑时间达20年之久，想必城墙的夯筑层面会相当坚固。

（14）笔者认为元大都城墙的修筑完成时间在1270年末或1271年初极有可能，因为元大都城墙的修筑时间是由版筑土城墙的工程量决定的。考古勘查元大都版筑土城墙之城基底宽约24米[1]，故按《营造法式》推测城墙底部宽度24米、高度16米、顶部宽度8米，三者的比例为3：2：1[2]。然而，此推测，既与中国古代城墙工程是由城基工程和城墙墙体工程两部分组成的，而城基的宽度一定要大于城墙墙体的底部宽度，城墙才能坚固的城墙修筑技术相悖，也与史料记载的元大都城墙尺度和元大都城墙夯筑墙体的实际尺度不能吻合。通过考察中国古代城墙得知：城基的宽度实际大于城墙底部的宽度。换言之，城墙底部的宽度实际小于城基的宽度。从建筑技术讲，只有城基的宽度大于城墙墙体底部的宽度，才能使城墙坚固。著名考古学家宿白先生在《隋唐长安城和洛阳城》一文中记述了唐长安大明宫之版筑土城墙，"墙基宽约13.5米、深1.1米，城墙筑在城基中间，两边比城基各窄进1.5米左右，底部宽10.5米"。元大都城墙底部的宽度实际也小于城基的宽度，即小于24米宽。

元代史料《马可波罗行纪》第八四章《大汗太子之宫》记载的元大都城墙的相关尺度为"墙根厚十步，然愈高愈削，墙头（按：即城墙顶部）仅厚三步（按：约4.72米），遍筑女墙，女墙色白，墙高十步"。结合实际情况，笔者认为马可波罗对平面长度的描述基本准确，而对于高度的描述则不太准确。如《马可波罗行纪》第八三章《大汗之宫廷》记载的宫城"周围有一大方墙，宽广各有一里。质言之，周围共四里。此墙广大，高有十步，周围白色，有女墙。此墙四角各有大宫一所，甚富丽……"然而《南村辍耕录》卷二十一《宫阙制度》记载元大都宫城城墙"高三十五尺"（按：约11.2米，约合7步，而不是《马可波罗行纪》所描述的"高有十步"）。第八三章还描述了大都大内御苑绿山的位置与高度"北方距皇宫一箭之地有一山丘，人力所筑，高百步，周围约一哩……"我们知道今景山恰位于皇宫北方一箭之地，其空间位置、山上满植树木等与马可波

罗描述的绿山相同，但高度只有47米（合30步，而非"高百步"）。

元大都城墙的底部宽度、高度、顶部宽度是《马可波罗行纪》记载准确，还是考古人员的推测准确？二者谁更符合实际？幸亏在拆除北京内城东、西城墙时，在明清两代夯土墙体下面发现了元代夯土墙体，即元大都东、西城墙夯土墙体，其底部宽度约18米多（按：如观象台以北的元大都南城墙东端墙体底部和北土城西水关上的城墙底部，约合12步），高度9米多，顶部宽度4米多，与《马可波罗行纪》的记载的元大都城墙"墙根厚十步，然愈高愈削，墙头仅厚三步"的尺度相吻合。而不是根据城基宽度为24米推测出的城墙底部宽度亦为24米、城墙高度16米、顶部宽度8米。元大都城墙的城基尺度与墙体底部尺度，与其他中国古都城墙的修筑基本相同，即城基的宽度大于城墙底部的宽度。换言之，城墙底部的宽度小于城基的宽度。

参考文献记载和郑州商城、辽南京、元上都等古都的版筑土城墙的高度与宽度的比例，依据对元大都大城北城墙西水关和位于观象台位置的元大都大城之东南城墙角的考古发掘，以及在拆除明清北京内城东、西城墙时发现并获知的元代版筑夯土墙体的底部宽度、高度和坡度的比例为4：2：1，即城墙底部宽度为12步（约18.87米，恰合58.95元营造尺），与蒋忠义《北京观象台的考察》（载《考古》1983年6期）论述的考古勘查发现的元大都大城东南城墙角城墙和北土城西段城墙的底宽约18.5米相当；高度为6步（约9.44米，恰合29.5元营造尺），与拆除明北京内城东、西城墙时发现的元代夯土层的高度相吻合（参见张先得编著《明清北京城垣和城门》，河北教育出版社，2003年5月第一版，第28、29页）；顶部宽度为3步（约4.72米），与法国人沙海昂注、冯承钧译《马可波罗行纪》（中华书局2004年1月新1版，第334页）第八四章《大汗之宫廷》关于元大都城墙"墙根厚十步，然愈高愈削，墙头仅厚三步，遍筑女墙，女墙色白，墙高十步"的记载基本相一致。

结合中国古代城墙建筑技术、史料记载和元大都东、西城墙夯土墙体的实际尺度，我们得知：元大都城墙的底部宽度、高度、顶部宽度三者的实际比例，应为中国传统版筑土城的4：2：1的比例，而不是考古人员依据《营造法式》推测的3：2：1的比例。再者，考古勘查发现的元上都遗址之外城城墙现高约5米，下宽约10米，上宽约2米，元上都宫城城墙底宽约10米，高约5米，顶宽约2.5米；可知元上都外城与宫城之城墙的底宽与高和顶宽的比例亦为4：2：1。

即使按推测出的数据及比例，元大都城墙的夯土工程量为城墙实际长度约28600米×城墙中间厚度16米[（底宽24米+顶宽8米）÷2]×城墙高度16米的城墙夯土层（16米÷0.08米≈200层）[3]≈91520000立方米。如果按每天约有1万人同时夯筑，则每人每天约夯筑6平方米/层，1万人就能夯筑约6000×0.08＝4800立方米[3]，7321600÷4800＝1525天。需要约1525天。加上城基的夯土工程量约为28600米×24米×1.2米（城基夯土层的厚度约0.12米，约为10层）≈823680立方米，需要约115天（823680÷（6×0.12×10000）≈115（天））可以完成城基的夯土工程。城基+城墙墙体的夯土总工程量所需时间约为115天+1525天≈1640天，约为4年6个月。

---

① 北京文物研究所对元大都大城北城墙水关遗址的考古发掘所得水关遗址上的土城墙城基宽度约23.5米，约合15步。
② 《元大都的勘查和发掘》，《考古》1972年1期。
③ 笔者注：拆除北京内城东、西城墙时发现了元大都东、西城墙的夯土层，夯土层的厚度约为6~11厘米不等。如果是16米高的城墙，则应该含有约200层夯土，平均每层夯土的厚度约为0.08米。

如果按照元大都城墙实际的底部宽度、高度和顶部宽度为4：2：1的比例计算，[①]元大都城墙的夯土工程量为城墙实际长度约28682.4米×城墙中间宽度约11.80米〔底宽12步，约18.87米+顶宽3步，约4.72米）÷2〕×城墙高度约9.44米的城墙夯土层（9.44米÷约0.06米≈158层）≈3194990立方米。如果按每天约有1万人同时夯筑，则每人每天约夯筑6平方米/层，1万人就能夯筑约6万平方米/层。结合《元史·世祖纪》所载，世祖年间因雨修护大都城墙一次就有2万人之多，而新筑城墙则应比修护城墙的人还要多！根据元大都大城城墙的实际长度约28682.4米，每层应夯筑约338452平方米，如1万人同时夯筑，每层夯土约需5.64天就能完成。如果按158层夯土计算，需要约891天。加上城基的夯土工程量需要约115天。城基+城墙的夯土总工程量所需时间约为115天+891天≈1006天，约为3年。除去因雨而中断工程的时间，大约不足4年时间就能完成元大都城墙的修筑。与虞集《大都城隍庙碑记》记载的至元七年（1270年）"大都城既成"以及波斯史学家拉施特《史集》第二卷记载的元大都城墙建成于1271年相吻合。可知《大都城隍庙碑记》和《史集》所记载的大都城墙修筑完成的时间是完全可信的。笔者认为，待新都城墙完全建成后，元世祖采纳刘秉忠等臣僚的建议，于至元九年（1272年）二月，将新筑的都城"中都"改称"大都"。

（15）参考金中都城墙的修筑时间约为2年（1151年始修筑，1153年迁都），元大都城墙的周长约为金中都城墙周长的1.5倍，且城墙厚度相当，考虑到筑城人员数量，元大都城墙的修筑时间应该在不足4年或4年多较为接近事实。

（16）明洪武元年（1368年），明朝大将军徐达率军攻取了元大都，为防止蒙元势力的反扑，随即在元大都北城墙以南约5明里的古濠南岸东西一线，即位于今北京北二环路南侧之安定门、德胜门东西一线，修筑了一道"南北取径直"，东西长约"一千八百九十丈"的北平府北城墙，与元大都之东、西城墙的北段中部相连接。这道北平府的北城墙其厚度厚于元大都的北城墙，其高度应等高于元大都的东、西城墙。然而，其修筑用时却不足1年！这可从侧面间接证明元大都四面城墙的修筑用时约为4年，即始于至元四年（1267年）完成于至元七年（1270年）末或至元八年（1271年）初。

（17）结合中国历史上一些著名的大古都（如汉魏洛阳、隋唐长安、隋唐洛阳、明中都、明南京等大古都的大城之城墙均长于元大都大城之城墙）之城墙的修筑时间，均不超过5年，故元大都城墙的修筑时间也应该在5年以内为宜。

（18）由于元代初年正值中国气象史上第四个温暖期（1200—1300年）之后期的多雨期，为了防止雨水冲坏城墙，元代史料《析津志》记载："世祖筑城已周，乃于文明门外向东五里，立苇场，收苇以蓑城。每岁收百万，以苇排编，自下砌上，恐致摧毁，累朝因之。"虽然用芦苇保护，但城墙仍禁不住累年过多雨水的冲刷而崩坏。从《元史》本纪的记载得知：

① 从世祖至元二十年（1283年）到成宗元贞二年（1296年）的十四年里，就有先后八年十次修护、完善被雨水冲坏的城墙。如：

世祖至元二十年（1283年）六月丙申，发军修完大都城。

至元二十一年（1284年）闰五月丙午，以侍卫亲军万人修大都城，七月，命枢密院差军修大都城。

至元二十六年（1289年）七月，雨坏都城，发兵、民各万人完之。

至元二十七年（1290年）六月，雨坏都城，发侍卫兵万人完都城。

至元二十八年（1291年）七月，雨坏都城，发兵二万人筑之。

至元二十九年（1292年）七月，完大都城。

至元三十年（1293年）三月，雨坏都城，诏发侍卫军三万人完之。

成宗元贞二年（1296年）十月甲辰，修大都城；十一月，以洪泽、芍陂屯田军万人修大都城。

以上八条记载也可说明元大都城墙非修筑完成于1283年。

② 在14世纪上半叶的三十年里，先后又有七次修护大都城墙的记录：

英宗至治元年（1321年）八月壬寅朔，修都城。

至治二年（1322年）三月，罢京师诸营缮役卒四万余人；戊寅，修都城。

泰定帝致和元年、文宗天历元年（1328年）正月，发卒修京城。

天历二年（1329年）七月辛巳，发诸卫军六千完京城。

文宗至顺二年（1331年）五月，命枢密院调军士修京城。

顺帝至正三年（1343年）七月戊辰，修大都城。

至正十年（1350年）十二月壬午朔，修大都城。

以上七条记载，呼应了世祖至元二十年至成宗元贞二年"修大都城"、"完都城"的记载均指"修城墙"，而不是指"筑城墙"。

"修完""修""完之""完""完都城"之"修""完"等词义与"城大都"的"城"即"筑城"的词义不同——"修"，即修补、修护被雨水冲坏的部分城墙；"完"，即修补、完善被雨水冲坏的部分城墙。在《元史》的上述记载中，应分清"筑城"与"修城"的区别。"筑城"，即在平地夯筑土城。"修城"，即对雨水淋坏的城墙进行修护、修补、补筑、完善。

大都城墙的修筑工程是由数万民夫于1267年正月至1270年末或1271年初完成的。因当时元朝尚未统一中国，故元朝军队还要与宋朝军队交战。而"发军修完大都城"，是在元朝统一中国后，军队没有战争需要了，故而用于修补完善被雨水冲坏的大都城墙，以减少民夫的劳役负担。所以，不能以至元二十年（1283年）"发军修完大都城"或至元二十九年（1292年）"完大都城"等史料记载的时间作为元大都城墙修筑完成的时间依据。

笔者认为，研究并理清世界城市元大都的城市建设诸问题，如：城墙修筑时间、城市规划布局等，对研究世界城市元大都的政治、经济、文化等社会结构以及东西方文化交流，对把北京建设成为21世纪的世界城市都有着重要的借鉴意义。

---

① 笔者注：由拆除北京内城东、西城墙时发现的元大都东、西城墙夯土的实际底宽、高度和顶宽得知：元大都城墙底宽与高度及顶宽的实际修筑比例为4：2：1。而不是考古人员按照《营造法式》推测的3：2：1的比例。

A Tale of Two Cities
Urban Cultural Heritage Protection in Macau and Hong Kong

双城记
浅析澳门和香港的城市文化遗产保护*

刘胜男（Liu Shengnan）*

提要： 在机器以摧枯拉朽之势吞噬城市的独特性而趋向相似性转变的今天，不禁感叹城市传统场所精神的死亡。澳门和香港，这两个城市有着极为相似的发展经历，二者都处在文化共时的大环境中，前者在这种看似矛盾与冲突的社会结构中，显示出了超然的容忍与融合，形成并较完整地保留了华洋杂居的浩瀚历史文化场景，后者更多呈现出的是一种角色认同的困难和自我矛盾，在享受建筑高度刺激的时候，城市俨然已变成了一个"文化沙漠"，在横向时间轴上的文化共时性结构以及纵向时间轴上的文化历时性结构的发展上，二者呈现出的不同态度和发展观念直接影响了城市的历史精神风貌，本文将从这两个方面着重进行分析，强调对文化和历史的尊重，即使生存空间再拥挤不堪，城市历史和文化场所精神的领域是不容干涉的。

关键词： 文化共时性，文化历时结构，城市文化遗产保护

Abstract: Today when cities gradually lose their unique identity and become more and more alike as a result of machine production, I cannot help lamenting the death of the traditional spirit of place in cities. Macau and Hong Kong are two cities with very similar process of development. Both of them are in the broad environment of cultural synchrony. In the seemingly contradicting and conflicting social structure, the former shows perfect tolerance and compromise, forming and well preserving the historical and cultural scenes of Chinese and foreigners living together. However, the later shows difficulty in role identity and self-contradiction. At the same time it is excited about those skyscrapers, the city has become a cultural desert. Horizontal and longitudinal, the different attitudes and concepts of the two cities, in terms of the cultural synchronicity on the horizontal timeline and the cultural diachronicity on the vertical timeline, have a direct effect on their spiritual styles and features. This article conducts analysis from these two aspects and stresses the respects for culture and history. No matter how crowded the living space is, the historical and cultural places, i.e. the spiritual realm of a city, cannot be interfered with.

Keywords: Cultural Synchronicity; Cultural Diachronicity; Urban cultural heritage protection

一、横向时间轴彰显的文化共时性

澳门——新老并存、华洋共处

作为近代中西文化交流一个重要的驿站，四百多年来东西方文化在这块土地上相互碰撞，形成了澳门独特的文化氛围，到了今天，它依然保持和延续了原有的城市面貌与精神，当我亲身踏上澳门这块土地，行走在历史城区的小巷中，不同信仰的宗教建筑、表达同样希望的教堂寺庙并置共存（图1），葡萄牙人的航海保护神和澳门天后女神前后呼应，光鲜亮丽的赌场与老旧的社区生活空间相得益彰（图2），它们共同承载着这座城市的文化内涵，呈现出一种共存互补的文化共时结构。不紧不慢的市井生活、奢华浮躁的赌场百态、朴真自我的生活方式，动态厚重的历史街区，暧昧不清的公共空间、高密度之间清晰的视廊，老城的居民们在一个

*清华大学美术学院环境艺术设计系

▲ 图1 从哪吒庙眺望圣保禄教堂（图片来源/牛图网）

▲ 图2 从东望洋炮台遥望澳门城区（图片来源/作者自摄）

延续了多年生生不息的城市环境里生活，历史文化以一种生活方式真切地融入了人们的思想，现代的生活成为它得以延续的生命力。

香港——角色认同困难、自我矛盾

同样作为中西文化杂糅的殖民地，香港占主导地位的世俗文化排斥精神性因素，本土文化和殖民文化之间的冲突，构成了香港文化的角色认同的困难。在充满矛盾的现代化历程中，高速发展的科技和市场，为香港带来了高度繁荣。王安忆在《香港是一个象征》中说："香港的人带着过客的表情，他们办完自己的事情随时准备拔腿而走。"高密度，数量众多的商业体排挤着构成一个城市特色的不同年龄的建筑物

▲ 图3 尖沙咀街景（图片来源/校内网）

（图3），商业利益的驱使，往往用上市区更新和美化的名义掩盖一切被误导的城市发展理念。

二、纵向时间轴展现的文化历时性——城市的发展方向影响其历史文化特色

一个城市的历史是以时间轴线串联起的不断发展变化，以动态的视角观察和发展城市，延续城市的根脉，尊重城市的历史文化特色，它必然会充满活力。吴良镛曾经说过："历史城市的构成，更像一件永远在使用的绣花衣裳，破旧了需要顺其原有的纹理加以织补。这样，随着时间的推进，它即使已成'百衲衣'，但还是一件艺术品，仍蕴含美。"

1. 早期殖民与后期城市规划发展方向对城市文化遗产的影响

香港是当年号称日不落帝国的英国以其坚船利炮打败大清而被强占，此时，葡萄牙人占据澳门已有三百年历史，当时的中国还处在大明帝国的盛世，没有实力采用战争手段占据澳门，在一定程度上避免了澳门在血腥中发生剧变，城市得到完整的保留，舒缓地延续了葡萄牙人兴盛时期的城市规划体系，且在发展上具有连续性，而香港被侵占后，就被视为女王的土地，成为英国人圈钱得利的临时阵地，被动导入了英国殖民地的城市发展体制。

（1）澳门——街道+广场=事件发生器（图4）。

澳门承袭了葡萄牙中世纪城市模式，旧城区的街道序列是其文艺复兴时期城市的标志，它的街巷广场

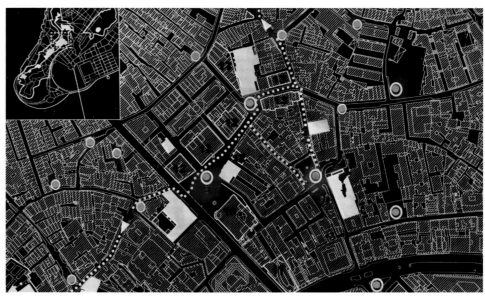

▲ 图4 澳门街道示意（图片来源/作者自绘）

▲ 图5 街景1（图片来源／作者自摄）

▲ 图7 街景2（图片来源／作者自绘）

▲ 图6 香港的线性网络（图片来源／作者自绘）

通常是一种由弯弯曲曲的主街，而且有一连串的由教堂来画龙点睛的前地，公共空间与袋状空地共同形成了道路的呼吸点(图5)，街道在曲折中呼吸徜徉，在行进的过程中有了面与空间的感受，使空间在无限中有了有限感。因地制宜的道路布局、比例适当的空间尺度、错落有致的街道景观，赋予了市民们更多的活动与生活空间、个性化的城市肌理、整体结构有序的城市环境给匆忙的现代人一种祥和安宁的归属感。古

老的建筑物以毋庸置疑的态度存在于各个街角巷落，形成有的放矢的空间序列。

（2）香港——匆忙的线性网络（图6）。

慕名而去，不免有些失望，建筑大多只强调他们面向街道的正立面，一个个"火柴盒"整整齐齐地紧密排列在街道两旁，高高耸起，缺乏方向感和表情的街道。在一个被迫追求浮华富贵的状态之下，香港似乎处于一个集体临近失忆的状态，在香港的大街小巷穿梭时，往往停不住脚步。试想一下，将建筑高度设为H，街道宽度设为D，旺角与铜锣湾的D/H一般都会趋向于0.5（图7），（从外部空间设计的一些理论中知道：当$D/H<1$时，随着这个数值的减小，外部空间会产生接近感；当这个比值为1时，高度和宽度将产生均衡感）。在这样"非人性的"街道尺度下，原有的场所精神被吞噬。在生存空间极度挤压的环境面前，对于城市文化遗产的保护似乎显得苍白无力。

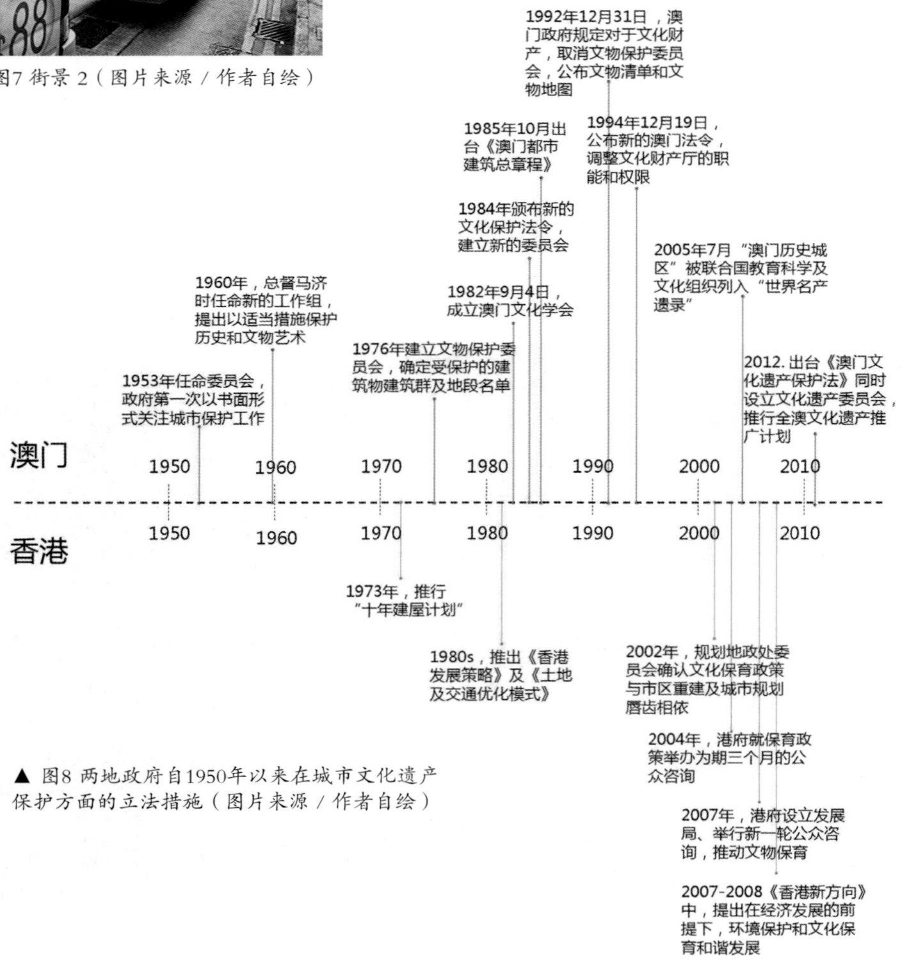

2．政府的相关政策及执行状况

2.1 城市文化遗产保护政策法规的制定（图8）

（1）澳门——积极推行各项保护制度，增强市民参与意识，基于公众感知与参与视角。

（2）香港——对于城市文化遗产没有明确的立法政策，公众意识逐渐觉醒，但是消逝于政府凌驾之下，整体呈现缺少市民参与、立法后进的状态，政府聘用的专业顾问先按政府的需求制定方案，在既定框架下寻求民众意见，呈现为单向咨询，没有留下讨论的空间，漠视民意。

2.2 政府对城市文化遗产的态度及采取的措施

(1)澳门——挽留"昔日的好时光"。

20世纪90年代末，在澳葡政府管治澳门的最后时期，重新修订、完善了城市文化遗产保护法规，他们带有一份具有浓郁殖民色彩的乡愁，开始以古迹修复的方式，修旧如旧，采取先同材料、方法，保持真实性和完整性，尊重与结合葡萄牙和中国传统的方法，兼顾对乡土建筑的尊重，着眼于文化遗产，保护经济成长，形成独特的澳门修复模式。先后修复和重建炮台、教堂、庙宇、受保护的建筑群广场前地等一系列极富价值的城市文化遗产（图9-16），形成一片线路清晰的古文化保护街区（图17），对街区有价值的"围""里"建立起一套标识系统，重视市民参与，把过去只关注建筑个体的静态保护，加入以人为本的理念，使之成为关注人类在街区中活动的文化和历史痕迹的动态保护。

▲ 图8 两地政府自1950年以来在城市文化遗产保护方面的立法措施（图片来源／作者自绘）

澳门

1992年12月31日，澳门政府规定对于文化财产，取消文物保护委员会，公布文物清单和文物地图

1994年12月19日，公布新的澳门法令，调整文化财产厅的职能和权限

1985年10月出台《澳门都市建筑物总章程》

1984年颁布新的文化保护法令，建立新的委员会

2005年7月"澳门历史城区"被联合国教育科学及文化组织列入"世界名产遗录"

1982年9月4日，成立澳门文化学会

1976年建立文物保护委员会，确定受保护的建筑物建筑群及地段名单

2012.出台《澳门文化遗产保护法》同时设立文化遗产委员会，推行全澳文化遗产推广计划

1960年，总督马济时任命新的工作组，提出以适当措施保护历史和文物艺术

1953年任命委员会，政府第一次以书面形式关注城市保护工作

1950　1960　1970　1980　1990　2000　2010

香港

1950　1960　1970　1980　1990　2000　2010

1973年，推行"十年建屋计划"

1980s，推出《香港发展策略》及《土地及交通优化模式》

2002年，规划地政处委员会确认文化保育政策与市区重建及城市规划唇齿相依

2004年，港府就保育政策举办为期三个月的公众咨询

2007年，港府设立发展局，举行新一轮公众咨询，推动文物保育

2007-2008《香港新方向》中，提出在经济发展的前提下，环境保护和文化保育和谐发展

▲ 图9 郑家大屋今昔对比

▲ 图10 玫瑰堂今昔对比

▲ 图11 圣若瑟教堂今昔对比

▲ 图12 东望洋炮台今昔对比

▲ 图13 岗顶剧院今昔对比

▲ 图14 妈阁庙今昔对比

▲ 图15 港务局大楼今昔对比

▲ 图16 议事厅前地今昔对比

- 郑家大屋（图9）

年久失修，损坏严重，按照建筑物原有结构，运用同类物料进行修复，尽最大可能恢复原貌。

- 玫瑰堂（图10）

1874年因火灾焚毁，重建后形成现有规模。一至三楼作为博物馆向公众开放。

- 圣若瑟教堂（图11）

耗费30余年修建成功，几经修葺，1998年大修后恢复其华美原貌，继续发挥其价值。

- 东望洋炮台（图12）

远东历史上的第一座灯塔。1996年的修缮过程中，在墙壁上发现极富艺术价值的壁画，设置展示廊，保存良好。

- 岗顶剧院（图13）

中国第一所西式剧院，曾因白蚁蛀蚀问题而关闭近20年。1993年和2001年进行维修，现主体建筑基本仍保存完整。

- 妈阁庙（图14）

先后两次遭遇火灾，造成损毁，1983年及1988年先后给予资助修复，1996年至1997年对其进行保养工程。

- 港务局大楼（图15）

澳门港务局和水警稽查队的办公地点，具阿拉伯建筑之风格，定期修缮，保护完整。

- 议事厅前地（图16）

基于一种简单、传统、有效的模式，用白色和黑色的鹅卵石对地面进行铺装，重新挖掘广场特质，注入新的活力。

(2)香港——遗失场所精神。

自1980年以来，香港607座被列入保护名单的历史建筑中有54座已被拆除，政府的土地招标计划、商业冒险凌驾于既定法规和民众意见，充斥着清拆与恶劣再生，充满争议，"在20世纪70年代时，作为一个建筑师，我必须推倒一些香港最棒的建筑。"代表建筑、测量和规划界的立法会议员刘秀成表示，"但人们当时一点儿都不在乎。""香港拆得太多，历史要靠实物讲故事，香港的故事如何再说下去。"香港历史博物馆总馆长丁新豹语。

在这样一个经济发展与遗产保护互不相容、忙于现实的世界里，历史必然地成为一种消遣式的回忆。近年来，香港政府对城市文化遗产主要采取了以下几种措施。

① 推倒寻址重建，将建筑尺寸记入官方档案后，按原有比例组合重置。文化遗产让位于商业利益，从原有的历史脉络和环境中抽离，成为一个片段式的回忆。

▲ 图17 老城区清晰的文化遗产线路

▲ 图18 重置后的美利楼

▲ 图19 拆卸前的皇后码头（图片摄影/而立）

▲ 图20 搬迁后的天星码头（图片来源/旅行者）

· 美利楼（图18）

1982年在中环花园道拆卸，香港政府将美利楼3000多件花岗岩都编上了号码，1998年在赤柱重新堆砌起来，由一级历史建筑降为不予评级。

· 皇后码头（图19）

2008年从原址完全拆卸，计划重置于中环九号码头与十号码头中间位置，拆去两侧的楼梯。

· 天星码头（图20）于2006年搬迁，重建成为中环码头的组成部分。

② 旧区"活化"（图21），从实质上来说，港府始终脱离不了经济发展与文化保育的二分化思维，活化的最终目的是令有价值和文化的建筑物发挥经济和社会效益。

③ 建发展、拆旧立新，统一规划，始终致力于大型基建所带来的经济效益。

· 利东街

连立街又名喜帖街，1997年列入香港地区重建项目被收购拆卸，统一规划商业冒险游戏，民众成立（H15）关注组，建议保留一条完整的20世纪60年代街景被驳回，政府认为保留该区域的理由不充分（图22）。

④ 立面片段主义保护，实用与保育折中。

· 原高街精神病院

2001年原址开始拆卸，只保留旧建筑的正立面（包括门廊），改建成9层高的西营盘社区综合大楼，由于拆卸烟囱与美利楼十分相似，部分还运用到了美利楼的重建工程之中（图23）。

· 湾仔街市

湾仔街市可维持原有的外形，其中最有特色的流线型外墙、灰柱及阶梯等逾四成建筑前半部的立面与空间亦均可保留，在后半部兴建电梯井及住宅大厦，而原街市的屋顶平台将变成休憩空间及绿化设施（图24）。

2.3 填海造陆产生的影响

（1）澳门——共生发展

澳门由一个普通的半岛渔村发展成为国际贸易港口的自治城市，1863年，澳门政府开始填海造陆（图25），开始城市更新计划，伴随着填海造地活动的展开，在一定程度上影响了昔日渔港和城市的空间格局，自然景观与人文景观也发生了相应的变化，同时也使得澳门成为一个因借自然与环境共生的城市，也是一个充满了人工化的现代城市。构成了现今澳门独特的城市风貌，澳门经济几经兴衰，早期在城市文化遗产未进行系统立法保护的时期，填海工程早期未大规模进行，并未构成大的威胁，后期的大规模填海在各项立法的及时跟进与执行的前提下进行，使其整体得到了较为完整的保护。

（2）香港——"集体回忆"难逃填海宿命

王韬在《漫游随录》中说："香港本一荒岛，山下平地，距海只寻丈，西人擘画经营，不遗余力，几于学精卫填海，效愚公之移山，尺地寸金，价昂无埒。"1842年，在

香港开埠后的第二年，首次将兴建皇后大道的沙石推进维多利亚港，香港填海造地由早期的小规模劈山傍岸填海发展到向水深较大的海区填海，很多繁华地区都是填海所得，一方面塑造了香港的基本城市风貌，另一方面，过程中，大批的有历史价值的文化遗产不断让位于新的填海工程与建设，或被拆卸或被遮挡（图26），近年保育意识抬头，规定在有

和昌大押活化为集展览和休闲娱乐为一体的湾仔新地标　　油麻地戏院和红砖屋活化为演艺场地

雷春生大宅活化为香港浸会大学中医药保健中心　　蓝屋活化为明民间生活馆

前中区警署建筑群活化为一座当代艺术中心　　旧三军司令官邸活化为茶具文物馆

旧大澳警署活化为大澳文物酒店　　水警总部活化为文物酒店

▲ 图21 香港政府进行的主要活化工程

▲ 图22 左：改造前的利东街（图片来源/iou becks）右：改造后（图片来源：《大公报》）

▲ 图23 左：原高街精神病院（图片拍摄者/老潘）右：西营盘社区综合大楼（图片拍摄者/山野Nowzone）

▲ 图24 左：旧湾仔街市（图片来源/Jam Mei SUM）右：新湾仔街市（图片来源/城市探测器）

凌驾性需要的原则下，填海工程煞停。

三．启示

历史文化记忆因其为记忆，也似乎只要铭存于心，或者以仿制的替代物供人凭吊，就可以"抛开过去的包袱"，于是变成了发展的障碍。可是，它作为赋予一个族群存在的意义的故事，并不是写在书上的文字，它是由活生生的主观记忆和客观实物交织而成的。正如董启章所说："而主观记忆的承载物被商业利益与经济发展压抑、侵占、吞噬，现代化的符号遮盖了城市记忆，又何谈历史文化。"

《三联生活周刊》主笔蔡伟先生曾说过一段话："很长一段时间，凡是和当时西方科学技术相抵触的中国传统学术，往往受到轻视和否定，甚至被简单地扣上封建迷术的帽子而打入冷宫。只要看中医这个在今天已经被正式认可的中国传统文化在当时被政府甚至知识精英否定的境遇，就不难想象风水术会受到怎样的鄙视。赚取了金钱，遗忘了财富，粉饰了空间，遗忘了神韵，于是传统逐渐远去,人沉浮于现代大都市的喧哗中，受到后现代的空间挤压和时间转换，立面主义式的片断保护，只能让城市偶尔怀念一下"失去的时光"。城市文化遗产承载的是历史信息和城市文脉，具有相当高的文化和精神价值，不断加快的城市发展与无法再生的文化遗产应达成相辅相成的平衡关系，需要找到合理的物质发展水平，同时也要认识到历史建筑的情感价值，正如陈冠中所说："不可替代的建筑应尽力资助保留外，旧建筑要不断维修和局部更新，顺应城市发展

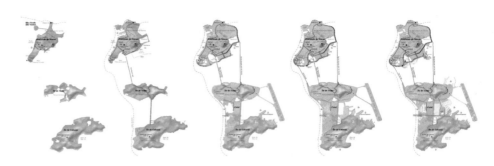

▲ 图25 1955-2011年澳门填海造陆的发展状况（图片来源／作者自绘）

也应该欢迎新建筑的出现，但都应是逐一渐变而不是大规模突变，不是因为是所谓普通建筑而滥拆，关爱的对象不光是历史文物式建筑，也包括，那些不起眼但与所在地居民共同成长和他们感情所归属沉淀的普通建筑"，它们共同承载着一个城市的回忆。在保护过程中，政府应制定相应的保护法规并严格执行，加强公众参与意识，听取多方意见，需要政府、市民、关注保育的团体在理性的讨论中达成共识，处理好保护与利用的关系，不能木乃伊化，传承文化与生活。

城市竞争力发展到最后是城市的文化竞争力，文化遗产的保护不是将生活环境恢复原状，而是要恢复特有的历史文化价值，它是发掘城市的精髓，抗衡城市的偏颇，反省城市的局限最直观有效的反光镜，是城市未来更新发展的基础。

▲ 图26 上个世纪的皇后像广场与现今对比（图片来源：左图《四环九约》 右图/nolisj拍摄）

勘 误

本刊总第11期杂志第166页，"熊炳民"应为"熊秉明"，编校失察，特此更正并致歉。

本刊编辑部

On Evaluation Criteria of 20th Century Architectural Heritage

20世纪建筑遗产评估标准相关问题研究

金 磊 (Jin Lei) *

提要：本文从研究20世纪中国建筑遗产评估遴选标准出发，分析借鉴了多国建筑遗产的保护制度，针对中国20世纪建筑遗产保护认定中存在的认识误区，集中探讨了20世纪建筑遗产与一般古代建筑遗产不同的认定标准、保护原则及做法，尤其对比了在ICOMOS《20世纪建筑遗产保护办法的马德里文件2011》背景下，适合中国的20世纪建筑遗产评估标准的思路原则及内容。期望本文对指导欲开展的全国20世纪建筑遗产评估遴选工作提供理念及实务支持或参考。

关键词：中国，20世纪建筑遗产，遗产语境空间，建筑遗产师，学科交叉，马德里文件，城市情感

Abstract: The article starts with the criteria for the 20th century Chinese architectural heritage evaluation and selection, analyzing the architectural heritage conservation in many countries. As there are misunderstandings of the 20th century Chinese architectural heritage designation, it focuses on comparing the different designation criteria, conservation principles and approaches for 20th century architectural heritage and for ancient architectural heritage, especially addressing the principles and contents in the ICOMOS "Approaches for the Conservation of 20th Century Architectural Heritage, Madrid Document 2011" that fit China. It is expected that the article could provide a theoretical and practical support to the forthcoming evaluation and selection of 20th century architectural heritage in China.

Keywords: China; 20th century architectural heritage; Heritage context; Architectual heritge pofessionals; Cross-disciplines; Madrid document; Urban emotion

* 《中国建筑文化遗产》总编辑

关于20世纪建筑遗产保护与利用的问题，一直是国内外城市建筑界、文保界关注的焦点，为此国内外学者及学术机构针对此展开过一系列工作。2004年8月以马国馨院士任会长的中国建筑学会建筑师分会向国际建协等学术机构提交了一份"20世纪中国建筑遗产"的清单；2007年时任国家文物局局长的单霁翔在《从"功能城市"走向"文化城市"》一书中，特别给出要研究"20世纪遗产"的思路；自2008年建筑文化考察组等单位历时四载组织编研的"中国近现代经典建筑丛书"《中山纪念建筑》（2009年版）、《抗战纪念建筑》（2010年版）、《辛亥革命纪念建筑》（2011年版）获天津市优秀图书一等奖，它们都从一定层面标志着20世纪建筑遗产事件在国内的整体学术推动。2012年7月7日天津举办"首届中国20世纪建筑遗产保护与利用论坛"，通过了《中国20世纪建筑遗产保护·天津共识》。对于中国20世纪建筑遗产保护与利用问题，2005国务院发布了《关于加强文化遗产保护的通知》，2008年国家文物局也公布《关于加强20世纪建筑遗产保护工作的通知》。然而与国际遗产界要求相比，中国20世纪建筑遗产保护尚属初级阶段，还远远不能适应中国城市化、新型城镇化发展的需要。所以，在完善并推进国家20世纪建筑遗产保

护事业中，完善并学习国际20世纪遗产保护的通则与文件，十分必要。国际古迹遗址理事会（简称ICOMOS）是联合国教科文组织在文化遗产和世界遗产宪章方面的咨询机构，是一个由各方面保护专家组成的国际非政府组织，对于20世纪世界各国的建筑遗产，ICOMOS是通过其下属的20世纪遗产国际科学委员会（简称ISC20C）来推进20世纪建筑遗产地评估、保护及展示的。

本文认为基于全球化进程，应尤其关注遗产语境空间的城市问题。全球化及新文化语境下都市应对战略不断涌现，使国家建筑遗产的认知更加标准化和专业化。空间这样一个原本的规划建筑界术语，也成为国家、城市乃至资本多维目标的"场"，为此有人认为当下城市竞争的本质是空间竞争。那么，"空间"不但是城市各种社会、经济、文化活动的物质载体和城市发展的物质支撑，也影响城市竞争力要素与因子的最终落实，因此它是城市竞争力提升的核心平台。其中，遗产语境空间击中了城市发展中必须容纳的空间要素，它本质上归结为城市空间功能、空间质量和空间结构三方面。也就是说，遗产语境空间，不仅要回答东西方建筑空间的差异性，回答什么是城市（或城乡）按不同时期定义的遗产语汇，回答何为城

市乃至国度的近现代建筑历史的演变等。城市文化之殇是当今中国城市发展的一个"顽症"，对城市化（城镇化）进程中的文化遗产保护问题变得十分复杂。哪座城市没有故事？每条街道，每条巷子（或胡同）都写满了岁月沧桑，因此任何民族要想登上有影响力的文化"神坛"，就必须学会尊重历史。何为历史？历史真的无处不在，它就在我们生活的城市中。每一幢新建筑未必是辉煌的历史，而每一幢由逝去时代留下的老建筑却是一页触手可及的活的城市"史书"，因为它一定可以接通历史与未来。每当我们望着城市中所熟悉的老房子变成茫茫高楼背景下的废墟，我们都会感受到"无根人"的痛楚，相应地，我们的数以百计的历史名城也进入了濒临破坏的边缘。

一、中国20世纪建筑遗产保护面临的认识误区

《国家人文历史》杂志（2013年9月15日刊）用较大篇幅刊登了"正在消失的老广州"的系列主题文章。文章指出，20世纪90年代以来，在"发展才是硬道理"的口号下，全国的城市席卷着一股快速城市化的建设高潮，全国城市都在竭力建造更高、更新、更洋范的现代（抑或后现代）"标志性"建筑来为"发展"作出具象的证明。在此背景下，古老而现代的广州城市之殇已经到来，2013年6月10日，挖土机已拆掉广州极具历史价值的民国建筑金陵台。据最新消息，开发商被强令复建金陵台，可殊不知新建的至多只是一个赝品。如今在越华路上再难倾听清代书院的琅琅书声，在骑楼街也难重温到民国时代的红尘喧哗。下表为广州近年来因"发展"被建设性破坏的历史建筑和建筑群统计简表。在该期《国家人文历史》刊中，《老城之殇》《强拆事件给广州敲响警钟》《历史与地理织就的城市肌理——老广州的生长史》《现代广州的旧城改造——加速逝去的老广州》《沙石——样板之路，一波三折》《新陈代谢式的旧城改造》等文章都较好地归纳出当前20世纪建筑遗产保护中面临的迫切问题。对此，广东的20世纪建筑遗产保护学者也有一批研究成果，如彭长歆的《广州东山洋楼考》、邹东的《民国时期广州城市规划建设研究》、孙翔的《民国时期广州居住规划建设研究》、倪文岩的《广州旧城历史建筑再利用的策略研究》、任天阳的《城市——广州十年城建启示录》等。何为历史建筑，1982年英国国际古迹及遗址理事会主席伯纳德·费尔顿（Bornard Fielded）给出了一个比较标准的答案："历史建筑是能给我们惊奇的感觉，并令我们想去了解更多有关创造它的民族和文化的建筑。它具有建筑、美学、历史、记录、考古学、经济、社会，甚至是政治和精神或象征性的价值；但最初的冲击总是情感上的，因为它是我们文化自明性和连续

性的象征——我们传统遗产的一部分。"历史地看，广州城第一次大变样是民国时期，1918年10月，广州市政公所成立，"拆城基"被放在优先地位。"拆城筑路"成为民国政府主导的，广州开埠以来首次有计划、有组织的大规模市政建设工程。至1921年，民国政府已开辟广州城内最早且最长的东西向主干街道，标志着广州从传统城市向现代城市的转变。有文献记载：新中国成立后，"战天斗地，改造自然"的豪情与哲学观使时任北京市市长的彭真在天安门城楼上举目南望时说："毛主席希望有一个现代化的大城市，希望从天安门上望去，下面都是一片烟囱。"，现在看来这段极不合乎当下可持续精神的话，代表了特定历史时期国家领导人对现代化发展的初级理解与渴望。1996年竣工的广州荔湾广场也是一个至今必经争议的个案：荔湾区的历史建筑比较集中，它被高达几十层的现代建筑综合体所取代，经济效益及人们生活质量提高是好事，但它却破坏了西关旧城区的风貌，它插在上下九路颇有风情的骑楼街上，插在老西关的一片旧式大屋之中，以致有专家评介道："荔湾广场破坏了老西关的文脉，将原本优雅平行的筷子拦腰给砍掉了。"再如1993年12月28日，广州开始修建地铁一号线，沿线历史建筑遭劫。为修地铁，广州简单模仿香港做法引入开发商做沿线地铁物业，结果骑楼成为障碍，为此拆除了广州中山路沿线一带（含中山西路——中山五路）许多骑楼。对骑楼与广州市的关系，汤国华教授表示："广州骑楼的特点在于，每条骑楼街、每栋骑楼都非千篇一律，尤其是水刷石装饰各不相同，骑楼宽高比、宽深比都符合黄金分割率……中山路骑楼被拆打断了历史文脉，对景观的完整性伤害极大。"笔者以为，广州骑楼风格多样，不仅有英美风格，还有苏式风格，是货真价实的"万国骑楼城"，骑楼成片被拆被毁，是广州永远找不回的城市之殇。2006年，中国城市规划年会上，广州城市规划曾被各地专家批评为东西南北都有，唯独缺少"中"，城市发展的"喜新厌旧"正导致旧城的塌陷和空心化。2010年亚运会的成功举办，是广州历史上少有的城市影响力事件，但广州为亚运会的"穿衣戴帽"的城市建筑保护与更新方法是有害的。早在2010年前夕，为迎接第16届广州亚运会，广州对绝大多数外观破旧的历史建筑进行"穿衣戴帽"，即为建筑加上新的外墙，加建屋顶，至少看上去整齐美观。问题是，"穿衣"时简单用瓷砖取代"批荡"。由于旧有红砖与瓷砖热胀冷缩系数不同，一旦有较大温差，伸缩系数小的瓷砖极易脱落。历史建筑，尤其是20世纪建筑遗产首先应是清洗，而非不加分析地用简单的现当代建材去掩盖。广州是1982年国务院颁布的首批国家历史文化名城，其评定条件是历史久、文物多、特色明、整体好，并且还能可持续发展，当年就城中整体历史格局和风貌的保护是必不可少的。

广州近年来建设性破坏的历史建筑和建筑群一览表

类型	建筑名称	建筑特色及历史价值	破坏原因	破坏情况及后果
单体建筑	大沙头广九站	建于民国初期，20世纪70年代之前一直是广州铁路主要客运枢纽，见证了广州近现代许多重要历史建筑	房地产开发	拆除，历史信息消失
	八路军驻广州办事处德政北路旧址	见证了第二次国共合作的抗日历史，三层仿哥特风格的骑楼建筑	房地产开发	拆除
	原协和女中教学建筑	建筑质量和艺术特色均较高，代表了近代学校建筑的特色	面积不达标，拆旧建新	拆除
	暨南大学教学大楼	20世纪50年代第一批优秀仿苏建筑的代表作	功能落后，拆旧建新	拆除
	原大新小学	国家级文物保护单位——圣心大教堂的附属建筑，见证了晚清法国天主教引进西方文化的历史	拆旧建新	拆除（2004年）
	春睡画院	原是岭南画派的重要活动场所，高剑父先生于1923年创办	单位建住宅	拆除，历史环境完全消失

续表

类型	建筑名称	建筑特色及历史价值	破坏原因	破坏情况及后果
单体建筑	锦纶会馆	市级文物保护单位，海上丝绸之路的见证者	新开康王路平移102米	历史信息混乱
	黄家祠	比全国重点文物保护单位陈家祠还历史悠久	新开康王路	拆除
	海关验货码头	全国唯一保留下来的海关码头，省级文物保护单位粤海关大楼附属建筑	珠江景观	拆除
	米市路的南海学宫	曾经是文物保护建筑，700多年历史	单位建办公楼	拆除，仅存狭窄的石板小巷"学宫街"
	华南师范大学政法楼	风貌古朴，据说曾是当年李济仁的临时总府	兼作政办公大楼	拆除
	华南农业大学"红满堂"礼堂	学校标志性建筑，1958年兴建的全国首个砖砼壳建筑，当时的技术革新之作，被称为"广东壳"	1999年被有关部门鉴定为危楼	拆除后，校友强烈不满，拟于今年原址原样复建
	广州市体育馆	著名建筑师林克明主持设计，是民国建筑史上的重要建筑，见证了广州公共建筑由英法风格到苏联风格的过渡。建筑采用大跨度的反梁拱顶，结构先进	房地产开发	花费200多万元爆破拆除
建筑群或街区	惠如楼等老字号	建中山路老字号茶楼	建地铁	拆除
	大小马站11处书院群	全国罕见的明清书院群，曾将书院制度推向高峰，并造就书坊业的繁荣，清代广东文化教育事业的复兴和学术重振的见证，被誉为全国109座历史文化名城中独一无二的名胜古迹	房地产开发	拆除，原准备流水井复建，构件如今不知去向，仅存市级文物保护单位庐江书院等。
	人民路骑楼街	广州骑楼的精华，广州商业文化的见证	建高架桥	大部分骑楼建筑被覆盖，风貌不存
	六二三路骑楼街	震惊中外的6·23沙基惨案的历史见证，沙面的对景	扩宽路面	拆除，仿建骑楼，历史环境消失
	中山四路-中山五路骑楼街	广州旧城中心历史悠久的商业街	建地铁	拆除，历史环境的连续性被破坏
	解放路骑楼街	繁华的历史商业街，见证了广州解放时解放军进城的历史	扩宽路面	拆除，历史环境消失
	带河路	以"九曲十三弯"著称的传统街巷，玉带河历史风貌	新开康王路	拆除，历史风貌消失
	新河浦一带花园洋房	近代花园住宅的代表	私自建房	拆除重建，历史信息消失
	金花街	保存有太保庙等大量宗教建筑和历史街区	广州第一批旧城改造的试点	整片拆除，城市肌理不存
	梅花村	民国期间兴建的南洋式园别墅，规划的传统民居，规划部门已划定保护范围，要求对核心区的20几栋小洋楼原样保护	机关大院建住宅	拆除，仅存陈济棠公馆，被列为市级文物保护单位
	西关大屋	广州传统民居的代表，街巷布局富有地方特色	以荔湾广场为代表的旧城改造	整片拆除
	广州水泥厂原西村士敏土厂	1929年动工兴建，广州近代工业发展的见证	退二进三	大部分拆除建住宅商贸区，仅保留一座20世纪30年代的办公楼
	广州重型机械厂	1948年动工兴建，广州近代工业发展的见证	房地产开发	全部拆除，仅存部分古树
	珠江南岸水上居民新村	20世纪60年代遵周总理指示兴建，具有重要的历史价值和建筑价值。采用砖拱楼板，布局合理和公共交往空间的塑造，是现代别墅设计所不及	房地产开发	整片拆除

　　上述以广州20世纪建筑遗产保护展开的现状追踪对全国推广是有代表性的。对此张松教授曾撰文《建筑遗产保护关乎美丽中国》，他强调目前中国建筑遗产保护太过局限在重要纪念建筑上，面对日常生活遗产、社区建筑遗产保护关注不够，即公共历史和集体记忆的概念还相当淡薄。值得注意，至2011年年底，经过近四年完成的全国第三次文物普查成果已正式公布，全国共登记不可移动文物总量为766 722处，其中古建263 885处，20世纪建筑遗产141 449处，分别占登记总量的34.42%、18.45%。对于20世纪建筑遗产保护的困惑及认识误区，时任国家文物局局长单霁翔早在2007年的论著中就归纳道："20世纪建筑遗产在文化遗产大家庭中最为年轻，因此，人们往往忽略它们存在的重要意义，造成20世纪建筑遗产在各地不断遭到损毁和破坏：一是缺乏加强保护的正确认识，二是缺乏实施保护的法律保障，三是缺乏实施保护的成熟经验，四是缺乏合理利用的科学界定。"此外，也正是因为20世纪建筑遗产彰显使人类发展记录更加完整，使社会教育功能更加完善，使城市文化特色更加鲜明的价值特色，所以要系统研究并制定有效的保护措施，抓紧科学评估、保护方法、合理利用等多方面工作。2012年11月在西安召开的"纪念《世界遗产公约》发表四十周年学术论坛暨中国文物学会传统建筑园林委员会第十八届年会"上，笔者发表了题为《20世纪建筑遗产保护的国家制度与管理思考》的论文（金磊，苗淼），文章在综述了古今国家的建筑遗产保护制度后，提出了中国20世纪建筑遗产保护的三大思考，该文章是在2012年7月7日天津召开的"首届中国20世纪建筑遗产保护与利用研讨会"上《天津共识》的进一步深化。

二、学习并借鉴ICOMOS《20世纪建筑遗产保护办法的马德里文件2011》的标准要点

　　马德里文件是以推动ISC20C为主要目的，专门为20世纪遗产地而建立的保护与管理准则。马德里文件第一次公开发表于2011年6月，当时在马德里召开"20世纪建筑遗产处理办法的国际会议"，共有300多位国际代表讨论并修正了该文件的第一版。目前，马德里文件的使命主要探讨建筑遗产，依据ICOMOS通常的保护准则及程序，马德里文件的最终稿要收入ICOMOS的国际宪章中。从马德里文件中可读到如下要义：当前保护20世纪遗产与保护古代遗产有同等重要的价值。从全世界范围看，由于缺乏必要的关怀理解及可欣赏性，20世纪建筑遗产比以往任何时期都处境堪忧。20世纪遗产是活的遗产，对它的认知与阐释都直接影响着未来。具体讲有如下四方面主要可借鉴的思想。

　　其一，20世纪建筑遗产价值的鉴定与评估要采用已被认可的遗产评估标准。20世纪建筑遗产之所以特殊，在于它的文化价值不仅存在于物质层面，即物理区位、设计、建造系统、技术与材料等方面，其文化价值也存在于非物质价值层面，即历史的、社会的、科学的、精神的层面（含创造的天赋等）。为理解环境对一个遗产地价值的贡献，一定还要评估其室内外环境与景观，评估其在城市中的地位与作用，所有评估要采用对比分析的方法，从而为编制20世纪建筑遗产登录名单服务。笔者以为，认定并评估其建筑遗产也要考虑到更充分的人文要素，如城市管理者的城市属性、城市情感、城市建筑保护的自觉意识等。

　　其二，20世纪建筑遗产有其真实性与完整性。必须注意到任何保护干预都要以充分的研究、记录以及历史实物的分析作为指导，尤其要避免城市开发带来的负面冲击及忽视、臆测带来的不良后果。为了确保20世纪建筑遗产保护决策的真实性与完整性，必须理解20世纪建筑遗产文化价值该如何体现。因此，评估20世纪建筑遗产价值的方法也必须遵循适宜的文化视角的保护规划，这要求在编制保护、管理与诠释被认定的文化价值政策时要提供全面历史研究和价值的分析，其中包含20世纪正使用的建筑技术及建筑准则等，同时也要关注社区公众、遗产权威人士、政府管理者乃至口述历史等档案管理。

　　其三，20世纪建筑遗产保护离不开技术层面及文化层面的综合把控。20世纪建筑材料与修建技术往往不同于古代传统技艺，必须研究和开发符合不同修建类型的专门修复手段，不仅要保存有代表性的原材料，也要重视针对

20世纪建筑材料老化的详细调查。马德里文件强调：重建一个完全消失的遗产地或者某个部分不是保护的行为，作为历史的见证，一个遗产地的文化价值主要基于它原真的或重要的材料特征。在可持续予以重视的当下，文化价值不能因采用节能措施、智能建筑等新技术而遭受负面冲击。

其四，20世纪建筑遗产要服务更广大的社会公众。只有当20世纪建筑遗产受到公众推崇和赞美时，它才体现出文化的全面价值。对于20世纪建筑遗产研究及保护规划，不要满足于在职业群体中交流和深化，更要在公众中推介，其中与关键受众以及利益相关者探讨20世纪建筑遗产保护与城市化进程的命题也至关重要。此外，必须强化公众与职业的20世纪建筑遗产保护教育体系及文化准则建设规划等事项。

从上述马德里文件可知，无论是保护技术体系、教育与传播、管理与执法，一个国度的20世纪建筑遗产保护都是系统问题，都需要国家层面的高度关注及政策支持。历史地看，1961年国家公布的180处第一批全国重点文物保护单位中，建筑有33处，其中绝大部分为20世纪建筑遗产，如刚建成三年的人民英雄纪念碑（1958年）。对于中国20世纪建筑遗产保护现状，可作出如下判断：20世纪建筑遗产反映了人类社会变迁中最剧烈、最迅速的发展进程，既具有重大历史与现实意义，又对城市化发展充满挑战。要特别意识到，与古建筑相比，20世纪建筑遗产在文化遗产体系中尚年轻，因此它的价值常被忽略或作为"借口"，人为的建筑遗产被毁的事态天天发生，所以它处于被城市化荡涤的危险境地中。因此，无论从加强保护的正确认识、健全保护的法律保障、实施保护的科学经验、合理利用的界定等方面都需要来自国家层面的支撑，所以从建立中国的20世纪遗产登录制度与评定标准显得十分必要和迫切。美国历史建筑及场所的国家登录制度由1966年颁布的《国家历史文化保护法》创立；澳大利亚的建筑遗产登录制度强调保护与城乡环境相结合；英国建筑遗产登录制度更为完善，如它有系统的"二战"后遗产建筑分类，列为遗产建筑前五位的建筑是：居住建筑（14%）、教育建筑（18%）、工业建筑（11%）、礼拜用建筑（14%）、纪念建筑（12%）等。作为借鉴，中国要制定相应的制度至少应明确凡符合下列条件之一的即为20世纪建筑遗产可登录建筑：① 与20世纪重大历史事件相关联的建筑或区域；② 与20世纪重要历史人物及生活相关联的场所，如北京中山公园"来今雨轩"茶社；③ 能体现20世纪建筑代表类型、设计方法及建造特点个性的优秀作品，哪怕是其只有30年寿命的建筑；④ 中外设计大师，只要是在20世纪中国境内设计的有文化、历史、科技价值的有影响力的项目；⑤ 推进20世纪中国建筑设计跨越式发展的项目等。

基于20世纪建筑遗产使用、处理不当必然会殃及城市整体风貌、改变城市记忆的特点，所以评定标准要从所处地域、城市历史、事件影响、设计创新、施工特点、材料选用、工艺水平、公众及社会感受度等方面综合考虑其遴选可能性。

三、20世纪建筑遗产标准研究的思路及分析

1999年6月杨永生、顾孟潮主编出版了《20世纪中国建筑》（天津科学技术出版社，1999年6月第1版）。在著作代序中作者共对20世纪中国建筑发问了以下七个问题：① 100年来的中国建筑史实表明，中国现代建筑史的起始期恰为西方现代建筑进入成熟期的19世纪末叶，百年来中国建筑分成四个阶段：即1900—1930年、1930—1953年、1954—1979年、1980年至今；② 不宜用"殖民地建筑"的提法，要像梁思成先生那样，不遗余力地奔走呼告像保护北京城古建筑那样来保护具有历史文化价值的近现代建筑。③ 在多元化的时代，百家争鸣，在共生共荣的大背景下，确实需要对折中主义建筑作进一步深入的思考和探索。④ 要加强20世纪建筑的史学研究。⑤ 建筑风格既有历史性、未来性，更有无定性和发展变化的特征。从建筑作品看，某些曾引起争议甚至受到批判的作品，最终都经受住了"历史的考验"，这个教训提示我们，应正确对待建筑师的个人风格。⑥ 百年来，西方建筑技术和建筑哲学、建筑思潮对香港建筑界影响巨大。⑦ 20世纪百年，中国建筑师经历了曲折与期望，社会、政治、经济、文化、战争自然灾害对建筑设计有重大影响，其建筑创作有丰收年、歉收年、颗粒不收年。

以下从20世纪建筑遗产保护与认定的标准入手，结合不同地域作一些特色归纳分析，供深入编制20世纪中国建筑遗产评定标准大纲参考：

1.关于20世纪中国建筑师公共知识分子素质的认知

建筑作为时代信息的载体，不仅是国家及城市的文化积淀，更凝固历史的诸多印记，片砖块瓦不仅仅是工程技术、更要视为人类最大的社会文化及政治民主的物化。最近有报刊载文评价中国官方建筑的政治审美，在逐一论及北京20世纪50年代"国庆十大工程"后，也分析了位于天安门东侧的公安部大楼。建筑师蒋培铭认为，设计该建筑时他想到古代的衙门，比如刑部；美国国防部的五角大楼、梵蒂冈的圣彼得广场乃至古罗马的斗兽场……它们的共同建筑气质是庄严、秩序、震撼。官方建筑在苏联的斯大林时期，其建筑向着"复古的社会主义现实主义"急剧转变，1934年那简洁的前苏联轻工业部大厦被批判为"莫斯科的疤痕"，而同时竣工的莫霍夫大街住宅楼，因其采用文艺复兴建筑风格的帕拉第奥巨柱形式反而受到赞扬。1953年，梁思成先生访苏后认为：建筑应以民族特性的形式与"充满了资产阶级意识的"美国式玻璃方匣子展开斗争。梁思成强调"通过建筑作品去教育群众"，于是一时间以中国宫殿及庙宇为基本范式的建

筑在全国迅速铺开，这种琉璃瓦、有斗拱及飞檐形式的屋顶雄伟壮观正契合官方建筑表达民族自豪的精神需求。在2011年4月20日《中华读书报》的"梁思成之前没有梁思成"的对话综述中，摘录了梁思成的一段话"如果世界上艺术精华，没有客观价值标准来保护，恐怕十之八九会被后人在权势易主时，或趣味改向时，毁损无余。一个东方老国的城市，在建筑上如果完全失掉自己的艺术特性，在文化表现及观瞻方面，都是大可痛心的"。由此，令人想到建筑的民主精神的起源，想到全世界数以百年来追随的建筑民主的代表作《议会建筑》及不断为创造建筑民主而贡献新智的公共知识分子。

丘吉尔曾说"我们塑造了建筑，而建筑反过来也影响了我们"。早在2 000多年前，人们便在集会上践履民主原则，民主诉求渗透到建筑中，一些耗费巨资、近乎完美的建筑作品便随之诞生。英国议会一直作为"议会之母"而闻名于世，这一史实表明了对建筑风格特殊要求的获得，议会大厦体现的是政府与建筑之间的关系，这些建筑展示了对一个国家文化认同的信念。威斯敏斯特宫是英国最有名的建筑，它被特意设计表现国家民族特征，1834年大火使议会大厦遭到破坏（这次火灾是历次火灾中最大的）。当这座古老的中世纪建筑被大火烧毁时，所有努力都是用来挽救这座宏伟的（威斯敏斯特）大厅，又高又厚的石墙为阻挡大火的蔓延提供了屏障，使这座建筑幸存下来。旧威斯敏斯特宫的损毁为英国建筑师们提供了施展才能的机会。1835年6月3日，负责重建两院的委员会宣布了一项关于此次竞标的联合政策，其内容是：① 哥特式或伊丽莎白一世时代的样式为指定建筑风格；② 提交的草图比例大小应为20英尺：1英寸；③ 不许将草图着色或用透视画法且在4个月内完成。1836年2月底，评审委员会宣布了评选结果，一等奖为查尔斯·巴里，获奖者对这种设计要求评介道："处在衰落期的两种风格杂糅的不协调混合物，这样的建筑风格完全不具备一座宏伟国家大厦的特征"；《绅士杂志》（The Gentleman's Magazine）也称获奖作品"贴上了哥特式装饰的希腊式设计"。1840年4月27日议会建筑奠基，最终于1850年开放，整个建筑在巴里辞世10年后即1870年才最终建成。事实上，就建筑与民主精神之作、两院制及政府的配备等，威斯敏斯特议会模式已传播到英联邦国家及世界各地。服务于民主理想的经典建筑之作，还有美国首都巨型的国会大厦，从昌迪加尔、巴西利亚及达卡的乌托邦建筑，到德国国会大厦等类新修缮的历史建筑均如此。应关注的是，建筑的民主精神的优秀作品相继诞生于21世纪初的英国：爱丁堡建造的苏格兰议会建筑群、威尔士国民议会大厦等。1997年时任苏格兰首相的唐纳德·杜瓦对苏格兰议会大厦说，他需要的是一个议会风景区，在那里要寻求的是政治家间有建设性的对话而非对抗，为此他坚决摒弃威斯敏斯特议会采用的座位相对的方式，而青睐浑为一体的半圆弧的布局。新议会大厦的主建筑师恩瑞克·米拉勒斯完成了设计，但英年早逝没有机会实现这一设计，而纪念他的最好丰碑是已落成的新议会大厦。这是一个有肝胆且充满原创性的作品，不仅回应了复杂地势对建筑的要求，还将爱丁堡凝重厚历史色彩的市区及周边环境美轮美奂地融为一体。

由上述从中国到英国的建筑与民主精神之作的分析，联想到城市景观上的政治学图景：由于全球可持续发展的口号，各国度城市中的街区分类、空间规划及建筑类型，都在冒充按"自然规律"的要求建立，从而无形中已按规定的权力关系"规划"了不同族群的建筑内涵，照此理解，巧妙隐藏建筑差异——文化建筑、校园建筑、别墅群、公租房及街区等，就构成景观都市的特有魅力。法国诗人波德莱表示，都市的魅力与其暗含的不平等所招致的沮丧是并存的，他这样描述法国巴黎香榭丽舍大街的令人沮丧的景观文化内涵。在法文中，"香榭丽舍"是"田园乐土"的意思，大街东段生长着一排排梧桐树，街心花园在万木丛中时隐时现；东端的星形广场中央是凯旋门，大街附近有波旁宫、玛德琳娜大教堂、罗浮宫、市府大厦和爱丽舍宫等。大街的西段长1100多米，西端的协和广场是巴黎的另一交通要冲。这种街的富丽堂皇不仅给普通人一种帝王般的感受，更暗示着衣衫褴褛的人成为这空间的"异类"。恰如此，本来这条给行人造成便利的道路，又无形中使行人的步履变得艰难。对应日益新奇且风格杂多的现代中国城市化的建设，一方面，"精美"的现实已经成为一项被人们强烈认可的文化塑造工程，另一方面则是人的"反思性""批判性"视角的不正常培育。难怪有人发问：中国究竟还有多少真正的历史文化名城？北京是历史文化名城还是行进在国际化行列中的世界城市？应该说不少以政治口号下的建筑与民主精神作幌子的城市建设，越来越呈现出一种走向影像中"永远难达到的城邦"的色彩，这再一次表露出今日中国城市建设的一种逻辑：通过将自己居住的城市变成用陌生眼光来打量的都市景观，从而将这里的"居民"变成城市中的"陌生人"。在今日英国传统建筑及历史文化名城保护上至少有两点需国人认真学习，具体如下。

其一，对传统建筑不可摧毁，不能进行现代化、商业化改造，更不可"与时俱进"，反对任何改造式的破坏。在英国建筑旧虽古旧，但绝见不到在原建筑附近胡乱新建与之风格不同的楼堂馆舍。它们的著名街区保持得纯粹干净，绝不像中国绝大多数城市或古镇，新旧建筑混搭，令人败兴致。英国人常说，小有作为甚或不作为才是保护历史文化名城的好方式。

其二，不能搞博物馆化即反对城市建设的博物馆化，其含义是不能因为它是"文物"就干脆将它隔离和圈养起来，予以戒严式保护。英国的古建、名街、名城都是活着的，古老的教堂、议会大厦、博物馆等都在使用，让人感到它们既古老又年轻。而相比中国确有差距，或大量拆除、新建，或根本性改造，体现出一种唯新是从、唯新是追的"新新主义"，将传统建筑简单地博物馆化，事实上是让它们死得更快。

2.关于20世纪中国建筑遗产的重中之重。

邹德侬教授在《需要紧急保护的20世纪建筑遗产：1949—1979年》一文中透彻分析新中国历程的前30年，并指出1949—1979年是被动式"节约型社会"的建筑遗产，在各方面有亟待挖掘的必要和可能。他认为，此类建筑遗产"脆弱"，应紧急保护：一是因为它们规模小，二是年代近，三是研究少，常常被视为无关紧要的旧建筑。重要的是要尽量避免见远不见近、见大不见小、见富不见贫的不当的选择态度。对此我认为，我们不仅要关注上海、天津、南京、广州等市成片的20世纪建筑遗产，也要关注极具特色的重庆近现代建筑历史的演变，从以下五个方面看有特色的重庆20世纪建筑遗产的作品与人物。

（1）抗战时期建筑遗存。现存400余处，其中不乏南岸黄山建筑群、史迪威故居、圆庐等佳作。也正是在政局动荡、物质匮乏的特定历史时期，中国现代建筑师作出了因地、因时制宜的设计变革。

（2）"陪都十年建设计划"。中国国民政府于抗战后期着手，至抗战胜利的1945年完成。此城市规划方案综合考虑了山地特点和现代生产生活的实际需要，是对中国古代城市规划思想的改进。

（3）此时期可称为"革命理想主义建筑"时期。其建设的指导思想是：公共建筑力求雄伟，行政办公用房尽量简朴。

代表作：重庆人大会堂，张家德设计；西南局办公大楼与重庆市委办公楼，陈明达、徐尚志等设计；重要建筑还有：重庆炼铁厂、重庆和平公寓、重庆工人文化宫、重庆体育馆、重庆北碚工人疗养院、重庆四川化工厂、成渝铁路；重庆中山三路住宅区等。

（4）"文革"时期（1966-1976年）建筑此时期可称为"停滞"时期。建筑业虽并没有完全停止，但在观念、形式等方面均无新的建树。现存红卫兵墓园等遗迹，为研究"文革"历史的珍贵史料。

（5）近现代建筑机构、建筑名家和建筑教育。中央大学工学院建筑系：抗战时期最高建筑教育机构；抗战时期在重庆的基泰工程司等设计机构；陪都建设委员会；中央设计局。杨廷宝：抗战期间设计圆庐等因地制宜的建筑作品。刘敦桢：抗战后期任中央大学工学院院长、建筑系主任，主持建筑教育事业。童寯：主持多项战时建筑设计，庄人清等重庆市建筑公司（重庆市设计院前身）专家。辜其一：原重庆建工学院教授，著名建筑历史学家等。

3.关于"事件建筑学"引发的20世纪建筑遗产话题

"事件"往往指那些对一个国家、区域、城市产生重大历史、社会、经济、文化影响的活动，事件是英文单词event的直译，它又分为主动型和被动型两类。后者的被动型则主要来自公众意愿之外的突发事件如灾难、战争、危机、混乱等状况，建筑文化考察组于2010年推出的《抗战纪念建筑》正是以"二战"事件为背景的建筑学思考，无论抗战史迹建筑、抗战期间建筑活动，乃至抗战胜利后的纪念建筑，都是对"二战"史的深度挖掘，是重塑抗日战火的建筑文化记忆。《辛亥革命纪念建筑》及2009年完成的《中山纪念建筑》所含的事件，合乎公众意愿，不仅体现着纪念性、文化性、政治性，更具有遗产价值，属主动型事件。百年前，武汉打响的辛亥革命第一枪，宣告封建王朝土崩瓦解，百年之后，历史赋予武汉一个个庄严而鲜活的辛亥革命遗址。从中国近现代建筑及"事件建筑学"视角，武汉已确定了"辛亥首义武昌18景"即武昌起义军政府旧址、孙中山铜像、起义门、首义英雄烈士雕像、蛇山炮台等辛亥革命遗迹，以及新建的辛亥革命博物馆、首义南轴线景观、楚望台遗址公园、辛亥革命百年纪念碑林等。18景是一本纯直观的"动态辛亥史书"。之所以拓展建筑视角，是因为辛亥百年有一系列地标式纪念建筑，如广东中山市是伟大故里，在此可领略到孙中山革命生涯的全部；广东是孙中山及革命党人长期革命的摇篮和策源地；武汉作为辛亥首义地，可看到一系列辛亥建筑与遗迹；南京是共和肇始第一城，是武昌起义"开花"、定都南京"结果"之地，同时也是中山先生未来精神不朽的长眠之地。认知辛亥百年历史，不仅从辛亥革命的旧事开始，更该循着辛亥革命诸起义地的城市地图。辛亥革命百年过去了，作为建筑传媒人虽难以诠释百年中国的发展模式，但我们应对百年中国建筑及其建筑文化遗产保护与发展作出评介和归纳，从此种意义上看，辛亥革命建筑遗产的研究与审视至少留存以下三层意义。

其一，辛亥纪念建筑是中国近现代建筑这一庞大系统工程的重要方面，有属于世界建筑的遗产观。因此它要服从于《世界遗产公约》规定的内容，如从历史、艺术、科学角度看，它在建筑式样、分布均匀或环境风景结合诸方面具有突出的普遍价值的单体或建筑群、遗址等，按照此标

准，现存的辛亥革命建筑多为军事建筑和特殊建筑。辛亥革命建筑即中国近代建筑与中国传统古建筑不同，是一个"有建筑师"的历史，赖德霖先生1988—1992年间在汪坦教授指导下研究中国近代建筑史，2006年8月出版的《近代哲匠录——中国近代重要建筑师、建筑事务所名录》，共收录了从白凤仪（1906—）到卓文扬（生辰不详）的250名建筑师，这便构成20世纪20—40年代受辛亥革命影响深远的一批建筑师的状况及建筑作品的"风景"，也恰恰靠着他们中国产生了遍布全国的一批辛亥革命建筑或遗址，深远地影响了后来建筑的发展。

其二，辛亥纪念建筑已开始倡导创新优先的原则，如何有远见和前瞻性应选择在合理使用、加强监督的方针指导下可持续利用。从此种意义上讲，研究并挖掘辛亥革命建筑及其遗迹的过程，就是全面梳理中国20世纪前后近代建筑历史的过程。以上海为例，其古代仅是个小镇，直到元代的1292年才建县，上海发迹为大城市只是到20世纪初才开始。上海的近代建筑最先出现的是外滩及南京路，最先建造的则是两个跑马场。南京路上的"四大公司"即先施公司（1915年）、永安公司（1918年）、新新公司大楼（1926年）、大新公司（1934年）确立了中国近代商业建筑的基本形式。应该说，由于辛亥革命及其五四运动现代启蒙思潮的引入，使德国包豪斯建筑学校、法国著名建筑师勒·柯布西耶等的建筑国际化设计思想影响着中国建筑作品，至今给中国近代建筑留下的典范作用的作品有：南京中山陵、广州中山纪念堂、武汉大学图书馆、上海江湾的旧市政府、北平图书馆、南京中央博物馆等代表作。

其三，辛亥纪念建筑的意义十分明显，它倡导用理性的态度和科学的方法认识自然及认识社会，认识人类本身，而这些正是广义建筑学所一直关注并实践的主题。如从穿越百年的武汉首义的新旧红楼（辛亥革命博物馆建筑），应感到的不仅是建筑创作风格的变迁，更体现出辛亥建筑的"敢为先""破土而出"的创作特质。有鉴于此，以辛亥纪念建筑为背景的中国近现代事件建筑研究，不仅对建筑学本身，对中国近代史及其文化学都更有值得深究的传播意义。如此，我们会发问：建筑如何体现价值，建筑背后承载了多少丰富的历史事件，本文对辛亥时代及其相关建筑的联想及拓展，不仅引燃辛亥百年事，更看到开启中国进步之门的力量。如果说马拉火车只是清王朝被时代抛离的一个例证，那么新加坡大人路12号，那座有着百年历史的红色尖顶两层楼的孙逸仙别墅的"晚晴园"正是辛亥革命萌芽期，几场起义的策源地；如果说那面样式新奇，代表了一个崭新历史的十八星旗，在武汉三镇上空飘扬彰显了革命形成的燎原之势，那我更认为刚刚落成的武汉辛亥革命纪念馆建筑更成为书写中国社会历史的时代缩影。以建筑发展的名义，纪念百年辛亥不仅是个专业视角，更是中国建筑学人重温历史建筑的过程，希望当年的民主与科学两大精神在当下继续发扬，中国城市建设之思倡导理性及科学态度，尤其该杜绝"大跃进"式的发展建设模式，这或许也是由辛亥百年建筑中国的"事件建筑学"研究给我们的现实启示。

事实上，从20世纪建筑的宏观及微观背景看，可包括的内容非常多，主题都十分鲜明，如"战争遗产建筑""红色遗产建筑""百年高校遗产建筑""百年医院遗产建筑""百年工业遗产建筑""文革遗产建筑""灾难遗产建筑"等。据悉2013年也为"哈军工"（即中国人民解放军军事工程学院，现名哈尔滨工程大学）诞辰60周年，当时学校流

▲ 中国文化遗产保护无锡论坛——20世纪遗产保护（2008年4月10日）

▲ "首届中国20世纪建筑遗产保护与利用研讨会"在天津召开（2012年7月7日）

▲ ISC20C主席谢里丹·伯克演讲

▲ ICOMOS ISC20C的中外专家及领导合影（2002年）

传一句口头禅，建不好学院，甘愿死在极乐寺（学院附近的某寺庙），几年内创办者在一片荒地上建起了包括5栋教学楼、60万平方米校舍、149个实验室的现代化大学。哈军工最大的贡献是培养了上万名科技经营和高端人才，留下了一部弥足珍贵的创新史，其中既有建筑物质遗产，也有精神遗产。

4.关于城市精神的"爱城主义"的20世纪建筑遗产保护

中科院院士郑时龄指出：城市是政治家、哲学家、经济学家、历史学家、艺术家、思想家、地理学家、规划师和建筑师研究的现象。城市研究需要渊博的学识、深邃的阳光、敏锐的思想及孜孜不倦的工作。20世纪对于城市乃至城市精神的认知，人们极为推崇的当属美国文化思想大师刘易斯·芒福德（1895—1990年）。芒福德有两部关于城市文明里程碑式的著作，即20世纪30年代版《城市文化》、20世纪60年代版的《城市发展史》，它们对当下梳理中国城市及其建筑问题十分有效，因此堪称评估认知20世纪建筑遗产不可多得的遗产级的文献。芒福德认为：尘世的生命并不在于有多大规模，居民有多少，经济实力有多大，重在城市要保有文化的内涵。芒福德给城市提出了"六阶段说"，即"原始城市"（村落）、"城邦"（村落的集合）、"大城市"（重要城市的出现）、"大城市区"（衰落的开始）、"专制的城市"（城市基于快速发展而膨胀）、"死亡之城"（战争和饥荒致城市废弃）。虽然，我们难以说清，中国城市是否已步入第五阶段，但"城市病"已使中国城市困境重重，如油田枯竭的玉门市，再如靠地产发展起来的高楼林立背景下没有人气的那么多"死城"现象都是明证。因此寻求健康发展方式，也要靠建筑文化遗产使城市精神落到实处。"爱城主义"（Civicism）强调归属感及反对破坏性，强调找到城市的独特精神而非人云亦云，如西班牙萧条的工业城市毕尔巴鄂因创意的博物馆而渐成设计界、艺术界的文化圣城。因此，可以说，城市之精神不在评选城市精神，它不是宏大叙事的行政精神，而是自下而上的市民精神，当城市有文化的房屋、有完备的排水系统、有安全的校车、有通畅的出行系统……我们才好意思谈论城市精神，也才有胆量说我们可以传承20世纪建筑遗产。

5.关于"文化城市"理念下的20世纪建筑遗产的新认知

中国的"文化城市"理念是单霁翔于2004年前后在借鉴国外城市文化建设经验后提出的观点，深圳作为改革开放的中国第一前沿城市，近年来有一系列文化城市建设之举。深圳文化底蕴并不深厚，文化资源挖掘也相对薄弱，但深圳的发展说明，作为中国最年轻的标志性城市，深圳不比继承比创新。在深圳创造了高科技含量的"新兴文化"城市形象中，深圳是座城市思想开放活跃、没有因循惯性，也没有依赖惰性的当代文化城市。但深圳的文化流动也有历史，它的建筑遗产也处在有疆界的时代中，它是一座融入中国历史长卷移民史的城市，虽没有秦砖汉瓦，但也经历过"四次移民"，即秦始皇统一岭南过程、汉武帝平定南越与岭南时期、魏晋南北朝时期及清朝中后期等。深圳发展的史实说明，越是现代化的城市，越应该对历史文化的遗存抱有感恩之情，尽管对大多数城市而言，对近现代建筑因其处于古建筑与现代建筑间的边缘，未受到应有的重视，但研究文献表明，用建筑注解深圳近现代是十分有意义的。近年来深圳市规划局、深圳市建科院等开展的"深圳近现代优秀建筑"研究，是贯彻建设部2004年"建规36号"文件《关于加强对城市优秀建筑规划保护的指导意见》的产物。深圳近现代建筑大体可分为三个阶段：① 从1839年第一次鸦片战争的九龙海战到1899年中英签订《中英展拓香港界址专条》，如1844年建成广东水师提督赖恩爵"振威海军府"、福建水师提督刘起龙将军府及为防卫目的而建的九龙寨城建筑等形式，当然此阶段也有一些外国传教士修建的建筑；② 从1899年到1937年日军侵华战争开始后的建筑活动活跃，如1900年孙中山领导的三洲田起义地遗址及后来修建（现已不存）的三洲田学校（又名庚子首义中山纪念学校），1911年8月14日，由詹天佑任顾问，全长176.8公里的广九铁路通车，深圳的罗湖火车站成为链接香港的重要陆地通道，在此期间深圳还出现了一批稀世近现代建筑；③ 1937年至1950年，由于抗战爆发，深圳遭日军轰炸和拆毁，建筑活动几乎停顿，于1950年末全境解放后，在大滩盖起九龙海关总关办公楼（现已拆毁）。如何评价深圳近现代建筑在中国华南近现代建筑史中的地位，《深圳近现代优秀建筑》一书的评介是：深圳是抗击英帝国主义的前沿阵地，其建筑形式呈传统建筑、折中主义、西方古典等多元化模式，仅现存的近现代建筑，就能深刻地反映深圳人民抵抗英帝国主义的史实；此外，由于深圳的地缘优势，使它处于一个由不同地方的移民文化、不同民系与民俗构成的特殊文化地理区域中，其时代印记鲜明，正是这些造就了深圳近现代建筑的风格，使它在整个华南近现代建筑体系中占有重要地位。此外，还必须看到深圳近现代建筑变迁的鲜明时代性和革命性，保护它既是延续历史文脉，从而发现深圳城市风貌中值得珍藏的部分。必须承认，改革开放30多年，寸土寸金的深圳，在经历高楼拔地而起时，许多古、旧建筑被拆迁重建，不少极具价值的古村落、古迹消失了，现在重要的是要用20世纪建筑遗产保护之思，在全面把控有价值的建筑遗产保护、传承、记录的同时，要对近30年的现当代建筑来一个尊重，因为它们是鲜活的历史，它们是记载中国改革时代的标志性建筑，万不可因为城市化（城镇化）需要变迁，再轻易荡涤它们。

6.关于惠及民生的居住建筑遗产问题

1999年9月出版的《住宅设计50年》一书，详尽地将与共和国同龄的北京市建筑设计研究院设计的，数以百计的居住区做了"盘点"，最重要的是给出了自1949至1999年50载时光下的设计回顾，作为一种居住建筑遗产，它应总结的"亮点"很多：1953年开始学习苏联大单元设计，在三里河、百万庄设计建造了20万平方米住宅，在西直门、和平里各设计建造了2 400间和5 000间住宅，成为北京最早设计的住宅区。在全国开展"反浪费"的大形势下，国家计委于1957年颁布了《住宅经济指标的几项规定》，每户居住面积不应超过18平方米，据此，1958年后相继设计了8011-4（40.71平方米/户）、8011-7（37.00平方米/户）、8012-5（36.6平方米/户）住宅，后人们讥之为"窄、小、低、薄"的住宅；1960年"公社化"运动，在东城、西城、崇文设计建造了三栋"公社大楼"，以二居室为主，每户有卫生间，但无厨房，楼下有公共食堂、托儿所及活动用房；1957年小区规划的理论引进北京，逐步开始用小区替代过去的街坊；自1978年始，北京住宅设计及小区规划经历了一个更新观念、改革创新的过程，住宅设计随时代的进步而发展变化，如果说老北京全市人口仅160万，住宅大多为平房、四合院、坡屋顶、灰墙灰瓦，在建筑形式上衬托着紫禁城，那么新中国成立后的住宅设计必须通过细部处理的不同手法，增加住宅文化的趣味性及可识别性，发展中的住宅工业化及标准化也做到变化中有统一，统一中有变化的风格，从建筑文化遗产的价值讲，这里不涉及近二三十年来商业住宅发展变化问题。若再回到新中国成立初期的街坊式住宅区建筑，它在当下确有再总结再提高的意义，因为它确是未被关注的文化遗产。近年来，由于城市化步伐，许多城市中那些蕴藏城市记忆、城市历史的居住空间正遭受日益严重的破坏，而大规模推倒重建式的旧城改造之风，不但破坏了完整的城市肌理，而且断送了城市生活的气息。要充分估计到新中国成立初期街坊式住区的特色，比如街坊式住宅大多采用当时盛行的苏式建筑风格，建筑多以2~4层高的低层为主要形式，建筑平面追求轴对称，内有回廊，外墙以红砖作为铺贴材料，屋顶形式多以两坡或四坡为主，外立面有红砖或灰砖，屋顶颜色往往各不相同。街坊式住区的历史价值，不仅记录了那个时代的社会经济氛围，还代表着苏联居住区设计在中国居住建筑史的发展进程。有人说"城市是一本书，一幢幢建筑好比文字，一条条街道还是语句，街坊是章节，而公园景观是插曲"，这恰恰是街坊式住宅区的文化内涵与价值。

20世纪建筑遗产凝聚在民居建筑上，尤其要研究地域性。如闽南侨乡建筑是我国多元地域性建筑文化的重要部分，近代闽南城市建设基本上集中在对传统城市的改造上，主要有以下三个方面。① 城市公共设施与建筑管理的新理念引入。近代侨乡建筑之所以有别于传统的地域性建筑，与具有现代启蒙意义的建筑教育是分不开的。从1908年福州公立中学堂设立的土木科到1937年厦门大学在长沙创办土木工程系，构成了近代闽南从事建筑设计职业的主体。其中活跃在闽南建筑舞台上的建筑业主有陈嘉庚、黄奕住、董仲训等海外归侨。简单地看，侨乡洋楼民居有如下特征：与传统大厝相比，近代洋楼民居在保持传统民居空间形制的基础上，具有外部形式的洋化与竖向空间的楼化两大特点，可以分为单栋式洋楼、传统大厝局部洋楼等。若从闽南近代侨乡建筑文化的20世纪遗产特点上归纳，可总括为：质朴的民间建筑发展方式。② 外来影响地域化的多重选择。③ 近代外来"高技术"与乡土"低技术"并行发展。④ 陈嘉庚对外来建筑地域化与建筑民族化的不懈追求等特点，对地域化设计手法、文化复兴意识、乡土格调民居形式都是可贵的遗产要素。

2008年6月出版张了复合先生主编的《中国近代建筑研究与保护》文集（六），他指出："世界遗产委员会（UNESCO）在2003年的《行动亚洲2003—2009计划》中宣称，今后世界遗产提名要特别关注中西亚遗产、近代与工业遗产、原始历史遗产、乡土建筑遗产。"2005年ICOMOS的研究分析报告《世界遗产名录：填补空白——未来行动计划》指出"文化线路与文化景观、乡土建筑、20世纪遗产、工业与技术项目"是目前世界遗产名录及预备名录中较少反映的类型，要提请关注。2008年4月，国家文物局主办"中国文化遗产保护无锡论坛——二十世纪遗产保护"，并通过了《二十世纪遗产保护无锡倡议》。无疑，国内外大环境为开展中国20世纪建筑遗产保护提供了前所未有的广阔舞台。20世纪建筑遗产的评估越来越成为一种需要综合运用多学科知识的评价体系，其必然要在历史文献研究、文化释义研究、20世纪重要事件研究等方面提供完整的假设与证明，它还要建立一套不同于古建筑的测绘方法，从而使成果的记录及处理更合乎当代人及现代城市化（新型城镇化）的发展要求。对中国文博专家及建筑师（或称建筑遗产师，事实上中国尚没有建筑遗产师），要有能力使20世纪建筑遗产在功能转换中求得再生，要有勇气从古建筑保护技术与方法的体系缺陷中走出来，努力探索出中国20世纪建筑遗产评估的科学标准及保护设计方法，实现从宏观到微观的分层次、分级别的评估标准。

参考文献

[1]单霁翔.关于20世纪建筑遗产保护的思考// 金磊.中国建筑文化遗产[M].天津：天津大学出版社，2012：2-5.

[2]《建筑创作》杂志社.建筑中国六十年（七卷本）.天津：天津大学出版社，2009.

[3]邹德侬，张向炜，王明贤.中国建筑60年（1949-2009）历史纵览[M].北京：中国建筑工业出版社，2009.

[4]深圳市规划局，深圳市建筑科学研究院.深圳近现代优秀建筑[M].合肥：合肥工业大学出版社，2008.

[5]金磊.城市近现代建筑呼吁立法保护[N].中国建设报，2006-06-19（7）.

[6]金磊.如何借"城市巨事件"传播建筑文化遗产[N].科学时报，2010-07-13.

[7]金磊.应建立20世纪建筑遗产保护的国家制度——读《20世纪建筑遗产保护的马德里文件2011》有感[N].中国建设报，2013-09-30.

[8]金磊，苗淼.20世纪建筑遗产保护的国家制度与管理思考// 中国文物学会传统建筑园林委员会.建筑文化遗产的保护与利用论文集[M].天津：天津大学出版社，2012：66-75.

Architecture of Imperial Palace V
Find Faith in Yuhua Pavillion

故宫建筑解读（五）
以"信仰之心"深读故宫"雨花阁"

被访人　王时伟　王子林（Interviewee Wang Shiwei, Wang Zilin）*
采访人　文　溦（Interviewer Wen Wei）**

引言：这世上，唯有孤独是永恒的。看惯了世间各式各样的建筑，它们形态越来越怪异，色彩越来越夸张，但生活在都市里的现代人总是会茫然，什么才是我们需要的建筑的美感？你总会感到缺了点什么，没错，那就是"信仰"。这一次，我要带大家去看一座故宫中的建筑——雨花阁，它曾支撑了许多中国人的精神信仰，充满了神秘的色彩。

Introduction: There is nothing everlasting in the world but loneliness. We have seen a variety of buildings, with increasingly wild shapes and growingly exaggerated colors. But living in metropolis, we are always puzzled. What is the beauty we want to see in architecture? There always seems that something is missing. Yes. Faith. That's it. This time, I am going to show you around a building in the Imperial Palace, Yuhua Pavilion (the Pavilion of the Rain of Flowers). Shrouded in mystery, it buttressed the spiritual beliefs of many Chinese people.

▲ 图1 王时伟与王子林（摄影／文溦）

* 王时伟：故宫博物院研究员，古建部副主任。获联合国教科文组织亚太区卓越奖（2010年）。
王子林：故宫博物院研究员，宫廷部副主任、从事原状宫殿文物的研究、陈列工作。
** 文溦：《中国建筑文化遗产》副总编辑。

　　凡是到故宫参观的人，目光都会被西六宫墙外的一座多层中国古典建筑吸引。这是一座建筑风格极为别致的精构楼阁，它的平面约呈方形，立面分作三层，下面两层腰檐分别覆以蓝、绿琉璃瓦，屋顶则四角攒尖，覆以镏金铜瓦，塔式宝顶，造型别致；四条金光闪闪的飞龙腾跃于脊上，十分醒目。它形制之奇特，装饰之精美，实属宫中少见。这座建筑就是清代乾隆皇帝供奉西藏佛像，修习密宗的佛殿——雨花阁（图2），它不同于紫禁城内的其他宫殿，却有几分西藏地区建筑的风格。

　　古建部专家王时伟告诉我们，雨花阁主体平面布局是一个方形，一层平面基本为长方形，二层和三层平面基本是正方形，它是严格按藏式密宗佛教的教义规划设计的。藏式建筑一般形制都是下面为台式，一层层向内收拢，收到上面以后若出现一个汉式建筑的形式，常常可见四角攒尖或者歇山的屋顶形式。雨花阁屋顶为铜顶，加之四条立踞在屋脊上的行龙，共用去纯铜一千斤（图3）。花样繁多的龙形装饰突出了皇家的地位，让雨花阁在佛教建筑中位属最高等级。相比之下，西藏的佛教建筑就见不到这么隆重的装饰

了，等级要低一些。

　　雨花阁的建筑表现形式，融合了藏式建筑和汉式建筑的装饰手法，可以说是汉藏两个民族友谊的象征。但与太和殿等一般皇家建筑不同的是，雨花阁的龙形雕饰多出现在柱头上、屋檐上，并以此来突出皇帝真龙天子、至高无上的地位。我看到，在外檐的梁头和椽子上，可见许多西藏的图腾（图4）和龙（图5）结合在一起设计的雕刻和装饰，而那些檐下精致无比的微"品"字形雕饰、随风摇曳的铜铃，则完全是按照藏式建筑的传统装饰手法。

　　早在清康乾盛世时期，尤其在乾隆皇帝统治的时代，中国版图达到了史无前例的最大化，国土面积达到一千三百多万平方公里。为了搞好各民族团结，宣传密宗佛教就是一种政教合一的手段，通过宗教的推广来达成政治上的和谐。清朝能较好地处理民族问题，尊重边陲少数民族及其生活、文化习惯，放弃自己信仰的萨满教，政治上以汉族的儒家思想治国，宗教上以藏、蒙信仰的喇嘛教治心。正是有了这样良好的处理民族问题的方式，才得以稳定发展，焕发了中华民族又一个青春。大清朝在北京建造了很多密宗藏

▲ 图2 雨花阁北侧立面

▲ 图3 雨花阁铜顶

传佛教寺庙，香火至今一直很旺的雍和宫，就是一座典型的喇嘛教建筑。当时为西藏几位喇嘛传教修行，在京城里给他们专门建了皇家寺庙。皇宫里面几处佛堂也是为西藏喇嘛教而建，雨花阁是最典型的一个。

王时伟说："作为藏式佛教的一座代表建筑，雨花阁好似由内而外自然生长出来一般。根据藏式密宗佛教的教义，建筑佛堂中会按照事、行、瑜伽、无上瑜伽四部布置设计，而后这几个部分便演化为其楼阁式建筑、'明三暗四'的格局形制。"

▲ 图4 图腾细部

▲ 图5 龙形雕饰构件

▲ 图6 仙楼

▲ 图7 仙楼及外庑

故宫宫廷部的资深专家王子林向我们娓娓道来雨花阁的历史故事。他说，蒙古三世章嘉国师是乾隆皇帝的老师。在章嘉国师的建议下，乾隆十四年，朝廷下令仿照西藏阿里古格的托林寺坛城殿，在原有明代建筑的基础上改建成雨花阁。步入雨花阁前院，东、西两座影堂便映入眼帘。东边的影堂是为三世章嘉国师而建，西边的影堂为班禅六世大师而建。相传班禅六世在乾隆皇帝70大寿的时候，专程从西藏千里迢迢到北京来朝贺，但是最后因患天花不治病逝于北京，乾隆皇帝在雨花阁前特为他建一座纪念堂，就是西边这座影堂。后来章嘉国师去世，为纪念章嘉，悲痛万分的乾隆皇帝又立即下令在雨花阁东边修建影堂，专门供奉三世章嘉的铜像、画像、遗物，以表永久的纪念。王子林强调："班禅和章嘉这两个活佛对大清王朝的统治太重要了！在清朝初年，西藏和蒙古的稳定也就标志着大清王朝的稳定。两个活佛对整个故宫里面的藏传佛教的影响很大，那时候藏传佛教的兴盛，跟这两个活佛有关系，跟蒙古西藏有关系，实际上政治的原因是背后推手。如果没有政治的原因，故宫里面佛堂这么兴盛是不可能的。"

王子林谈到，西藏和蒙古问题，是清朝初期治国安邦的大事。要让蒙古稳定，西藏才能稳定。蒙古人崇信藏传佛教，活佛说的话，他们就一定会听。有一次蒙古发生了战乱，章嘉国师给蒙古哲布尊丹巴活佛写了一封信，让他去安抚蒙古各部的首领。结果就凭这一封信，蒙古各部便遵照活佛的意思停止战乱，稳定下来了。这件事让乾隆皇帝从此认识到藏传佛教的宗教力量，之后清朝便不断修建各地的佛堂。雨花阁建于乾隆

十四年，乾隆皇帝向他的老师章嘉国师请教西藏有哪些活佛，哪一位活佛对西藏的影响最大。章嘉向他推荐了藏族大译师仁钦，他早年从印度取经归来，带回了很多经典，并翻译了它们。仁钦在西藏创建了托林寺，那是古格王国（公元10—17世纪）在阿里地区建造的第一座佛寺，在藏族佛教寺庙中具有举足轻重的地位。乾隆得知托林寺内正殿有四层、内设四续部佛众立体坛城的情况后颇受启发，他决定在北京也要修建同样的佛殿，还亲自过问选址。

王子林介绍说，雨花阁入口处建了一座仙楼（图6，图7），后面的主楼在一、二层之间暗藏着一个夹层。密宗佛教中经常提到的"四续部"即藏传佛教密宗修习的四种形态：事部、行部、瑜伽部和无上瑜伽部，在这座建筑中得以充分展现，它们被分别设置在四个楼层中，各层分别严格按照经书记载中事、行、瑜伽、无上瑜伽各部的经典式样设计和布置。章嘉是清代黄教（藏传佛教格鲁派）四大活佛（达赖、班禅、哲布尊丹巴、章嘉）之一，雨花阁的内部陈设布局是在三世章嘉指导下按照黄教教义、修持仪轨布置的。

回想当年，紫禁城深受儒家文化的影响，要盖一座这么高大的异教建筑是不可想象的。这件事如果发生在明代或者其他任何中国古代封建王朝都会被坚决制止，但是在清代初年，国家的政治中心问题就是控制西北局势。聪明的乾隆皇帝极为重视宗教的影响，此举为中国的长期稳定与发展带来了深远的影响。你看乾隆时期，几乎后宫里面每一座宫殿都设有佛堂，里面要么有一个暖阁，要么有一个仙楼，或者开辟一个小房间来供奉佛像，东西六宫、乾清宫、坤宁宫……几乎到处都有，佛堂更是遍布后宫各个角落。王子林笑了笑，说："更有意思的是，满、藏两个民族，虽然相隔千山万水，但民族习俗有很多相通的地方。相传满族人从皇太极的时候就开始信佛了。在西藏，藏传佛教的信徒们不吃鱼，满族人其实也不吃鱼，从顺治时期直至清朝末年，大清朝御膳房的食物里面是见不到鱼的，只在清末才加入了海参一类食物。"

作为资深专家，王子林谙熟清宫历史，他评价说："雨花阁（图8—图9）是章嘉活佛直接参与设计的，他的很多指导和建议使得这座佛教建筑更加经典。章嘉精通佛教艺术，学识渊博。那时，宫廷制作的大量佛像、法器、唐卡，多请章嘉活佛指导把关，有时还奉旨直接参与创作。乾隆四十五年（1780年），前来给乾隆皇帝贺寿的西藏六世班禅看了雨花阁不禁感到十分惊讶，他说："故宫里面的佛堂真让我大吃一惊，如梦

▲ 图9 雨花阁第三层及第四层

如幻……"班禅认为，很多西藏的寺庙，在修建的过程中常常会因为具体情况有所改动，而雨花阁内的各个厅堂和佛像都做得规规矩矩，特别标准，完全按照经典。雨花阁不仅严格按照藏传佛教的图像做法器、建佛堂，还画唐卡、印刷经书……所有藏传佛教的一切形式都被原汁原味地搬到了紫禁城里面。"

在雨花阁第一层大殿正中供奉的是紫檀木佛龛，供佛三尊，中供铜镀金释迦牟尼，左右是无量寿佛，正中佛龛后面为三大坛城。所谓坛城，就是民间传说中高僧们闭关修行的地方。活佛们"高升"前会坐在"坛"中间，闭关修行，不许外人干扰。后来，"坛"慢慢演变成"坛城"，也有人叫它"曼陀罗"，它是修炼成佛的重要场所。雨花阁中的坛城建于乾隆二十年，它是为佛教密宗祭供诸佛及诸德的一大法门；坛城坐落于汉白玉须弥座上，外部用紫檀硬木做成重檐亭式玻璃罩，坛城本身用掐丝珐琅构成，坛城内部以密集金刚上乐金刚"大威德"（文殊菩萨的化身）为主尊造像，四周辅以其眷属（密宗把随从、其系统称为眷属）。坛城圆形底盘直径3.65米，正中为蓝色正方形供台，高0.7米，每边长1.69米。供台侧面分四色，北红，南白，西黄，东蓝，每面上嵌1个杵头。供台上是正方体宫殿，开四门，每门前装饰华丽的五彩牌坊，殿内供主尊神与侍从神，周围装点幡幢、白辕、飞天等。坛城亦是极为精美的艺术品。据王子林称，每座坛城有九个方位，中间高僧修行之处是一个方位，其余东、南、西、北，再加上东

北、西南、东南、西北八个方位，一共是九个方位。坛城围绕中心而建，每个方位外面有各种护法神和法器守护，最后形成一个曼陀罗的世界。雨花阁的三座坛城是当今世界上最大的立体坛城，它们充分显示了唯有皇家才拥有的气派。王子林告诉我们，雨花阁第一层展示的是密宗佛教的"事"部，也就是修行的第一阶段，主要就是修外在的东西，还没有进入内在的修炼。

在藏传佛教中，"三密"为密宗所指的身、意、口，与体（身体）、相（形象）、用（使用）相对应，雨花阁坛城就是"三密"圆满俱足的体现。在雨花阁的二至四层，每层都有一佛龛一供案，除没有设坛城外，与一层建筑形式基本相同。第二层是雨花阁的暗层，供奉着行德（即行部）品佛，我看到，这里的天花和佛像的文身都是用梵文写的咒语。进入第二层就意味着修行进入内在阶段，这一层供奉了许多护法神、金刚的像，但雕像的表情不再像一层的那么愤怒，这表明，此阶段主要修心德，修行的难度加大了。到第三层供奉的便是瑜伽品佛。王子林解释说："藏传佛教会根据每个人的悟性让你选择不同层次的修炼，对于悟性低的人修炼事部（第一层）就行了，悟性再高一些的可以修到德行品（第二层），如果你悟性更高的话，就可以修到瑜伽品（第三层），能修到这一等级是非常不易的，中国的佛教讲究修炼到这一品级就是最高境界了。据说这一品传到汉地演变成了我们熟知的禅宗。"第四层供奉的是无上瑜伽品佛，大殿中央供奉着格鲁派的三大本尊，分别是大威德金刚、密集金刚、上乐金刚。密集金刚有三头三面，它是藏密佛教无上瑜伽部父续的本尊，也是格鲁派创始人宗喀巴大师的本尊神。上乐金刚是藏密无上瑜伽部母续的本尊。相传最初由释迦牟尼佛将此法系所有灌顶、密续以及修持引导、口诀等一代代传授给宗喀巴大师。在大威德金刚的头顶可见一尊寂静像，寂静像为文殊菩萨。相传，大威德金刚是文殊菩萨的化身，他可以战胜阎王。所以大威德金刚长着一个牛头，32只手臂和16条腿，每只手上还拿着不同的法器。他是战神胡里面最凶猛的神，故称大威，又有护善之功，所以又称大德。传说藏传佛教一共有五大金刚，格鲁派就占有密集金刚、大威德金刚和上乐金刚三大金刚，这三尊金刚都是格鲁派修行的最高的本尊神。

王子林告诉大家："人们常说，若修炼到无上瑜伽这个最高阶段，你就可以成佛了。其实凡人也可以

有成佛的时刻，那就是你灵光乍现的时候。这种灵光乍现的感觉有时候好像是把一个人关在黑屋子里面，突然有一天把门打开，遇到了光明，看到了别人看不见的东西；有时候又好像一个人在苦海里面挣扎，当你被救出来的时候，你会感到一切都解脱了；也有时候它会出现在男女因为爱情而结合的过程中。在藏传佛教中，灵光乍现是一种智慧、一种文化、一种感觉和一种象征的体现，是人们追求的佛教最高境界。"

在乾隆皇帝身后的300多年里，随着祖国西北边疆的稳定，蒙古和西藏已不再战乱不断，后世的清代皇帝们也不像乾隆皇上那样重视藏传佛教了。雨花阁不再是皇帝们经常诵经拜佛的地方，渐渐走向衰落，至今未对公众开放。……如今走进雨花阁，依稀仿佛看见当年乾隆皇帝专心佛事的身影（图10）。这里一直是乾隆皇帝敬心礼佛的场所，清高宗乾隆虽然利用喇嘛教安抚团结蒙、藏民族，维系皇权，但他自己对喇嘛教也恭信不疑，为修成功德，乾隆帝曾要求章嘉活佛为其灌顶授法。据《章嘉国师若必多吉传》记载："灌顶时，皇帝（乾隆帝）请章嘉国师坐在高高的法座上，而皇帝自己坐在较低的坐垫上，直到灌顶结束，皇帝一直跪在地上，聚精会神地如律听受教法。"为达到修习圆满，这位贵为"九五之尊"的帝王竟屈驾受法，看来是够虔诚的了。不仅如此，即使是在乾隆帝本身休憩的养心殿西暖阁的卧榻之侧，也修建了一个幽深的小佛堂，在其国事劳顿之余，也在里面时时打禅入定，足以窥见喇嘛黄教在乾隆心目中的地位。

走出雨花阁，我们不禁想知道，乾隆帝如此敬心事佛，最后是否修习到了功德圆满的最高境界——无上瑜伽部了呢？今天我们已很难知晓。不过，乾隆皇帝弘历一生精力旺盛，日理万机，不知疲倦，且活到了八十九岁高龄，是中国历史上最长寿的帝王，倒是人人皆知的事实。在我们评价社会集体缺失信仰时，却发现过去12个月中约四分之一的中国人看过相或算过命。由于高速运转的生活节奏和越来越不确定的生活环境，中国人内心对超自然力量的需求渐渐增强。在美国，有90%以上的人相信有上帝；在我国台湾地区，真正的无神论者可能只占2%。在人生的道路上，我相信，每个人的路都是自己走出来的。我相信世界是有规则和逻辑的，只有谨慎生活，有所敬畏，才能功德圆满。

（摄影／陈鹤）

▲ 图9 全景图2

Rethink Architectural Features of Chongqing Sidelights on 2nd Forum of "Cultural Chongqing · Architectural Features"

再议重庆建筑特色
"文化重庆·建筑特色"论坛之二侧记

本刊记者（CAH Reporter）

▲ 会场外指示标志

▲ 李秉奇院长发言

▲ 会场内景 1

▲ 会场内景 2

作为独特的巴渝文化起源地，经历过湖广填四川的民族融合，又经历过民国政府时期的文化交织，重庆这座山城以其绝无仅有的历史背景，沿着曲折的脉络向世人诉说着千余年的变迁与沉浮。生动的重庆建筑是其地域特色的灵魂所在，也是不同历史时期给这座城市刻下的深刻记忆。如何在当今城镇化建设的浪潮中延续文化特色的发展，如何以地域建筑特色影响现代化城市的建设？继2013年3月21日举行"文化重庆·建筑特色"专家座谈会后，8月16日"文化重庆·建筑特色"论坛之二——重庆建筑特色研究在渝

▲ 李秉奇　　　　▲ 何智亚　　　　▲ 戴志忠　　　　▲ 赵万民　　　　▲ 周荣蜀　　　　▲ 沈迪

▲ 崔彤　　　　▲ 郭卫兵　　　　▲ 徐锋　　　　▲ 刘伯英　　　　▲ 吴涛　　　　▲ 殷力欣

▲ 余颖　　　　▲ 李向北　　　　▲ 张德安　　　　▲ 张捷　　　　▲ 陈航毅　　　　▲ 黄耘

▲ 舒莺　　　　▲ 钟洛克　　　　▲ 蒋邢辉　　　　▲ 向娟　　　　▲ 唐可峥　　　　▲ 陈飙

召开，会议由《中国建筑文化遗产》杂志社总编辑金磊主持，来自北京、上海、昆明、石家庄、深圳、重庆等多地的建筑师、规划师及文博专家畅所欲言，就重庆城市建设中的不同现象和状况发表了真知灼见。

　　城市建设离不开所处的自然环境，离不开其特有的历史文化；重庆有着大都市鲜明的个性和特点，其建设要与特有的历史文化相契合。只有这样，其独特的文明历史才能够得以传承。重庆历史文化名城专委

会副秘书长何智亚提出，重庆具有独特的地势特点，在全中国可能也找不到第二个，因为这里同时具备了大山、大水、大城市、大农村、大农田以及大工地，一个城市就拥有82400平方公里和3200万人口。有人说重庆是一座站立着的城市，也有人说重庆是一座喝酒的城市，其实重庆这座多元化的城市并不能用一句话来概括。重庆的建筑特色即便与周围的城市相比也具有很大的差异，而在这种差异化之余，重庆的建筑应该如何发展、走向何处，使之真正能够符合长江上

▲ 会场交流 1

▲ 会场交流 2

游中心城市的地位和作用，这是重庆的建筑师最需要思考的问题。

重庆大学建筑城规学院院长赵万民认为，在四川这个地方，大江大河交汇的地方产生大城市。重庆正是一个典型的山水城市，并且是一个多中心、多组团所形成的山水城市。嘉陵江和长江、扬子江在这里汇合，于是形成了朝天门码头，也就形成了重庆最初始的状态。在这样的地貌下，国际上的大都市的建设模式并不适用于重庆的情况，重庆长久以来自己形成的多组团模式则恰好契合了其山水格局。这种模式却很好地拓展了重庆作为大都市的发展潜力，也形成了重庆独有的特色。

云南省设计院总建筑师徐锋曾在重庆就读，他认为重庆的特色应该是在建筑与建筑之间的外部空间中，这也是山城建筑的魅力和特色。通过朝天门形成了码头文化，包括沙坪坝、南岸区和江北区这几个组团，形成了与众不同的踏步步行体系。重庆随着文脉的沿袭、历史的记忆，外部空间的特点应该是不可或缺的；可是现在的重庆高楼林立，到处是标志性建筑，这种外部特点反而被掩盖了。重庆的山城特征决定了它并不适合很多强硬的措施和一刀切的条例。中国的各个城市是多姿多彩的，不能仅仅靠一套商业建

筑规范和一套消防规范来把全中国的房子都规划好。重庆如果真要作出自己的特色，至少法规上应该可以作出一些让步。

河北建筑设计研究院副院长、总建筑师郭卫兵说，重庆是一座有着强烈人文精神的城市。重庆具有更多单纯而美好的元素，巴渝文化源于地源中大山大水的特征，在历史上人们的生活就是与山水的抗争融合为天人合一的过程，所以重庆的地域文化中处处透着真实而自我的影子。在这样一种文化基调下，重庆建筑更多的是面向未来；重庆的城市建设将迎来新的大发展，重庆的城市建筑创作具有很大的发展空间。

现代化城市建设中，继承传统，发展文化是面临的一个重要问题，学习前辈精神，发扬光荣传统在前人的基础上有所创新，使城市文化得以延续。重庆市设计院院长李秉奇介绍说，重庆的老一辈建筑师对我们影响很大，早在陪都时期，杨廷宝等大师就在这片土地上留下了他们的诸多作品。重庆是一座有充足历史积淀的城市，城区中至今仍保留有很多古老的建筑。今天的建筑师如果能够将他们整合完善，然后加建协调，与现代的新建筑形成和谐的整体，而不是作出更多新奇怪异的建筑来与之争锋媲美，这将是一个对重庆特色延续有所裨益的方式。

▲ 会场交流 3

▲ 会场交流 4

重庆市设计院规划研究中心主任张捷则认为，随着时代的发展，重庆人应该从历史中醒来。沉迷在历史的烙印当中意味着我们无法演绎出时代的乐感，毕竟研究营造法式和样式雷，古人比今人更有优势。所以建筑师需要做的是用当代建筑的语言，构成当代人们的生活模式。重庆当前的建筑有技术而无文化，有空间却无场所精神，这是造成城市形象千篇一律的根源所在。就重庆的山地特色而言，空间的营造应该使之具有形态、情态和能态，空间不应该仅仅可以完成其使用上的需求而存在。所以真正从历史的窠臼中脱离开来，还是需要建筑师整体业务素质和人文精神的提升。

中科院建筑设计研究院副院长崔彤说，人对于自然的态度无外乎有三种，第一种是强势征服自然，第二种是盲目服从自然，而这两者在现在来看都是不可取的。重庆作为一个四山三水汇聚的城市，对于自然的态度决定了这座城市的发展走向，所以与自然和谐的对话，巧妙地与自然山水相互协调就成了必然的途径。在做山地建筑的时候有些建筑师往往把山水忽略掉，这是极大的误区。在这些紧凑的环境当中，利用其高密度的紧张压力，产生戏剧性的矛盾冲击，完全可以转化成特有的建筑风格和样貌，这是重庆应该追寻的东西。

深圳华筑工程设计公司重庆分公司首席建筑师李向北谈到，重庆目前面临的一个问题是消费文化。很多东西是资本和权力来决定，处在夹缝中的建筑师并不能发表自己的意见。但是即便如此，建筑师作为公众知识分子，还应该在适当的时候表现出设想中的东西，让民众认识到设计的原貌，而不是简单进行历史的模仿或者把历史作成迪斯尼式的展现，这是一种不负责任的历史观和态度。

何智亚最后总结说，重庆能够迎来这么多位各个省市中建筑设计创作及文化探讨的专家非常荣幸，类似的研讨对于重庆未来的发展方向有着深远的影响。在现下的中国建筑界，建筑和城市规划受到了太多的外界因素制约，长官意识是其中最重要的一个，而媒体、社会、管理部门的规章制度及投资方等因素也起着很大的作用。相比之下，学界和真正的设计者所能掌控的方面反而很少，这就导致真正学识渊博，实践丰富的建筑专家很难将他们勾画的蓝图付诸实践。因此，强化建筑学人的意志，扩大他们的声音是现下中国建筑行业亟须实现的理想和愿望，而这一愿望的实现，正依赖于类似今

▲ 会场交流 5

▲ 会场内景 3

▲ 会场内景 4

天的活动。我们希望《中国建筑文化遗产》杂志社能够和设计院一起，开展更多形式更丰富的活动方式，并以此形成一种机制，来延伸城市特色对建筑文化的引进，然后取得更多更丰硕的成果。

与会专家、学者还就建筑师在城市建设中的作用和责任、城市经济发展对建筑的影响、建筑的空间形态与环境观念等问题发表了各自的观点和看法。专家研讨会的举行使与会者对重庆建筑特色的认识和了解更加清晰，同时对重庆城市建设的未来更加充满希望。

"自古全川财富地，津亭红烛醉春风。"重庆城市建设的美好愿景将呈现在人们面前。

（本刊记者 / 李沉 朱有恒 摄影 / 李沉）

2013 Prince Kung's Mansion Forum Held in Beijing Conservation, Management and Development of Historic Castles in Europe and Princely Mansions in China

"2013恭王府论坛"在京举行
共话中欧王府与古堡遗址博物馆发展之道

本刊记者（CAH Reporter）

▲ 2013恭王府论坛开幕仪式

▲ 2013恭王府论坛中外嘉宾研讨

　　由中华人民共和国文化部批准，文化部恭王府管理中心和中外文化交流中心共同主办的"2013恭王府论坛——中欧王府与古堡遗址博物馆发展之道"于2013年8月28日在京开幕。论坛为期三天，来自欧洲西班牙、法国、奥地利、罗马尼亚、波兰、拉脱维亚、俄罗斯、克罗地亚、丹麦、葡萄牙和土耳其11个国家的17个城堡、宫殿和庄园，以及中国北京的恭王府博物馆、北海、宋庆龄故居、天坛、颐和园、桂林靖江王府、内蒙古赤峰市喀喇沁旗王府博物馆、丽江古城博物馆、天津庆王府的代表和业内专家近百人参加了会议。

　　围绕"建立合作机制，规划合作项目，共同促进中欧遗址性博物馆的保护与利用"的主题，论坛包括"理念、政策与实践：王府与古堡的保护与利用""王府与古堡的经营与管理""历史建筑的保护与修缮""文物藏品的展示与交流"四个研讨单元，以及"文化旅游的开发与营销""文化活动的策划与组织""经营管理与宣传推广""文化产品的设计与开发""资金的筹集与利用"等分议题。与会代表分别就论坛议题做了主题发言，介绍了各自在管理、经营和发展中所做出的努力和取得的成效。论坛结束之后，主办方在恭王府举办"贵胄风华——欧洲古堡群览"图片展，并组织邀请国内外专家参观恭王府、颐和园、故宫等地。

▲ 文化部恭王府管理中心孙旭光主任与专家座谈

▲ 专家调研文化旅游商品

▲ 与会专家参观恭王府

▲ 奥地利美泉宫全景

▲ 奥地利美泉宫及园林

　　文化部外联局蒲通局长、国家旅游局张吉林司长、国家文物局段勇司长出席8月28日的论坛开幕式并致辞。文化部恭王府管理中心主任孙旭光主持仪式。出席仪式的还有葡萄牙驻华大使佩雷拉阁下、国际古迹遗址理事会副主席郭旃先生、文化部中外文化交流中心于芃主任、中国旅游景区协会秘书长刘桐茂先生、北京市文物局副局长刘超英女士、北京市公园管理中心主任张勇先生、恭王府博物馆杨建昆书记、国内外王府与古堡相关负责人、以及国内著名文化学者、文博专家、建筑专家、旅游管理专家等。

　　在"理念、政策与实践：王府与古堡的保护与利用"单元，奥地利美泉宫总经理弗朗茨·萨克莱克（Franz Sattlecker）、恭王府博物馆馆长与复旦大学教授葛剑雄等7位专家发表了演讲。弗朗茨·萨克莱克馆长分享了美泉宫的经验，包括历史、组织、维护、经营等方面。美泉宫建于1695至1711年间，于 1740至1749年重新整修，1700至1918年间是王室的居所。宫殿占地1.5平方公里，主要建筑除了美泉宫之外，还有橘园（1655年）、大剧院（1716年）、凯旋门（1775年）、罗马遗迹（1776年）等。美泉宫曾经属于皇室，之后由国家拥有，在1992年美泉宫成为独立的个体，不再接受国家的资金支持。公司运营的范围包括美泉宫、霍夫堡的皇室居所、茜茜公主的住所、儿童博物馆以及皇室家具博物馆等。美泉宫每年接待280万游客，收入的79%来自美泉宫，20%来自霍夫堡，11%来自皇室家具。从构成看，收入的60%是来自门票，22%是来自旅游用品商店，房屋租金收入占约15%。美泉宫企业的任务是盈利，通过盈利来修复宫殿。自1993年始，美泉宫花了1.8亿欧元用于

▲ 美泉宫水景

▲ 金碧辉煌的美泉宫大厅

▲ 美泉宫内景

▲ 美泉宫喷泉一景

宫殿的修复工作。例如对大画廊的修复，大画廊是宫殿的中心，所有参观宫殿的人必须要通过大画廊，没有别的旁路，到底应该怎样进行修复呢？于是修复人员建起一个隧道，长度是画廊的一半，把人通过隧道送进去，对整个大画廊进行摄影留档，只有通过仔细审视才能明确具体的修复计划，整个修复花了三年时间，还是非常成功的。美泉宫有40多个房间是用于展览的，因此要找到有效的管理模式，现在建立了一个以电脑为基础的模型，可以决定在某个时段可以接纳多少名游客，最佳数字是每个小时最多接纳一千名游客，那么每个游客在他的票上面就会有一个时间的规定，即他在什么时候可以进去，大家不一定在那儿排队。当人更多的时候会在晚上延长开放的时间。

恭王府博物馆馆长孙旭光说，恭王府与欧洲城堡有很多共鸣。在封建时代，皇帝的儿子都要封王，他们被分封各地，到了清朝分封于外地的形式被取消了，王府大多建立在北京城内，成为贵族宅邸。随着皇权时代的结束，盛极一时的恭王府也迅速地衰败，珍贵的藏品被变卖一空，几次易主或挪作他用，最繁杂的时候恭王府里住了200多户居民，单位、学校、机关、办公场共处一处，王府的景观原貌被严重的破坏。从1978到2008年，恢复王府原貌成为工作的重点，我们确定了让恭王府按照其最兴盛时期的历史原貌进行恢复的修缮的原则。之前的有重要价值的历史信息都要完整地保留，这一方面要依靠古建筑及附属文物遗留的痕迹，另一方面要参照历史照片、历史资料等图片，其中1869设计图纸和1937年梁思成营造学社的实测图是准确恢复恭王府原貌最重要的参考资料。2008年，如何将恭王府保护好、利用好，应当以什么样的姿态呈现给世人，应当怎样传递它的历史文化，使其成为展示、传播、发扬中华优秀历史文化的载体和平台，成为游客不能错过的旅游胜地，成为一个可以向公众提供优质文化服务的公共空间，是我们一直在思考的问题。作为目前多数公众了解清代王府文化的孤本，王府博物馆的功能属性就是文物保护、旅游开发、特色博物馆、文化空间和产业平台。恭王府在这几个方面这几年做了一些工作，可概括为：打造以恭亲王为代表的清代王府文化所体现的历史名片，以红楼梦与恭王府关系为核心的文化名片，以和珅传奇经历为背景的旅游文片，和以福文化为代表的王府名片。为了充分地利用好恭王府的文化资源，围绕四张名片发挥职能，王府一方面创建国家5A级景区、国家博物馆，另一方面，文化传播、研究展示、产业经营和运营保障四项能力使恭王府真正成为公众了解历史、认识传统体验文化的公共空间。这里主要做了几项：第一，多彩的文化旅游。恭王府累计接待游客五年间超过1500万人，一定程度上带动了周边的旅游和文化产业的发展。仅纳税一项我们五年将近一个亿，也成为地区的纳税大户。第二方面，丰富的展呈体系。展览是博物馆的灵魂，在展览的策划方面，关注恭王府古建环境的特色，突出展览展示的情景氛围。第三，活态的文化空间。在王府的大剧院里面，每天都有文化演出，展示王府的生活原态，也是在传承、传递优秀的传统文化。第四，打造传统的文化旅游平台。近年来连续举办了两届旅游纪念品的设计大赛，设立了几十万元的奖金，向社会征集设计创意，大赛总共收到了近千件的作品，这些作品很快转化为实实在在的商品。有些商品在推出的第一年就实现了销售千万元，至今恭王府开发的福文化的旅游商品纪念品有几百种，每年能带来数千万人民币的销售收入，我们从中看到了创意的力量，更体会到了市场的规律。

复旦大学教授葛剑雄在发言中说，在中国不仅存在着清朝留下的恭王府一类的王府，还有一些类似的特殊的建筑，比如说在清朝以前留下的王府、贵族的住宅、衙门、大型的官员或者富人的住宅、私家园林、南方的土楼和碉楼，但是到了今天，它们一般都已经受到很大的破坏，有的甚至已经荡然无存。这背后存在很复杂的社会的、传统的、政治的原因。首先，在中国传统的家族制度中缺少像欧洲有些地区的长子继承制。在上一代的财产遗留到下一代的时候，一般地由儿子们均分，女儿也可以得到一份家产，财产处于不断的分割中。这些财产主要包括土地、动产、金银财宝、书画文物，还有住宅、土地。动产是比较容易分割的，但是住宅，包括这个朝代结束以后的王府很难分割，所以往往是出卖以后大家分这个钱，或者是由他的子女分别居住、分别所有。

往往由于其中有些人没有办法继续居住，或者需要变卖，很快地就无法保持它的完整性。最早的时候有"君子之泽，五世而斩"的说法，到了明清以后，就是富不过三代。在中国改朝换代之际，往往导致这一类特殊的建筑所有权很快地更迭，一部分是因为政治的原因被剥夺了，其他的部分很可能由于经济的原因、社会的原因也被剥夺了。近代中国经历了最激烈的变动，辛亥革命推翻了中国长期延续的皇朝，国民党、共产党也领导了更加猛烈的革命，以中国共产党所领导的革命最为激烈。所以在这个过程中，原来留下来的王府、私家园林、豪宅、庄园几乎都被没收或者剥夺了主人的所有权，因为他们几乎都是革命的对象、剥夺的对象，只有极个别的得到保留，这就是为什么我们到了改革开放初期很难找到产权延续的，或者产权很明确的，始终没有受到破坏的特殊的建筑。现代中国工商业的社会主义改造，公私合营以后，在城市、城镇进行了另一场的运动，就是私房的社会主义改造。北京城里原来有一些贵族的后裔，他们就是靠出租、租房为生的。在上海、广州也有一些人继续拥有比较大的住宅，包括特殊的建筑。但是到了这个运动，就规定除了你本人居住的一定的面积以外，凡是你出租的甚至闲置的房产全部要接受社会主义改造，实际上都收归国有了，你只能提取少量的利息。这样使这些房子都被分割，由国家、由政府主管的机构租给其他的住户，所以几乎很难再找到一座完整的私有的住房。比如北京有的四合院原来是完整的。现在到这个时候房主只能够有几间房，其他的都进了其他的

▲ 恭王府园林

▲ 恭王府一景

▲ 西班牙宏达瑞比亚城堡酒店外景

▲ 西班牙西奎萨酒店城堡

▲ 西班牙哈恩城堡酒店俯瞰图

▲ 西班牙卡尔多纳城堡全景

住户。比如说有的地方以前有一个完整的私家园林，主人由于特殊的原因，解放以后继续拥有。但是到了社会主义改造以后，他也只能够住其中的一部分，其他部分都被政府派了其他用处。现在得到保存比较完整的一类特殊的建筑，往往都是由于特殊的原因才得到幸存、才得到保护。比如在我的故乡浙江，吴兴县有两个国家的重点保护单位，其中一所住宅有一百多年的历史，最典型的是这所住宅是中西合璧的，前面是中国传统的住宅，后面因为有法国人居住，所以舞厅、玻璃雕塑都是采用法国式的。这个建筑被国家租给了一个上海的外贸公司作为茶叶仓库。幸好是放茶叶，如果是放其他东西或者是住宅，可能就破坏了。因为是做外贸的，文化革命中间也没有受到冲击。另外有一座很有名的私家园林就是刘家的小莲庄。它在解放以后一度被作为部队的医院。所以它也比较完整地保存下来了。总有一些特殊的建筑物很侥幸地到今天还是私有财产，但又面临着一个新的矛盾。比如说上海有一座清代建筑物书隐楼，是一个私人藏书的地方，它已经破败不堪，主人没有能力再去维修。如果让政府出钱保护，那么为什么政府要出钱保护一个私人的建筑物呢？又比如说广东的碉楼，现在是世界文化遗产，但是它每一个房子都是属于私人的，主人基本上都在海外。现在采取的办法是一个一个去谈判，让他们委托给当地的政府成立机构托管。但也面临很多问题，比如说今后由此产生的利益怎么分配？如果再进一步维修，这个钱怎么解决？如果到最后，他的继

▲ 西班牙哈兰迪利亚城堡的改建

▲ 西班牙宏达瑞比亚城堡酒店餐厅

承人不同意给你托管了怎么办？在这一方面，中国应该参照欧洲或者其他地方对这些文物保护的办法，制定法律法规。比如说在建筑失去保护人的情况下，能不能采取一定的法律手段取得产权？怎样通过法律督促私有财产拥有者必须承担保护的义务也是中国所面临的新矛盾。

"王府与古堡的经营与管理"单元共计有13位专家发言，其中包括西班牙古堡酒店集团总经理胡安·戈麦斯（Juan Gomez）、俄罗斯夏宫文化项目主管阿列克谢·札波罗扎特采夫（Aleksei Zaporozhtcev）等，历史学家葛剑雄也在这一单元发言。胡安·戈麦斯领导下的西班牙古堡酒店集团是一个连锁集

▲ 西班牙宏达瑞比亚酒店城堡

团，古堡是国家的财产，由酒店集团管理，这项政策是由20世纪70年代开始的，集团管理的酒店目前已达到93个。酒店有很多是城堡，还有要塞、修道院、宫殿，在经管中把旅游和美食、文化、运动、自然与其他活动联系起来。以圣马格斯酒店为例，它是1493年建立的医院，1953年之后因为安全的问题进行了完全的重建，当时医院附近还有很多公牛。整修时把所有的机械设备都放到了地下，又建造了一些新的设施。1953年整修时对原来的建筑并不是按照原状保持，而是对它进行了很多翻新，并不是非常尊重当时文化的原真性，那时的建筑师们做了很多自己的雕塑，把这些雕塑放到了建筑周围。古堡酒店集团首要的任务是要盈利，从1991年到2008年集团是盈利的，但是从2009年到2012年亏损。现在集团正在进行财务重组，也在尝试特许经营的模式，希望带来的不止是国内的增长，还包括国际的增长。

阿列克谢·札波罗扎特采夫介绍了俄罗斯夏宫的经营管理，夏宫是俄罗斯人民的骄傲，在彼得一世时兴建，当时彼得一世想在圣彼得堡城外建立一座模仿凡尔赛宫的建筑。夏宫以临海的众多喷泉而著称，这个宫殿最繁盛的时期在罗曼洛夫王朝。目前夏宫成为俄罗斯最著名的国家博物馆之一，每年有成千上万的旅游者来参观、拜访，它已被确立为"万泉之都"，是俄罗斯七大奇迹之一。在长期的维护和经营的过程中，夏宫也对一系列的建筑进行了重新的维护和保养，也充分利用整个夏宫中所珍藏一系列的藏品来实施宫殿的盈利。夏宫成立了一系列的博物馆，包括皇室使用的自行车博物馆、波诺娃家族博物馆。除却主题博物馆外，博物馆还在原有馆藏的基础上组织专题的展览，充分反映当时帝王和贵族的生活。在整个夏宫的经营和发展的过程中博物馆充分考虑了社会公众的愿望，不断推出新的旅游产品，也不断采用现代化的信息工具和手段。博物馆还为相关的访客和游客举办专题的音乐会、画展等，这都成为营收的组成部分。

▲ 夏宫全景

▲ 雪中夏宫的金色宫殿

　　葛剑雄教授在这一单元的发言中论述了"建筑遗产的更新"问题。他说，历来中国传统文化很讲究修旧如新，都喜欢焕然一新，而且希望不断地增加新建筑。很多在今天号称是古代的建筑物、或者古代的园林、古代的王府，其实它已经经过了无数次的改造、更新，从保护文物的角度来讲，其实已经经历了一次次的破坏。我曾经亲耳听到一位高官说不理解你们为什么要修旧如旧，为什么要根据《威尼斯宪章》、要留白。他只问难道这座建筑从它建好以后就是这么破烂吗？它没有辉煌的时候吗？你们为什么不能按照它最新、最辉煌的时候来恢复它？从旅游、从后人了解历史的角度讲，的确，如果恢复它最辉煌的时候，按照它新建的时候来恢复，是会具有更大的价值，但是这跟我们保护文物又是矛盾的。怎么样由文物的专家、旅游的开发人员、主管的官员、民众的代表来确定一个不同的等级，以决定哪些部分必须完全不能改变的，哪些部分是可以适当改变的，哪些部分干脆是可以重建的？这都应该有一种合理的分配、分等，并采取

▲ 夏宫雕塑

▲ 夏宫喷泉

不同的标准和措施。为什么中国的传统文化中间一直有这样一个更新的概念？一直希望修旧如新？一个原因是中国本身的建筑先天不足。在中国很早就发展了土木建筑、砖木建筑，并且一直到近代化以前都是建筑的主流。不像西方或者有些国家主要是石建筑，用大理石、花岗石、用石料，到了近代又比较早地用了混凝土的建筑，或者框架的建筑，而中国很晚才用上钢筋混凝土的建筑。原来哪怕是皇宫、王府、富人的豪宅都主要是木材、砖，石料主要做台阶这些辅助的介质，而不是主要的构件，所以它本身就需要不断地更新和维修，传统建筑有时候还被人为地破坏。现在，源于中国古代的建筑，在很多方面已经不适合今天作为公共使用，比如说通风、采光、保暖的需要。这个问题到今天还是我们不得不面对的，也是一种非常困难的选择。第二，我们现在对这些特殊的古建筑还缺少一个好的管理模式。比如说恭王府、颐和园，我们都是由政府直接管理的，上面是文化部或者是哪个局，或者地方政府，而不是有一个能够脱离行政的独立的管理机构。所以，往往政府或者长官的意志就决定了很多具体管理的方法或者目标。现在为了一味地扩大旅游的人数、规模，过分的市场化，又导致出了新的矛盾。有些特殊的古建筑已经承包给私营企业，或者承包给企业，这样产生新的问题是：因为中国的土地是不能私有的，只能租赁或者承包并有一定的年限，所以企业必须在这个年限里最大程度地获得利润和收益，这又导致一种杀鸡取卵的方法，往往在追求经济效益的同时，对古建筑、对这些特殊的建筑造成根本性的破坏。第三是我们在某些方面出现民粹化的倾向。因为这些古建筑在相当程度上是以前的贵族、以前的上层人物、以前的精英特殊的享受。现在它已经面临着这样的矛盾。它跟公众的需求、跟平民化的旅游参观之间本来就有矛盾。如果过分地强调要免费、低价、要让人人都有观赏的条件，就必然跟它本身应该保持的品质境界，跟它的精神贵族的标准背道而驰，产生非常大的差别。比如说有一些古建筑，根据保护的要求要控制人数。这一点往往很难做到，包括故宫，每到节假日，人满为患，有的砖已经被磨损了，各种保护都难以抵挡客流。还有的本身成本非常昂贵，但是政府和公众往往一味地要求收取低价门票，甚至一定要免费，这是不可持续的。片面地强调这都是纳税人的财产，而不是正面地理解纳税人的概念，是你把税交给政府、再由政府重新分配。近年来，随着各地过分地强调平民化、强调为公众服务的倾向，这方面也是受到比较大的压力。我们在保护方面、在适度地利用以及它为旅游、为文化产业的服务方面的确有很多工作要做。

在"历史建筑的保护与修缮"单元，包括天津市历史风貌建筑整理有限责任公司董事长冯军在内的4位专家发表了讲演。冯军先生讲述了天津庆王府的整修过程，庆王府始建于1922年，1925年庆亲王载振举家迁入。之后半个世纪的时间曾经作为天津市政府的办公单位。庆王府的使用荷载一直比较大，再加上一些战争的破坏，房屋损坏比较严重，2010年开始了庆王府的维修工作。天津对于历史建筑的保护方面强调保护优先、合理利用、修旧如故和安全使用的原则。在庆王府整修过程中主要依据《中华人民共和国文物法》与天津市《历史风貌建筑保护条例》，在建设中查阅了很多历史资料，访问了很多曾经在这里生活和工作的老人。整修前先对主楼的平面按照五行进行了划分，对它的平面进行了分解，使之成为多功能的建筑。在修复庆王府之前，先对建筑原有的地面、吊灯、玻璃、庭院里的植物和假山做好了防护，对于损坏的木地板进行了重新安装，都是用的同年代的材料。中庭保留了琉璃柱和葡萄吊灯。修复前的楼梯和门被刷成了黄色和绿色，在整修过程中将这些后加的颜色全部磨掉，显露出木材原有的色彩。清理过程中完全按照手工的方法，没有使用任何的化学试剂，能够把相对保存完好的建筑壁画完美地呈现出来。对庆王府的保护与利用是整体性的，连同它旁边的一些里弄式的建筑也加以整体保护，把功能进行了细分和细化，使它们能够和庆王府组成一个完整的历史街区。现在的庆王府专门配建了一个博物馆，这个博物馆是免费对公众开放的，同时庆王府也是重要的国际会议和商务活动的使用场所，这里成为夏季达沃斯一个小型的分会场。（具体可参阅本刊总第8期《天津庆王府保护整修工程概述》）

"文物藏品的展示与交流"单元共有3位专家发表了演讲，丹麦腓特烈堡公关经理蒂尔德·赫丁（Tilde Heding）讲述了城堡的经验。腓特烈堡是16世纪初修建的，属于文艺复兴时期的城堡，主要受荷兰建筑风格

▲ 丹麦腓特烈堡历史照片（摄于1950年左右）

▲ 丹麦腓特烈堡全景

▲ 丹麦腓特烈堡肖像馆开幕仪式

的影响。城堡的建筑师是克蒂斯安四世——一位丹麦历史上非常重要的国王，他性格奔放、高调，修建了很多建筑，许多欧洲北部和哥本哈根的城堡都是他修建的。开始城堡是皇室的居所，1859年城堡大火之后进行了复建，同时城堡演变为国家历史博物馆，1878年国家历史博物馆重建后开馆。城堡的教堂没有被大火烧毁，现在被用来进行大型的宗教活动和皇室活动，多位国王在这个教堂里加冕，现在教堂仍然在运作，进行一些礼拜活动或举行婚礼。国家历史博物馆的创始人希望人们走进博物馆就像走进历史书一样，可以看到重要的人物的活动，如国王、王后、艺术家、科学家，可以看到他们的画像。博物馆里一个房间代表一个时代，展陈着时代的内容和元素。关于藏品的收藏与交换，怎样才能使博物馆跟上时代的

脚步？博物馆收藏了大量的肖像和历史画，它们代表了丹麦的传统，博物馆每过一段就会画一些新的肖像画和历史画，以保持历史延续性，为子孙后代创造新的历史画卷，这个博物馆是为了明天而建造的博物馆。例如，丹麦参与了入侵阿富汗的战争，博物馆用画记录下来并把它放到历史画卷中。博物馆跟儿童的互动也是重要的议题，关于画像和历史的知识由博物馆向丹麦的小学和中学传播，方式有在网上组织知识竞赛、在小学和中学的历史课加入城堡的内容等。所以门票收入仅是一部分，博物馆更大的精力是放在网上。同时博物馆每年都举办国际性的肖像大赛，并与国际上的其他博物馆进行密切的合作。

（本刊记者 / 成均 图片提供 / 论坛主办方）

▲ 论坛合影

Humanistic Spirit in Architectural Design ASC Architect Branch Annual Meeting Held in Shanghai

建筑设计的人文精神
中国建筑学会建筑师分会年会在沪召开

本刊记者（CAH Reporter）

2013年9月25日，"2013中国建筑学会建筑师分会年会"在上海召开。中国建筑学会秘书长徐宗威、中国建筑学会建筑师分会理事长邵韦平以及本届年会的承办方上海现代集团董事长秦云等领导到会并致辞。为呼应本次会议的主题"建筑设计的人文精神"，多位建筑师结合当前社会的热点问题如养老、医疗、教育等作了精彩的主题报告。

建筑的根本是为人所用，建筑的存在应首先满足人的需求。当代建筑除了满足最基本的功能需求，越来越强调对人的文化精神需求的回应。因此在当前建筑设计中如何满足人的精神需求，在建筑设计中更多地体现人文精神，是当下建筑设计中重点关注的课题之一。本次年会的论坛分为三个专题，分别是人居环境、类型建筑以及建筑技术，多位学者围绕话题展开互动，为与会者带来新的启示。

▲ 建筑师分会理事长邵韦平讲话

▲ 现场学术交流 1

▲ 部分代表观看中国建筑摄影八人展

▲ 现场学术交流 2

▲ 中国建筑学会建筑师分会理事长邵韦平参观中国建筑摄影八人展

▲ 年会会场

老龄化社会的到来引发建筑师关注

据统计显示，中国目前的老年人已经超过两亿，到2050年时，预计老年人所占比例将达到惊人的30%以上。政府针对老龄化社会已开始展开一系列的动作，包括建筑类中关于老年社区、养老院的规范也在修订当中。养老建筑因其使用者的特殊需求而使得其对人性化的设计具有更急切的要求。清华大学建筑学院教授周燕珉提出："养老建筑不应该追求豪华，而是需要家一般的亲切感。建筑师应该在居住空间、公共活动、公共服务空间、交通空间四类中花费更大的心思，在不断与老人的交流中获知老人真正的需求，并作出契合老人需求的设计。"对于当前养老建筑的规划普遍偏离主城区的问题，也有建筑师认为这是将老年人剥离在社会之外的一种不负责行为。老年人的生活仍然应该是社会的组成部分，他们应该距离自己的子女和家庭更近一些，而不是让他们所见所及皆为老年人，人性化的设计应该给他们正常生活的权利。

医疗资源的高效利用需要建筑师

人性化设计是指设计过程当中对人的行为、生理、心理的需求和精神追求的尊重和满足，对于一个身患疾病的患者来说，其感受更需要建筑师从设计的角度进行关怀。美国励翔设计公司总建筑师陈励先认为："病人从进入门诊大楼的时候，我们就要从布局上给他最合理的引导。

整个医院的指引系统就像一个航空港，正如机场这样的复杂建筑可以让乘客轻松地找到自己所要去的方向，医院更可以使用这一模式，让患者从进入医院开始，就可以有一个轻松的心态。"中国中元国际工程总公司总建筑师谷建指出："医院建筑首先应该像一个医院，因为功能决定了形体、决定了建筑的功能分区，也决定了建筑的形态。然后医疗建筑的发展使得这一条框不再那么死板，因为有越来越多的复合功能被赋予在医疗建筑当中。正如住院部与酒店类建筑相似，而门诊部又与办公类建筑相仿，化验、检验的部分由于有很多大型设备和流水线操作又与工业建筑有共通之处。医院是一个功能极其复杂的个体，如何衔接各个部门之间的关系，让使用者高效地使用这些部门，既需要建筑师了解整个医院的运行模式，更需要建筑师从中整理出一套严密的逻辑体系。"

此外作为本次年会的亮点，由第一届建筑摄影专业委员会筹备的"用思想·构图"八人建筑摄影展同时在会场展开。杨超英、张广源、陈溯、陈伯熔、魏刚、周若谷、刘东、陈鹤八位专业建筑摄影师的精彩作品得以呈现在建筑师面前，广泛吸引了与会者的目光，为本次会议增添了异彩。

本次会议还谈到有关教育建筑、城市住宅与文脉、绿色建筑及生态城市等多项话题，专家的演讲深度和涉及层面都令与会者获益匪浅。在演讲嘉宾与观众互动环节结束后大会第一天的内容告一段落，主办方安排与会者参观了上海中心与辰山植物园两处新建筑。

（本刊记者 / 朱有恒 摄影 / 陈鹤 李沉）

▲ 上海年会合影

Grand Banquet of Architects and Architectural Photographers
Sidelights on Transition Conference of Architectural Photography Committee, China Architectural Society

建筑师与建筑摄影家的盛会
中国建筑学会建筑摄影专业委员会换届大会与学术交流活动侧记

本刊编辑部（CAH Editorial Office）

▲ 宋春华　　▲ 马国馨　　▲ 楼庆西　　▲ 陈铎　　▲ 邵韦平　　▲ 王秋和　　▲ 庄惟敏　　▲ 张宇　　▲ 刘谞　　▲ 刘燕辉　　▲ 孙宗列

▲ 王莉慧　　▲ 郭卫兵　　▲ 薛明　　▲ 金卫钧　　▲ 祁庆国　　▲ 张广源　　▲ 何慷民　　▲ 林铭述　　▲ 陈溯　　▲ 刘锦标　　▲ 魏刚

第二届中国建筑学会建筑摄影专业委员会成立大会暨建筑摄影理论与实务研讨会，2013年10月12日在北京举行。

中国建筑学会名誉理事长、原建设部副部长宋春华，中国工程院院士、北京市建筑设

▲ 会场主持人金磊、李沉

计研究院总建筑师马国馨，清华大学建筑学院教授楼庆西，中央电视台著名主持人、中国民俗摄影学会副会长陈铎等专家、领导参加会议。

来自中国建筑设计研究院、清华大学建筑学院、中国建筑工业出版社、北京市建筑设计研究院、中国建筑科学研究院、中国中元国际工程公司、河北省建筑设计研究院、新疆城乡规划设计研究院、中国建筑文化中心、中国建筑图书馆、中国文物学会、首都博物馆、北京市摄影家协会等20多家单位的70余位代表参加会议；多位从事建筑摄影工作的著名摄影师，以及对建筑摄影"高烧不退"的众多摄影爱好者，也参加了会议。

中国建筑学会建筑摄影专业委员会经过八年的努力（2005年12月26日迄今），不仅团结了全国数以千计的建筑师、建筑摄影师及爱好者，

▲ 会场

还在建筑摄影比赛、展览、论坛、期刊出版乃至专业著作推介等方面取得了卓有成效的进展，正在逐步形成一个有专业学术水准并拓展普及面相结合的蓬勃发展局面。

建筑摄影专业委员会成立这几年中，出版多部建筑摄影作品集与专业图书；组织多次全国性建筑摄影比赛，其中包括为大运河申报世界文化遗产所举办的"风雅运河摄影比赛"，还包括于2003年9月举办的"平遥国际摄影大展·中国建筑摄影论坛暨五台山摄影大奖赛"等影响力活动。自2004年—2008年，受"2008年奥运会工程指挥部"委托组织了对"2008年北京奥运工程建设"的整体拍摄及资料留存工作，为中国

▲ 全体合影

▲ 会场一角

▲ 左起：刘谞、庄惟敏、张宇、金磊

▲ 左起：贾东东、王莉慧、郑淮兵

▲ 左起：叶金中、冯新力、赵树强、刘锦标

▲ 左起：宋春华、马国馨、陈铎

▲ 左起：陈铎、刘谞

奥运工程建设积累了丰富的第一手图片资料，为中国建筑工业出版社、天津大学出版社等单位成功出版奥运建筑图书提供了珍贵的图片资源；

会上，金磊代表第一届建筑摄影专业委员会做工作报告，并对今后工作的设想给予说明。金磊提出，委员会要为业界发展继续提供专业化服务。建筑摄影行业的发展有赖于建筑摄影师的成绩及表现力，有赖于作为建筑摄影学科的确立与行业认知，更有赖于能自成一体的建筑摄影体系的发展壮大。加强建筑摄影行业自身建设，使之专业化、学科化、高端品质化及普及化将是新一届委员会的任务和方向。

原建设部副部长宋春华在讲话中指出，建筑摄影专业委员会可以联系更多建筑师中的发烧友，在建筑摄影方面起到引领方向的作用。可以通过我们的一些平台，比如举办展览或者编辑画册等，能够推介出一些佳作。同时希望建筑师在拍摄中也能总结出一些规律供同行分享。通过这样一个侧面，能够提升中国建筑师整体上的文化素养和创作能力，这也是我们专业委员会的一大贡献。

建筑摄影专业委员会名誉会长马国馨认为：建筑摄影专业委员会的成立是摄影和建筑学科交叉的结晶，越来越多的摄影爱好者也开始以建筑作为目标，我希望随着专业委员会的换届成立，能够云集天下摄影精英，同时能够吸引更多建筑师参与其中，让大家彼此交流沟通，除了能够将更多的记录流传下去，还可以将中国的建筑师推向世界。

中国建筑工业出版社副社长王秋合、中国建筑学会建筑师分会理事长邵韦平分别代表建筑工业出版社和建筑师分会致辞。著名主持人陈铎先生认为，摄影是记录历史、保存历史，又是再现历史的一个重要手段，我建议建设一个摄影博物馆。用摄影手段把很多建筑记录下来，让那些喜欢又没有机会去看实物的人都可以感受。对于我们建筑系统的人来说，它也可以作为一个参考和借鉴。这个想法虽然并没有实现，但我觉得这是未来建筑系统可以搞的一件大事。我也希望有机会参加到这个行列来，做一些贡献。

人们通过建筑照片可以了解建筑师的创作和贡献，可人们是否想过，精美的建筑摄影作品后面是建筑摄影师的付出与努力，他们同样也是在付出，在创造。刘燕辉总建筑师读了一段单位同事写张广源的文字，听后令人感动："上下求索、瞻前顾后、绕树三匝、盘旋往复。足迹丈量景深，目光捕捉镜头，风霜洗练影像，心血凝结收藏。任劳任怨，玉成大家著作；甘苦自如，记录几代丰碑。无此，多少建筑埋没世间，无你，大院品牌何以铸就。广源素描。"

来自建筑设计、摄影艺术、文物保护、建筑文化等方面的专家、学者，围绕如何更好地开展建筑摄影活动、如何搞好学术交流、如何吸引更多的摄影爱好者参加到活动中来等问题发表了自己的观点、看法和感受。

清华大学建筑学院教授楼庆西先生、中国建筑设计研究院建筑文化信息中心主任、著名建筑摄影师张广源先生，分别以中国古建筑摄影大赛作品评介和建筑的表现为主题，进行了学术交流。

（文/李沉 摄影/陈鹤 于跃超）

Enhance Culture Cohesion and Elevate Enterprise's Core Competence
Sidelights on " Culture–shaping and Communication of Architectural Design Enterprises" NAIC Real Estate Design Union Architects Tea Forum

凝聚文化精髓　提升企业核心竞争力
"建筑设计企业文化塑造及传播"全国工商联房地产设计联盟建筑师茶座侧记

本刊记者（CAH Reporter）

▲ 王玉清　　　　▲ 蔡放　　　　▲ 高志　　　　▲ 金磊　　　　▲ 刘震宇　　　　▲ 魏篙川

▲ 何宁　　　▲ 米俊仁　　　▲ 张兵　　　▲ 唐克铮　　　▲ 李振龙　　　▲ 李维东　　　▲ 王玉玲

· 这是一个建筑设计行业研讨企业文化建设增强内生动力的茶座
· 这是一次全国房地产设计联盟专家学者云集交流学习的恳谈会
· 这是一次在勘察设计界将留下记忆的建筑设计企业文化的交流会

　　企业文化是一个企业由价值观、信念、符号等组成的自身特有的文化形象，是企业所形成的具有自身个性的价值观念和道德行为准备的综合，是企业员工共同遵守和信仰的行为规范和价值体系。为更好地开展新一届房地产设计联盟工作，增进联盟内各单位间的交流，分享设计单位之间企业文化建设的经验，由全国房地产设计联盟主办、北京天鸿圆方建筑设计有限责任公司与《中国建筑文化遗产》承办以"建筑设计企业文化塑造及传播"为主题的全国工商联房地产设计联盟建筑师茶座暨企业文化交流会，于10月15日在北京天鸿圆方建筑设计有限责任公司

▲ 会议现场

召开。全国房地产设计联盟副秘书长王玉清、加拿大宝佳国际建筑师有限公司北京代表处驻中国区首席代表、房地产设计联盟CEO高志分别致辞。本次交流会由加拿大宝佳国际建筑设计集团亚太区副总裁、全国工商联房地产设计联盟副秘书长、《中国建筑文化遗产》杂志总编辑金磊主持，北京天鸿圆方建筑设计有限责任公司董事长蔡放、北京中联环建文建筑设计有限公司副总经理张兵、北京维拓时代建筑设计有限公司行政人事总监李振龙、加拿大宝佳国际建筑设计集团亚太区执行总建筑师刘震宇、北京市建筑设计研究院副总建筑师米俊仁、中国建筑设计研究院建筑设计总院副总建筑师魏篙川、九源（北京）国际建筑顾问有限公司副总建筑师唐克铮、弘高建筑装饰公司董事长何宁等近二十位业内专家出席茶座并交流了深入的看法。

首先由天鸿圆方建筑设计有限责任公司总经理助理王玉玲作《创建绿色经典——圆方公司企业文化塑造》的主题发言，介绍了天鸿圆方公司在开展企业文化、促进企业发展方面的作法和经验。主题发言后，与会者以对话交流的形式，畅谈建筑设计企业文化塑造及传播方面的观点。优秀的企业文化对企业发挥着重要作用，宝佳集团首席代表高志在致辞中结合近期宝佳集团参与承办的"院士走进紫禁城"活动提出——企业文化建设是企业发展强大的内在驱动力量。加强企业文化建设是提高市场竞争力的核心要素，而在企业实际运作中，文化纽带、道德纽带与利益纽带对核心竞争力的形成起着相辅相成的重要作用。在之后的对话环节，高总又结合现代企业的文化特点再次强调了传统文化在企业文化建设的重要作用。

回顾全国工商联房地产设计联盟发展历程，王玉清秘书长说："设计联盟的工作已从过去的解释政策升级为研究政策，旨为提高企业的话语权，共同搭建开发商与设计企业的宣传平台。谈到文化，她解读到：建筑文化分为精神层面、制度层面和物质层面，而企业文化更多是取决于企业家自身的文化修为。她建议企业家们要在创新中有"抢滩意识"；要不断自我更新；要有自我的保护意识。

本次活动的东道主，蔡放董事长结合圆方创建绿色经典设计理念，详细地阐述了企业的文化要注重人文关怀，并期望与会专家各抒己见，为建筑设计行业的和谐春天献计献策。北京中联环建文建筑设计有限公司副总经理张兵例举了美国SOM公司与国内企业对待商业文化的不同，并提出人文文化是商业文化的精神基石，诚信、守法是中国文化特有的人文精神，中国固有文化统领了国内企业的发展，而企业发展中，商业

价值与人文文化相辅相成。九源（北京）国际建筑顾问有限公司副总建筑师唐克铮认为，一个稳定的团队是企业不断前进的保障，但若员工(特别是核心员工)大量流失，会对企业文化造成一定的负面影响。他的一席话引起了会者专家关于人才流失对企业文化影响的讨论，得出企业文化是靠信誉做支撑的普遍观点。北京市建筑设计研究院副总建筑师米俊仁结合多年实践经验，分析了工作室和院、所的营销策略与技术管理的差别。他说："对于3000多人的北京院来说改革意味竞争越发地激烈，而这种推进也要靠文化的塑造。"弘高建筑装饰公司董事长何宁以传统文化的影响作为切入点，指出企业生产力的解放，贵在人才能动迸发，其本质在于心的响应。企业文化建设强调团队凝聚力，凝聚力来自对传统文化的认同，并将此转移为工作理念、企业信仰和事业愿景。此番传统文化对企业发展的良性影响理论将茶座带到对话的高峰。可见，企业的改革与创新都需要传统文化的支撑。

加拿大宝佳国际建筑设计集团亚太区执行总建筑师刘震宇，结合宝佳集团悠久的外资企业文化，引申到境外事务所如何在中国市场迎合中国文化，形成自己特有的企业管理与运营体系，树碑立传企业的独有品牌，而不是复制和移植其原有文化。中国建筑设计研究院建筑设计总院副总建筑师魏篙川指出，建筑作为企业形象的物质载体，又是企业形象建设中的重要内容，与企业形象有着密不可分的关系。企业文化是企业行为的准则，建筑设计企业的和谐创新需要树立企业的核心价值观，寻求自己的特色。北京维拓时代建筑设计有限公司行政人事总监李振龙提出了企业的健康发展需要有形和无形的理念：一种是物质、利益、产权的纽带；另一种是文化、精神、道德的传承。企业发展既要重视文化，也要重视管理。主持人金磊则结合宝佳集团对外对内的文化建设谈到，《中国建筑文化遗产》《建筑评论》"两刊"在塑造宝佳集团建筑文化的同时，也为宝佳集团在社会上树立了社会责任与形象。2014年是共和国诞辰65周年，我们将推出"中国建筑记忆"等一系列专著及活动，我们坚守的是宝佳的一片沃土，它源自良知的鼓励。宝佳内部企业文化建设还有《宝佳时代》半月刊、每月的电视节目，今年又推出了微电影等。

本次会议还谈到有关建筑发展、绿色建筑及养老产业等多个话题，专家的演讲深度和涉及层面都令与会者获益匪浅。正如蔡放总所说，属于建筑设计企业的茶座还没有结束，本次交流会仅仅是一次开端。王玉清秘书长对本次茶座做了全面总结。

（文／刘晓姗 图／李沉）

Architectural Society 60th Anniversary Celebrations Held

中国建筑学会甲子华诞庆典系列活动隆重举行

本刊整理（Compiled by CAH）

▲《中国建筑学会六十年》书影

▲ 中国建筑学会成立60周年座谈会现场

从1953年成立至今，中国建筑学会已走过一个甲子的历程。从2013年9月底开始，学会召开系列活动，庆祝它一个甲子的诞生。2013年9月27日，"中国建筑学会成立60周年座谈会暨2013年会发布会"在新大都饭店举行，10月21日至23日，"2013年中国建筑学会年会暨学会成立60周年纪念大会"在北京国际会议中心举行，全国各地建筑界的专家、学者齐聚一堂，共庆甲子华诞。

中国建筑学会成立60周年座谈会暨2013年会发布会

2013年9月27日上午，中国建筑学会成立60周年座谈会暨2013年会发布会在京召开。座谈会由徐宗威秘书长主持，分领导致辞、60年大事记发布、2013年年会与60华诞纪念活动发布、座谈讨论四个阶段，会议同时发布了年会纪念专辑《中国建筑学会六十年》。参加座谈会的主要嘉宾有：中国建筑学会名誉理事长、原建设部部长叶如棠、中国建筑学会理事长车书剑、马国馨院士、黄熙龄院士、中国建筑学会原秘书长张钦楠、中国建筑学会原秘书长窦以德、中国建筑学会秘书长徐宗威、中国建筑学会副理事长朱文一、中国建筑学会副秘书长顾勇新、中国建筑学会副秘书长张百平、中国建筑学会原副秘书长唐仪清、中国建筑学会原副秘书长赵晓晨等。座谈会由车书剑理事长致辞，徐宗威秘书长总结了学会60周年历程中的"十件大事"，学会副秘书长顾勇新、张百平预

发布了年会及庆典日程安排，马国馨院士、张钦楠秘书长等多位专家发表了甲子感言，并对学会工作提出建议。

中国建筑学会2013年会暨学会成立60周年纪念大会

2013年10月21日上午，中国建筑学会年会隆重开幕。年会为期三天，以"繁荣建筑文化，建设美丽中国"为主题，由开幕式、主题报告、颁奖晚会、分论坛、中国建筑学会资深会员授牌仪式、相关展览、展会开放式论坛等版块组成。约3000位来自全国各地的专家参加了年会。与此同时，中国建筑学会还承办了国际建筑师协会第122次理事会会议，来自30余个国家和地区的国际建筑师协会理事会成员以及泛美建筑师协会、欧洲建筑师协会、非洲建筑师协会主席等45人出席了会议。开幕式由领导致辞与年会颁奖两部分组成。学会秘书长徐宗威主持了开幕式，出席开幕式的贵宾有：中国建筑学会名誉理事长叶如棠，住建部党组成员、副部长王宁，中国科协学术部常务副部长宋军，中国建筑学会理事长车书剑，中国建筑工程总公司总经理官庆，国际建协主席阿尔伯特·杜伯乐，澳门建筑师协会理事长梁颂衍，香港建筑师协会副会长戚务诚生，中国两院院士、国家最高科技奖获得者吴良镛，中国工程院院士张锦秋，中国工程院院士魏敦山，中国工程院院士程泰宁，中国工程院院士崔愷，中国建筑学会副理事长刘军、丁建、朱小地，中国建筑学会原副理事长张钦楠。在奏响国歌之后，住建部副部长王宁宣读了俞正声主席与姜伟新部长的重要批示，王宁、车书剑、宋军、阿尔伯特·杜伯乐分别致辞。叶如棠、魏敦山、郭卫兵先后发表了纪念学会成立60周年演讲。在颁奖环节，车书剑宣读《关于中国建筑学会特别贡献奖的决定》及获奖人员名单，叶如棠、宋春华、周干峙、吴良镛、张锦秋、郑时龄、何镜堂、马国馨、崔愷、张钦楠十位专家获得此项殊荣。学会副理事长刘军宣读《关于当代中国杰出工程师的决定》及入选名单。学会副理事长朱小地宣读《关于中国建筑设计奖的决定》。在主题报告环节，崔愷院士、傅学怡大师、孟建民大师、张利教授及曹辉总建筑师分别发表了以《特·色》《大型复杂建

▲ 国际建筑师协会主席阿尔伯特·杜伯乐先生致辞

▲ 建设部党组成员、副部长王宁先生宣读俞正声主席、姜伟新部长批示并致辞

▲ 中国建筑学会理事长车书剑

▲ 中国建筑学会秘书长徐宗威

▲ 中国科协学术部常务副部长宋军致辞

▲ 中国建筑学会特别贡献奖——叶如棠

▲ 中国建筑学会特别贡献奖——吴良镛

▲ 中国建筑特别贡献奖——张锦秋

▲ 会议现场1（摄影/王欣斌）

▲ 会议现场2（摄影/王欣斌）

▲ 年会60年历程展示（摄影/王欣斌）

筑结构设计创新与实践》《简形的力量》《人与自然环境优先》《技术之美与人文之美》为题的报告。年会的分论坛环节共设7组讨论的主题，分别为建筑师与绿色建筑论坛、建筑创作与设计实现论坛、可持续发展的建筑结构论坛、建筑材料测试技术新进展论坛、乡土建筑传承与美丽乡村建设论坛、建筑施工BIM应用论坛与建筑地基基础与城市地下空间论坛等。年会的常设展会由年会60年历程展与各大院校与设计机构的展览组成，本次年会的创新之处在于在展会中增设了三场开放式论坛，围绕"建筑美学与科技的融合""对话青年建筑师""结构成就建筑之美"等热点话题展开。延续了去年惯例，10月22日下午年会在故宫博物院为资深会员授牌，中国建筑学会资深

会员是会员的最高荣誉，也是学会的骨干，是中国建筑理论研究与建筑实践的重要力量。

新闻链接

中国建筑学会甲子历程

中国建筑学会是我国建筑界重要的学术组织，于1953年10月23日在北京成立以来，至今已经走过了一个甲子的岁月。整整60年，中国建筑学会薪火相传，在团结全国建筑工作者积极开展学术交流、科学普及、科技咨询以及国际学术交流活动等方面，做了许多有益的工作，对于现代建筑工程科学在我国的发展起着重要的促进作用，在国际建筑界也享有一定的声誉。如今，中

▲ 中国建筑学会展览开幕式

▲ 颁奖现场（摄影/王欣斌）

国建筑学会已发展成为拥有10万余会员、300多个团体会员的学术团体，下属22个二级分会，其地方分会遍及全国所有省、直辖市、自治区。

1. 成立及其历史背景

1951年，在中华全国自然科学专门学会（即今日科协前身）的倡导下，建筑界由梁思成先生等组成中国建筑工程学会筹备委员会，后各地连续成立分会。在此基础上，1953年10月23至27日，在北京中国科学院正式召开建筑学会第一次代表大会。中国建筑学会成立之时，正是中国历史上空前规模的工业化任务需要由建筑师担当起来的时刻。"一五"计划的中心任务是要建立以苏联援助的156个建设单位为中心的中国社会主义工业化的初步基础。当时的实际情况是建筑设计人员对大型工业建筑缺少经验，设计人员少、工种不齐、技术水平较低，同时，经济恢复时期的一些建设是零星进行的，基本经验没来得及系统总结。为此，张稼夫代表上级组织在建筑学会第一次全国代表大会特别提出："建筑工作者自己的学会成立了，因此就有可能通过学会把全国的建筑师和工程师组织起来，共同研究如何解决当前的问题。"应运而生的中国建筑学会在此后的60年间，逐渐成为建筑界探讨艺术和技术问题，开展辩论、质证、交流学术经验的群众团体，成为国家推动建筑行业科学技术事业发展的重要力量。

2. 60年发展分期及重大历史事件

中国建筑学会成立60年以来，经历了大致五个不同的发展时期：

1）初创期（1953—1955年）

1953到1955年是中国建筑学会的初创时期。因为组织草创，大端粗具，兼受人力和财力的限制，学会的很多活动尚未展开。20世纪50年代初，西方资本主义国家在外交、经济和文化等方面联合对我国进行封锁。在这种形势下，中国建筑学会利用民间学术团体的渠道，成功地在1955年加入了国际建协，成为新中国第一个得到国际学术组织承认的中国学术团体。对中国建筑学会申请加入国际建协，周恩来总理非常重视，委托陈毅副总理在中南海接见了以杨廷宝为团长的出席海牙国际建协大会的中国代表团。中国建筑学会代表新中国成为国际建协的重要成员，在新中国的对外关系中有了一席之地，成为新中国对外交流的重要窗口，也使得新中国成立初期近乎封闭的新中国建筑界打开了通向世界的窗口与渠道。此后，外国建筑师陆续来华，中国建筑学会嗣后的对外交流工作之所以能顺利展

开，可以说是从建筑学会加入国际建协起就奠定了基础。

2）经始期（1956—1966年）

1956年，在中国当时"百花齐放、百家争鸣"的学术研究方针下，此后的10年间，中国建筑学会配合着国家12年科学规划的制定，在解决了业务领导的问题后，广泛开展了各种学术活动，进入第一次快速发展时期。先后在1957年、1961年和1966年召开了第二次、第三次、第四次全国会员代表大会。会员的队伍比1953年成立时多了20几倍。这10年是中国建筑学会经始大业、奠定根基的时期。

在国际交往方面，自1955年加入国际建协以后，我国一直担任国际建协理事会理事，杨廷宝副理事长连任两届该会的副主席(1957—1965年)。据统计，从1956年到1966年，中国建筑学会共接待14次苏联、波兰、瑞士等外国建筑师访问团，由建筑学会组团派出则达31次。中国建筑学会成为新中国对外开展外交和友好交流的重要渠道，也是当时为数不多的让国外了解中国的窗口。这时期，为了配合国家基础建设的全面开展和解决城市住宅极缺的问题，学会组织了一系列关于城市住宅问题的讨论与会议，在全国建筑界引起了巨大的反响。1959年5月，建筑工程部和中国建筑学会在上海联合召开"住宅标准及建筑艺术座谈会"。会议由建工部刘秀峰部长作总结发言，后来整理为《创造中国的社会主义的建筑新风格》，会议用4天的时间讨论了住宅标准问题，其余12天时间都用于讨论建筑艺术问题。这次座谈会指出了当时建筑创作的方向。"四清"运动开始后，建工部是最早受到批评的部委之一，《创造中国的社会主义的建筑新风格》一文受到了猛烈批判，从作为"主流思潮"到被全面否定为"修正主义黑纲领"，刘秀峰最后也在"文革"期间含冤去世。

3）停滞期（1966—1976年）

1966年6月，"文革"开始了，中国建筑学会被重点批判，同时，许多建筑师、工程师也都成了"资产阶级反动权威"，被迫脱离原职。在这种情况下，建筑工程部被撤销。建筑学会于1967年被解散，全体人员下放干校劳动。1970年之后，由于时局所需，建筑学会恢复了部分对外联系工作，这种情况一直维持到"文革"结束。可见，在"文革"最高潮过后，中国建筑学会对外工作的恢复是与其能够利用民间渠道发挥国际交流的作用分不开的，对外联络工作一经恢复，建筑学会的价值很快体现出来。1972年春天，国际建协向中国建筑学会发来通知，邀请学会派团参加当年9月在保加利亚召开的国际建协第11次大会，学会派出了以杨廷宝为团长的6人代表，恢复了多年同国际建协中断了的关系；1976

▲ 参会领导参观展览

▲ 展览现场（摄影/王欣斌）

年，国际建协主席亦到北京、广州访问。

4）全面恢复及发展时期（1977—1999年）

建筑学会恢复学术活动的标志是为唐山震后重建而组织的研讨会和方案竞赛。1976年7月唐山大地震后，建筑学会出面邀请了全国几十名规划、建筑、结构专家，云集唐山，对于唐山重建的总体规划（特别是市中心区的规划）作了论证。经过"十年浩劫"，全国的建筑工作者无不切盼与国内外同行进行专业上的交流，建筑学会审时度势，承担起组织丰富多样的学术活动的重任，得到了建筑界的认可和大力支持。以1979年为例，仅全国学会各专业学术委员会，就分别组织了36次全国性的学术会议，与会代表2600多人，"这可以说是一个创纪录的数字。" 20世纪80年代后期，建筑学会开始系统地引介外国建筑职业化制度，并推动建设部在1988年8月批准关于建立注册建筑师资格考试与建筑教育评估的建议，由此成立了"全国高等学校建筑学专业教育评估委员会"，拟定了《高等学校建筑学专业本科教育质量评估指标体系》。从此，中国建筑学会开始参与指导我国的建筑教育，为规定其发展方向和规范教育内容发挥了举足轻重的作用。在国际交往方面，随着我国国际地位的不断提高，学会在加强对外交流与合作方面也开创出了新局面。在这段时期，中国建筑学会先后举办了多次国际会议。1981年，在北京举办的"阿卡·汗建筑奖第六次国际建筑论坛"是改革开放后中国建筑学会举办的第一次国际会议。在这段时间，还有来自美国、加拿大、日本等国家的知名建筑专家如贝聿铭等人来华进行专业考察和学术交流。这一时期，学会在外事方面取得了两个重要成果：一是恢复了在国际建协的理事席位，建筑学会副理事长吴良镛于1987年当选为国际建协副主席；二是由学会出面协调各方关系，于1989加入亚洲建协。进入20世纪90年代，中国建筑学会及地方分会和专业学术委员会的成员已经集中了我国建筑界的主要力量，团结了全国各地10万名建筑师及建筑科技工作者，可以从宏观研究到科学普及，进行多层次呼应的学术研究和科技活动。建筑学会的这种学术及组织优势，对我国建筑界的现代化建设产生了巨大的推进力。1999年，中国建筑学会在北京成功举办了国际建协（UIA）第20次世界建筑师大会，有106个国家和地区的6300多位代表出席会议。

5）拓展及深化时期（1999年至今）

在建筑学会的积极推动下，2000年后我国建筑界的国际学术交流和职业合作继续向深入发展。同时，越来越多的国外(境外)设计机构进入中国市场，参与到中外合作设计的行列中来。随着国际合作的开展和职业化的不断深入，我国的建筑创作空前活跃，成为当今世界建筑的大舞台。这一时期，学会在引导我国高等建筑教育的发展方面积极进行工作，从2006年开始，代表中国，参与了由美国、加拿大、中国、澳大利亚等7个国家和建筑教育评估认证机构发起，正式开始讨论的建筑学专业教育评估的国际互认；2008年4月在澳大利亚堪培拉签署了《堪培拉协议》，推动建筑教育学历在签约各国之间的流动，建筑学专业教育国际互认的机制形成了。此外，学会配合国家的经济建设，协助各级政府开展建设工作，获得政府的信任，更加紧密了与政府的联系，真正履行和发挥了学会的桥梁和纽带作用，这一点，在2008年汶川地震、2010年玉树地震后，学会组织领导的灾后重建设计、防灾减灾工作方面得到了很好的体现。进入2012年，为了推进中国建筑师和建筑设计机构走向世界，中国建筑学会组织开展当代中国建筑设计百家名院和当代中国百名建筑师宣传推介活动；同年1月，为了引导新时期的城镇建设和建筑创作方向，学会在人民大会堂召开"发展和繁荣中国建筑文化"座谈会；3月在京西宾馆召开了全国建筑创作方向工作会。这些活动和会议旨在贯彻党的十七届六中全会提出的"培养文化自觉，实现文化自强，建设社会主义文化强国"的要求。

3 使命及其作用

中国建筑学会诞生于新中国"一五"计划的第一年，从其创设之初就与我国的现代化建设命运相系。60年来，经历了社会主义国家建构和体制建构的各个历史时期，在国家的现代化建设中发挥了重要的作用。

第一，中国建筑学会担负了国家现代化建设与建筑科技界的桥梁作用。

第二，中国建筑学会审时度势，把握契机，组织重要学术活动，推动建筑职业化的进程，产生了深远的影响。

第三，中国建筑学会一直以来都是联系中外建筑界的纽带和展现中国建筑事业发展的窗口。

第四，设置奖项，吸纳人才，中国建筑学会推动了我国建筑行业的发展，学会组织或设立的梁思成建筑奖、建筑设计奖、青年建筑师奖和建筑教育奖在业界具有较强的号召力和说服力，获奖者也包罗了建筑界精英人才。

此外，中国建筑学会一直以来倾力向国际组织推荐人才，并且在国内积极创造机会让有才华的建筑师脱颖而出，至目前，通过学会推荐已产生了多名院士，这都是近10年来建筑学会在推举人才方面的具体成绩。

(本刊记者/成均 图片提供/中国建筑学会等)

China Architectural Heritage Annual Review (2013 Autumn Volume)

中国建筑文化遗产年度报告（2013秋季版）

本刊编辑部 （CAH Editorial Office）

一、文论

（1）2013年9月5日，根据国发〔2013〕34号《国务院关于取消76项评比达标表彰评估项目的决定》文件，梁思成建筑奖取消住建部评选，转由中国建筑学会举办。

评论：在一众同期被取消的各类奖项当中，不乏某食品推荐奖、不乏某达标活动、不乏某分级评估，然则"梁思成建筑奖"的名称赫然在列，不仅扎眼，而且还扎出了血。作为一个用中国现代建筑学推动者、开拓者和奠基人的名字命名的奖项，它的取消换来多少建筑学人的叹惜？

自2000年创立该奖项以来，共有六届仅18名中国建筑师队伍中的翘楚荣膺此桂冠，那些为新中国50年来的建筑事业作出过杰出贡献的建筑师的名字历历在目。于是，这份奖项的存在不啻为中国建筑学人心中的至高荣耀，为激发我国建筑师的责任感和荣誉感、繁荣建筑创作、提高建筑设计水平作出更大的贡献。从某种意义上讲，这就是中国范围内的"普利兹克"。即便对于住建部，甚至是对于国家，这份奖项绝不是巧立名目、繁荣拖沓的浪费，不是建筑学人的坐井观天、自我膨胀，这其中凝聚着年轻建筑师对前辈的尊重和向往，中年建筑师对事业的进取和追求，老年建筑师对来路的守望和反思。我们无法想象梁思成建筑奖作为本次决定当中，由住建部取消的唯一奖项，它经过了怎样的论证与思考；但我们可以断定，这样的骤然转变，是对已经获奖的建筑学前辈的不尊，同时也是对为该奖项奋斗的建筑师们的忽视。

梁思成建筑奖是一个符号，对于大多数人来讲它遥远、虚无，但又确实地存在，好像先生仍然在用他严厉的目光、训诫的语气对后辈建筑师们谆谆教诲。它又如同中国建筑学人的学术信仰，本当永远矗立在那里引导迷途者以方向。如今梁思成建筑奖转由中国建筑学会承办，我们谨期盼领导者能够传承该奖项原有的内涵，用严格的尺度衡量每一位候选人，用严谨的态度和求实的责任心延续这一中国建筑学界的丰碑。

（2）随着一波波对西方著名地标建筑的全盘照抄，中国一些城市几乎已可以做到让游览者一天之内"走遍"巴黎与威尼斯。中国的仿制建筑已无处不在，美国媒体对此抨击称：完全模仿毫无新意。

评论：首都北京的一圈圈异型建筑的余晖还没有落下，各地的地产开发商们又开始在仿制西方地标建筑，增加噱头制造卖点上下文章。与其将此种乱象归结为中国人对自己的文化缺乏自信，或者中国的设计师黔驴技穷无所作为，不如说这是畸形的市场环境下怪异的供求关系所导致的产物。

众所周知中国的建筑师很难将设计全部把握在自己手中，房地产项目尤其如是，设计方案的偏好多少来自于开发商对于市场偏好的预测和猜想。当市场的指挥棒导引着一切的时候，这股自下而上的力量在部分消费者肤浅的猎奇和崇洋心理作用下，通过急功近利的开发商将压力最终施加到建筑师的头上，也使建筑师成为最后的替罪羔羊。这种乱象来自于底层人民对于内心所认识到的美的选择，来自于整个民族人文素养和审美水平的提高，而这两者都是当前中国社会中亟须解决的问题。进而伴随着功利的思想，开发商缺乏考虑的决断不绝如缕也就没有什么可质疑的了。中国普通民众对于建筑的认识还停留在表象，对于艺术的审视依然肤浅，虽然西方的艺术形式侵入对中国的传统文化带来了极大的冲击，但诸如乡土建筑、本土建筑等一系列研究也都还在步履艰难地前进着。当此之时，中国的建筑界不需要自怨自艾的哀声，而是需要从普及文化抓起，从强化自我做起，为中国建筑揭开新的篇章。

（3）通过联邦科学与工业研究组织，澳大利亚国家科学机构对于3D映射系统Zebedee的开发，激光扫描仪捕获和测量建筑内部的尺寸。这一技术已用于扫描比萨斜塔的内设图，所得结果可做到详细和精确。

评论：短短20分钟时间，Zebedee系统即可将一座建筑的内部扫描图测量绘制完成，其尺度精准和结构精确也超乎人们的想象。与其他的记录手段相比，这一设备的开发将从更全面和准确的程度上，对3D器物，尤其是建筑的形态给予完整的保留。由此来看，这项技术对于中国建筑文化遗产的保护具有深远的意义，因为这将为结构复杂、用材脆弱的木构古建筑提供更加完备的存档资料。即便因一些原因，那些珍贵的古建筑无法保留或遭受灾难，当代的建筑师依旧可以依靠该技术按照原作的尺度复原或修复，并借此进行相关的研究。这项技术的优势更在于它对于人力物力的节省，建筑师不再需要进行耗时费工的测绘工作，这也为那些容易遭受伤害的建筑结构降低了可能遭受的风险。

（4）即便为罗伯特-文丘里的夫人及工作伙伴丹尼斯-斯科特-布朗增补普利兹克奖的请愿书获得了18000人的签名，普利兹克评审团依然回绝了这一提案。"尽管你们希望重新给斯科特-布朗授奖，但现在的评审团不能这样做。"现任普利兹克奖评审团主席彼得-帕隆博如此解释。

评论：或许到了今天，人们都已经开始承认丹尼斯对文丘里的事业所作出的贡献，就连普利兹克奖评审团也认为她具备"长期的、杰出职业生涯的建筑成就"，但这一奖项终于还是没有为丹尼斯女士敞开大门。这多少有些不近人情，甚至不通情理。增补或许可以，但毕竟从未有过这样的先例，文丘里所获得的奖项由当年的评审团作出决定，这代表了当年的行业环境和历史背景。这或许是西方人对于规则的坚守与敬畏的象征。正如彼得–帕隆博所说的，现在的评审团"不能"这么做。或许正是这份对于权限和职责的严谨较真使得普利兹克奖可以成为世界建筑师的憧憬。不屈从于权威、不屈从于市场、不屈从于财富，即便最终的结果未能如人所愿，普利兹克奖也不会因此而掉价。

二、建筑遗产新书目推荐

1.《古迹新知：人文洗礼下的建筑遗产》

作者：葛承雍

出版社：文物出版社

出版时间：2013年6月

该书为作者20多年来有关建筑遗产的近30篇文章汇集，既有已发表的论文、演讲稿，也有未发表过的讲课笔记，许多文章饱含着作者的理论思考与激情评论，吉光片羽却影响广泛，被各方所吸纳采用，从而使消逝的古迹成为不灭的记忆，起到了高屋建瓴、启迪学界的作用。

2.《李正治园：一个建筑师的园林畅想》

作者：汪自力

出版社：中国建筑工业出版社

出版时间：2013年7月

园林艺术，是中国文化的宝藏之一。它充分体现了中国人传统的、独特的空间意识和宇宙情调。生于1926年8月的李正先生是土生土长的无锡人。他1949年毕业于之江大学建筑系，曾任教于之江、浙江、同济等大学的建筑系，在无锡这座城市的大部分园林中，都留下了他的设计痕迹。

3.《建筑与文化·认知与营造系列丛书》

作者：贾东 等

出版社：中国建筑工业出版社

出版时间：2013年7月

该丛书共分四卷，即《中西建筑十五讲》《技术与今天的城市》《解读北京城市遗址公园》《聚落认识与居民建筑测量》。从城市的公共空间、中西方建筑文化思想、风景园林等方面入手，分门别类地阐述了建筑文化在城市营造上的表达与实现。

4.《中国智慧城市发展研究报告（2012-2013年度）》

作者：仇保兴

出版社：中国建筑工业出版社

出版时间：2013年7月

该书分为概念篇、建设篇、运营篇、实践篇、标准篇五篇，主要内容包括、智慧城市的概念、智慧城市的政策保障、智慧城市的内涵、智慧城市重点发展领域等。

5.《中韩古典园林概览》

作者：王贵祥 朴景子 白昭薰 段智钧

出版社：清华大学出版社

出版时间：2013年7月

该书以14世纪至19世纪的中韩园林为研究对象，分《中国古典园林》及《韩国古典园林》上下两篇。旨在以全新的论述结构、资料内容、分析视角，引导读者更为深入地了解中韩传统园林，了解各成体系的传统园林历史、艺术和特征。

6.《巴黎的宏伟构想：路易十四所开创的世界之都》

作者：[日] 三宅理一

译：薛翊岚 钱毅

出版社：清华大学出版社

出版时间：2013年7月

该书以路易十四时期为中心，讲述法国由17世纪至18世纪，是如何实现城市营造、扩展，以及如何整顿基础设施建设的。尽管受到篇幅、题材的限制，但依然可以通过法国历史这一个侧面，使读者对法国如何步入现代世界有所了解。

7.《中国古代建筑知识普及与传承系列丛书·中国古典园林五书》

作者：贾珺 等

出版社：清华大学出版社

出版时间：2013年7月

该丛书不仅涵盖了上下五千年中国园林发展的历史梗概，更覆盖不同历史时期的各种园林类型，诸如皇家苑囿、私家园林，其中也包括文人园、官宦园、商贾园，等等。同时，由于中国是一个地域广大的国家，各地的地理、气候、民俗、文化千变万化，该书除去经典的园林描述之外，也对不同地

区各具特色的园林进行了细致深入的分析。

8.《世界文化遗产保护与城镇经济发展》

作者：张杰 吕舟 等

出版社：同济大学出版社

出版时间：2013年7月

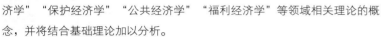

该书旨在从总体上把握我国已有世界文化遗产地保护及其对地方社会经济发展影响的状况，这其中包括综合效益、现实情况、形成机制、存在问题等，在此基础上提出改善建议。为了突出研究重点，书中主要讨论了"文化经济学""保护经济学""公共经济学""福利经济学"等领域相关理论的概念，并将结合基础理论加以分析。

9.《重庆市文化遗产书系：巫山大昌古镇》

作者：重庆市文物局，重庆市移民局

出版社：文物出版社

出版时间：2013年7月

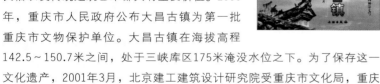

大昌古镇的历史变迁和独特的建筑风貌，对于研究三峡地区古代城镇历史和民风民俗以及传统建筑艺术都具有重要价值。2000年，重庆市人民政府公布大昌古镇为第一批重庆市文物保护单位。大昌古镇在海拔高程142.5～150.7米之间，处于三峡库区175米淹没水位之下。为了保存这一文化遗产，2001年3月，北京建工建筑设计研究院受重庆市文化局，重庆市移民局委托，完成该书。

10.《双城记：京沪众生素描》

作者：郑也夫 陈映芳

出版社：上海交通大学出版社

出版时间：2013年7月

该书是北京、上海的两位著名社会学家精心组织学生对这两个中国特大城市所作社会调查报告的汇编。书中既有这些年中国城市发展的成就和问题，也有伴生的社会危机或希望，更多的是这两个大都市中普通人的日常故事以及生活场景。开放性、丰富性，是这组城市生活报告的特点和价值。

11.《海峡两岸及港澳地区建筑遗产再利用研讨会论文集及案例汇编》

作者：国家文物局

出版社：文物出版社

出版时间：2013年7月

海峡两岸及港澳地区建筑遗产再利用研讨会，以"建筑遗产再利用"为主题，是试图对海峡两岸及港澳地区建筑遗产保护与再利用的现状、问题以及破解之道作出分析、总结与反思。本次研讨会会聚了海峡两岸及港澳地区这一领域诸多专家、学者以及管理者。他们的实践成果、真知灼见以及问题困惑，在该书中都有较充分的体现。

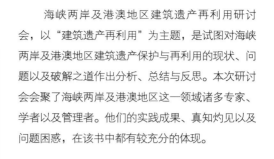

12.《作为目的的素描》

作者：[英]莱奥·达芙（Leo Duff）[英]菲尔·索顿（Phil Sawdon）

编译：刘派

出版社：清华大学出版社

出版时间：2013年8月

该书考虑到素描的应用以及它在多学科多领域的使用情况，通过邀请一群实践者去描述在他们及各自的学科中自身关于素描的目的的感悟，来强调素描是如何影响在这些富有创造性的世界中的专业人士的。书中还包含了历史上关于素描的观点和当代关于素描目的的评述，为那些有志于调查和更新以及在工作中遇到问题的艺术家、设计师和教育者们提供了资源。

13.《现代西方建筑美学文选》

作者：汪坦 陈志华

出版社：清华大学出版社

出版时间：2013年8月

该书甄选了英、德、奥、俄、荷、意、美、瑞士、丹麦等欧美国家的建筑领域美学论文，多为现代建筑的美学研究成果，大致是现代主义产生、发展、成熟过程中的一些重要文献，为读者了解西方现代建筑美学发展源流、现状提供了参考，也是美学在西方现代建筑领域的一个折射，对西方现代美学研究者也是一个珍贵的参考检索资料。

14.《北窗杂记三集》

作者：陈志华

出版社：清华大学出版社

出版时间：2013年8月

该书主要内容包括：北窗杂记、新旧关系、艰难的探索、要善于利用"落后"、试探建筑理论系统、环境艺术与生活、美尔尼可夫私宅访问记、《偶读析奇》续篇、为我的诺言而写等。

15.《中国古典园林设计》

作者：周玉明 黄勤 姜彬

出版社：化学工业出版社

出版时间：2013年8月

该书通过对中国古代不同时期古典园林阐述，分门别类地对古典园林的设计技法及运用方式进行了归纳，并重点介绍了中国古典园林在当今各种不同类型环境设计中的应用。

16.《城市中心区规划理论设计与方法》

作者：杨俊宴

出版社：东南大学出版社

出版时间：2013年8月

该书理论与方法并重，图文并茂，系统阐述城市中心区的等级体系、区位分布、总体定位、空间结构、土地利用、交通组织、景观形态、规划设计、开发实施等方面的内容，建构中心区整体理论框架，注重结合设计的理论阐述；同时结合规划实践前沿，讲解中心区规划设计的具体要求和优秀案例，具有系统全面性、贴近规划前沿、反映最新理论动态和国内外规划成果的特色。

17.《传承与探新》

作者：王建国

出版社：东南大学出版社

出版时间：2013年8月

该书架构分论述和案例研究两部分。论述部分按照综论、传承和探新三方面组织，反映了作者30多年来学术思想的成长过程。案例研究部分分为城市设计、建筑设计两部分，其组织和遴选主要从其是否具有研究意义和价值的角度来安排。全书涵盖理论研究与案例实践，图文并茂，适合于建筑设计、城市设计、城市规划等专业设计人员及其相关领域的人士阅读。

18.《徐志摩与中西文化》

作者：胡建军

出版社：上海交通大学出版社

出版时间：2013年8月

该书从分析"徐志摩现象"入手，阐述了徐志摩研究的现实意义和指导思想，把徐志摩放在中国现代文学史上的思想启蒙和审美文化启蒙两条主线中考察，通过现实与历史的对照，论述了徐志摩研究的文学史价值和现实价值。

19.《历史文化街区保护——对姜堰北大街城市更新的实践与思考》

作者：刘宝国

出版社：中国建筑工业出版社

出版时间：2013年9月

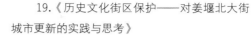

该书结合姜堰北大街历史文化街区更新与保护工作的实践，在准确把握历史街区历史和文化渊源的基础上，对北大街保护规划的意见咨询、调研、编制、论证到实施的全过程进行总结。姜堰北大街更新保护的经验和教训将为其他城市历史街区的更新保护提供启示。

20.《园疑：与苏州园林有关的金钱、政治、欲望》

作者：玉兰散人 拙石

出版社：中国建筑工业出版社

出版时间：2013年9月

该书以开放性的视角，从与苏州园林有关的金钱、政治、欲望等主题人手，提出一些疑问，生发一些疑虑，直面一些疑惑。然后再运用一些经济学、哲学、宗教、文化研究等方面的思维方式来探微园林、论道人生，期望能打开一些与苏州园林有关的崭新话题。

21.《中国工业建筑遗产调查、研究与保护（三）》

作者：朱文一 刘伯英

出版社：清华大学出版社

出版时间：2013年9月

该书以工业建筑遗产调查、研究与保护为核心，主要内容包括以下几个方面：工业城市与工业遗产、工业遗产理论与研究、工业遗产案例研究以及工业遗产规划与设计。全书系统地介绍了各方专家、相关政府官员以及规划设计专业人员从不同的角度对工业建筑遗产研究与保护提出各自的思考与建议，反映了当前国内工业建筑遗产保护与再利用领域的最新研究进展。

22.《理解建筑》

作者：[意]马可·布萨利

译：张晓春 金迎 林晓妍

出版社：清华大学出版社

出版时间：2013年9月

该书以新异翔实的图像、简洁明晰的文字从文明和建筑史的角度，探究了各个不同历史

时期和不同国家所取得的建筑成就，以及那些在建筑历史上的杰出人物，全方位介绍了建筑这门空间艺术的特征与历史，为国内建筑文化图书中所仅见。

23.《简明中华艺术史》

作者：苏成良

出版社：北京工业大学出版社

出版时间：2013年9月

该书会带领读者欣赏中国艺术，无论是唐诗宋词还是魏晋文章，无论是青铜玉雕还是金银器具，无论是百戏乐舞还是飞天羽衣，无论是书法绘画还是刺绣壁画，无论是建筑园林还是城市规划，无论是秦砖汉瓦还是唐土清木，无论是汝哥官钧定还是珐琅景泰蓝。

24.《图说郑光复：拼图一位建筑师和教师的生涯》

作者：郑嘉宁

出版社：天津大学出版社

出版时间：2013年9月

该书是一本人物传记，一本建筑师图选，外加一本建筑师作品述评，合三为一。作者郑嘉宁站在建筑学界之外，书中网颐下那逝去的先人和年代，其中很大部分也是作者所经历过的时代。

25.《天津历史与文化》

作者：来新夏

出版社：天津大学出版社

出版时间：2013年9月

该书共包括十讲内容，具有典型的天津乡土教材特色，主要供大中专院校学生的通识课程使用，也可供对天津乡土文化具有浓厚兴趣的广大读者阅读、品鉴。

三、建筑遗产事件要览

7月1日，作为香港特别行政区政府"活化历史建筑伙伴计划"项目之一的"饶宗颐文化馆"在香港举行了开幕典礼。该项目由位于香港九龙青山道的旧荔枝角医院百年老建筑群改建而成，以享有盛名的国学大师饶宗颐命名。

7月1日，国际博物馆协会国际博物馆培训中心在故宫博物院成立。国际博物馆协会主席汉斯－马丁·辛兹、国际博物馆协会中国国家委员会主席宋新潮、故宫博物院院长单霁翔代表合作三方共同签署了《国际博物馆协会中国国家委员会、故宫博物院与国际博物馆协会关于在北京建立国际博物馆协会国际博物馆培训中心框架协议》并为中心揭牌。故宫博物院副院长宋纪蓉被任命为中心主任。

7月2日，财政部公布《中央补助地方博物馆纪念馆免费开放专项资金管理暂行办法》，对于按规定免费开放的博物馆、纪念馆等予以运转经费补贴。

7月11日，位于上海徐汇滨江地块的中国非物质文化遗产上海展示中心所在地，朵云轩艺术中心封顶。由朵云轩艺术中心和上海京剧院院址迁建组成的国粹苑是申城三大文化工程之一，另两个工程是中华艺术宫和上海当代艺术博物馆、崧泽遗址博物馆。

7月11日，国家文物局对可移动文物保护修复项目审批管理工作进行改进，全国22家文物保护修复机构被列入首批可移动文物保护修复优质服务机构名单。

7月12日，提篮桥监狱将在其110周年之际面临关闭。该处建筑为我国大城市中心城区仅存的一处监狱建筑，初步规划以文化为主线，将监狱利用定位为特色鲜明、联动周边的"文化综合体"建筑，主题博物馆和法制教育基地为该区域特色。该监狱建于1901年，属上海优秀历史建筑、全国重点文物保护单位。

7月12日，经过专家评选，2012年度全国十大文物维修工程评选结果揭晓：颐和园四大部洲修缮曲阜孔府西路建筑群修缮、怀柔区河防口段长城修缮、泰州周氏住宅修缮、永顺老司城遗址抢救性保护、潼南大佛本体保护修复、玉树藏娘佛塔及桑周寺和小经堂壁画抢险保护修复、色拉寺文物维修、克孜尔尕哈石窟抢险加固入选。

7月12日，由中国建筑学会主办、清华大学建筑学院及北京百高建筑科学研究院联合承办的"中国绿色建筑产业专家论坛"在京召开。中国建筑学会理事长车书剑、清华大学建筑学院院长庄惟敏等出席会议。

7月14日，因河北省冀宝斋博物馆虚假展品事件，河北省文物局正式宣布撤销该博物馆的民营非企业单位注册登记证，"冀宝斋博物馆"闭馆整顿。

7月16日，2013（第八届）城市发展与规划大会在广东省珠海市召开。会议主题为"生态城镇、智慧发展"。住房城乡建设部副部长、中国城市科学研究会理事长、中国城市规划学会理事长仇保兴作了主旨报告。

7月17日，以"创新·宜居·幸福"为主题的第七届中国威海国际人居节在威海举行，12项相关单项活动先后展开。同日，蓝星杯·第七届中国威海国际建筑设计大奖赛评审工作结束，共来自8个国家共861份作品中的98个分获各类奖项。

7月18日，由英国驻广州总领事馆、广东英国商会以及英中贸易协会共同举办的第四届中英建筑论坛（绿色建筑主题）在广东开幕。中英两国多家著名建筑公司的近10位专家发表主题演讲。

7月19日，浙江省政府已正式向国家文物局要求，将良渚遗址列为我国2016年申报世界文化遗产项目。杭州为良渚遗址申遗排出了"三年行动计划"。2012年年底，良渚遗址第三次被列入《中国世界文化遗产预备名单》，成为申遗候选项目。每个国家每年只能申报1个世界文化遗产项目，而我国列入《预备名单》的项目有45个。

7月19日，获得英国皇家建筑师学会国际大奖的银河Soho因涉嫌破坏北京内城区整体风貌问题引发媒体关注及质疑。

7月22日，由国家文物局倡导、海峡两岸及港澳地区共同举办的"建筑遗产再利用研讨会"在天津举行。来自中国内地、台湾、香港、澳门的文化遗产领域专家学者等近百人出席了会议，国家文物局局长励小捷作主旨演讲。

7月28日，国务院批复同意将山东省烟台市列为国家历史文化名城，至此我国国家级历史文化名城已达到122个。

7月29日，首届"东亚文化之都"评选确定10个入围城市名单：西安、咸阳、苏州、杭州、青岛、济宁、黄山、武汉、泉州、桂林。"东亚文化之都"是中日韩三国共同开展的区域文化合作品牌活动，首届评选由每个国家选出一个城市即3个城市共同当选。此前韩国光州、日本横滨分别获得所在国推荐。

7月31日，被游船撞断的杭州三潭印月石塔被打捞修复，还原位置与原址稍有偏移。

8月5日，住房城乡建设部办公厅关于对拟作为第二批列入中国传统村落名录的村落名单进行了公示，共计915个村落记录在册，正式名单已于8月底公布。

8月7日，国家文物局发布2012年度全国博物馆名录。全国核准备案博物馆3866家，其中专业化程度较高、功能比较完善、社会作用比较明显的3322家博物馆被编制成2012年度全国博物馆名录，包括国有博物馆2843家、民办博物馆479家。

8月8日，《乾陵保护总体规划》获国家文物局批准，乾陵考古调查工作正式启动，并将在5年时间内完成考古报告。

8月9日，住房城乡建设部办公厅公布2013年度国家智慧城市试点名单，共计83个市区、20个县镇榜上有名。

8月10日，作为我国经济发展长久而持续的动力，主题为"中国城镇化与企业家——新角色、新机遇"的2013中国城镇化与企业家论坛在京举办。该论坛由国家发改委城市和小城镇改革发展中心、新京报社共同主办。

8月16日，第二次"文化重庆·建筑特色"论坛在重庆召开，与会各方专家就重庆历史文化和城市文脉的结合和发展展开激烈讨论，重庆历史文化名城专委会副秘书长何智亚为大会作学术总结。

8月19日，国家文物局发布《第三批禁止出境展览文物目录》，共有94件(组)一级文物列入第三批禁止出境展览文物目录，含青铜器、陶瓷、玉器、杂项等四类。

8月23日，"世界考古·上海论坛"在中华艺术宫举行，来自29个国家和地区的74位考古学者参会。会议中发布了2011年至2012年的世界十大重大田野考古发现和九大重大考古研究成果。

8月26日，首届"东亚文化之都"评选活动终审工作会议在北京中国国家博物馆举行。泉州从10个初审入围城市中脱颖而出，成为我国唯一入选城市，与韩国光州、日本横滨共同当选首届"东亚文化之都"。

8月28日，英国经济学人智库(EIU)发布了最新全球宜居城市排名，该排名根据多项标准对全世界140个城市适宜居住的程度加以评估，墨尔本连续第三年排名榜首，中国尚无城市入选。

8月29日，福建省住房和城乡建设厅、福建省文化厅联合公布福建省第一批136处城市优秀近现代建筑名录。除三明市外，福建省其他8个城市均有建筑入选。

8月30日，国家文物局发布《世界文化遗产申报工作规程（试行）》，明确了申报相关各方的责任、权利、义务以及申报程序等。

9月3日，为加强古建保护、提升展览水平，故宫博物院启动了午门雁翅楼及崇楼区域保护维修及展厅改造工程。这将是故宫博物院面积最大、功能最全、规格最高的现代化展区。故宫博物院院长单霁翔在工程启动仪式上致辞。

9月3日，以"绿色让城市更幸福"为主题的生态城市中国行系列活动走进北京。住房和城乡建设部副部长、中国城市科学研究会理事长仇保兴发表了题为"'共生理念'与生态城市"的主题演讲。

9月5日，根据国发〔2013〕34号《国务院关于取消76项评比达标表彰评估项目的决定》文件，梁思成建筑奖取消住建部评选，转由中国建筑学会举办。

9月6日，2013年度联合国教科文组织亚太地区文化遗产保护奖揭晓，北京北海公园快雪堂和香港大澳文物酒店获颁其中的优异奖。

9月7日，2013新立方建筑文化论坛在上海召开。本届论坛的主题为"新型城镇化背景下的设计创新"，通过四个分专题交流新型城镇化下的城市规划、设计创新、跨界协作、创新管理方法等方面的问题。

2013年9月10日，由Domus杂志等策展的"灵肉碰撞——1900—2013中国文化建筑百年历程"展览及论坛在北京中华世纪坛举行，探索中国文化建筑与建筑文化百余年的发展及其背后驱动力。

9月18日，20世纪建筑遗产专家委员会成立筹委会，在故宫博物院举行。单霁翔、马国馨、徐宗威、张宇、金磊等专家就20世纪建筑遗产专家委员会成立大会的相关事宜展开讨论。

9月23日，国家文物局对外公布《关于2012年度国家一级博物馆运行评估结果的通报》。对参评的95家国家一级博物馆进行了评分考核。

9月25，主题为"建筑设计的人文精神"的2013中国建筑史学会建筑师分会年会在上海召开，中国建筑学会秘书长徐宗威、中国建筑学会建筑师分会理事长邵韦平参会并作主旨发言。"用思想·构图"八人建筑摄影展同时在会场开展。

9月27日，以"设计牵手老街区"为主题的大栅栏北京国际设计周开幕，大栅栏新街景设计之旅由此展开。80多个胡同改造设计作品亮相，来自世界各地的设计师们通过这些作品，分享城市设计与改造的理念，为老胡同的"疑难杂症"提出各自的解决方案。

9月27日，阿斯特利城堡获得2013年英国皇家建筑师学会斯特林奖。该城堡的翻新设计是对古建筑进行恢复利用之独一无二范例。该奖项是英国优秀建筑奖。每年由英国皇家建筑师学会（RIBA）组织颁发，用以表彰"在过去的一年内为英国建筑作出最伟大贡献的建筑师们"。

9月中下旬，于中华人民共和国成立64年之际，《中国建筑文化遗产》杂志社一行走访了邹德侬、孙大章、楼庆西及关肇邺等多位著名建筑学专家。此举不仅仅是为了纪念新中国64周年诞辰，更在于用此行动畅想新中国建筑遗产。

（本刊记者／朱有恒）

Heritage of Design IX
设计的遗产（九）

To Write History and Culture of Design
Concept and Operation of Die Neue Sammlung
书写设计的历史与文化
德国"新收藏"博物馆的理念与运作

科里娜·罗思娜 （Corinna Rösner）*

▲ 科里娜·罗思娜

编者按： "新收藏"慕尼黑国际设计博物馆成立于1907年，是世界上最古老也是最大的设计博物馆，拥有超过8万件的设计收藏品。从1907年建立伊始，博物馆就致力于工业设计品的收藏，因为创始人敏锐地观察到工业品对社会变革的重要意义。如今的德国设计博物馆收藏的领域包括工业设计、应用艺术、平面设计等。博物馆不仅是收藏的中心，书写设计的历史，也是展示与活动的中心，熏陶整个社会的设计文化。基于对博物馆沿革、收藏标准与流程、展览、德国与国际的设计趋势、博物馆与设计文化的关系等问题的分析，罗思娜的文章深入介绍了"新收藏"这一世界领先设计博物馆的理念与运作。

Editor's Notes: Die Neue Sammlung München—the International Design Museum Munich, founded in 1907, is the earliest and largest design museum in the world and houses over eighty thousand collections. Since 1907 it has been committed to collecting industrial design, because its founder keenly sensed the significance of industrial products in social changes. Now the museum's collections include industrial design, applied art, graphic design and others. The museum is not only about collecting or writing the history of design, but also about influencing the design culture of the whole society, through exhibitions and activities. The article provides an in-depth introduction of the concept and operation of the world-leading museum, on the basis of analyzing its history, criteria and process of collection, exhibitions, trend of design in Germany and across the world, and the relation between the museum and design culture.

历史最悠久的设计博物馆

"Die Neue Sammlung"在德语里是"新收藏"，"慕尼黑国际设计博物馆"是它的副题。博物馆于1907年建立，是世界上历史最悠久的设计博物馆，它的诞生甚至早于"设计"一词在德国的出现。1907年，"德国工厂联合会"在慕尼黑成立，与这股风潮相呼应的相关工业品的收藏成为了博物馆的核心。1925年，博物馆成为了国有机构，1929年获得了属于它自己的名字"新收藏"。名字中的"新"字很好地界定了博物馆的藏品单，其一开始就将焦点对准了工业设计、对准了系列生产或被称为大规模生产的产品，与当时的艺术与手工艺博物馆区别开来。博物馆致力于国际范围内高标准的工业品收藏，许多来自那个时代的先锋设计已被视为永恒的经典。1928年，艺术家库尔特·施威特斯（Kurt Schwitters）对博物馆藏品称赞不已，但对不合时宜的、临时的展馆表示遗憾。不久之后，博物馆的先锋展览毁于纳粹政治的烈火。1934年，博物馆归属于巴伐利亚州立博物馆。1940—1946年，博物馆在战争中被关闭，1947年作

* 慕尼黑国际设计博物馆主策展人、副馆长

▲ 博物馆外景

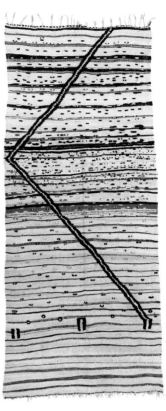

▲ 2013年"摩洛哥传统地毯与现代艺术"展览作品 1

▲ 博物馆入口

为独立的博物馆重新开馆。从1990年开始，巴伐利亚州决定建设新的馆舍，新收藏设计博物馆与艺术、建筑与平面博物馆共同成为慕尼黑当代艺术博物馆的组成部分，它们构成慕尼黑艺术区的重要组成部分。

作为世界上第一座设计博物馆，其创办理念从开始即具有先锋性，博物馆的创始人敏锐地意识到，在德国刚刚开展起来的工业化现象将极大影响人类社会

的进程，并极大改变人们的日常生活。阶级分化日益明显，许多人成为人力市场上自由流动的劳动力，他们往往没有太多钱，需要经常变换地点来找到赖以生存的工作。大众需要的不仅仅是家具，而且是家具的变动性，并且要可支付得起，但不管怎样，这些家具需要看起来漂亮，能在使用过程中给人带来愉悦。所以博物馆成立的最初目的，是选择、收集和展览这些物品，以留给后人。现在，随着社会的进步，出现了数码化、媒体化、可持续化等新趋势，这些趋势都在改变着设计，与100年前相比，设计发生了很大的变化，于是博物馆通过收藏反映这些变化，因为博物馆的宗旨就是记录每个时代最好的设计，以期勾勒出时代的特性。

藏品入选的标准与程序

任何入选的产品，首先在观念上必须有创新之处，例如博物馆会收集手机，因为它对于今天这个信息交流的世界具有举足轻重的作用，博物馆特别关注这样具有重大意义的进展。其次，入选的产品要有质量，要非常杰出。博物馆不是档案馆，更注重质量而不是数量。设计不是产品，不是你在商店里可以买到的东西，设计关乎观念，是一种智识的学科。设计始于头脑，始于创造性的人类大脑产生的愿景，例如，

▲ 2013年"摩洛哥传统地毯与现代艺术"展览作品 2

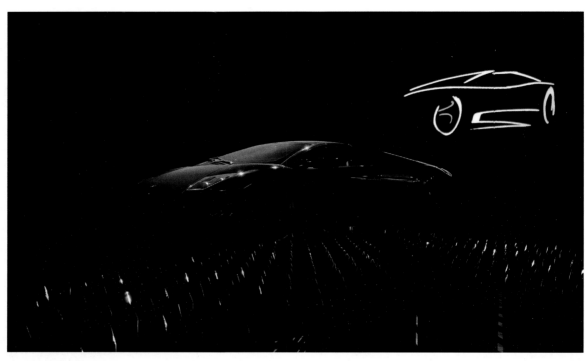

▲ 兰博基尼车展

一个更好的社会，一个乌托邦，设计为此提供一种前进的动力。设计的责任是建造一个更加人性化的社会，使人们的生活环境比以前更好。在此思想的指引下，设计博物馆的藏品与展览一直保持着时代的先锋性与前瞻性。

在具体操作上，博物馆与世界上著名的设计师与以设计为导向的公司都保持着密切的联系，能够与他们直接对话，博物馆很清楚他们最新的进展。在选择一个物品进入博物馆收藏前，内部会经历一个激烈的讨论，如果博物馆选中某件产品，会向所有者发出邀请，请其加入收藏。当然还有其他收藏途径，例如二手市场，以旧电脑的收藏为例，这类物品很难找，因为人们不要了就随手扔掉，收藏的难度甚至超过珍贵的艺术品。收藏的渠道甚至包括e-bay。博物馆的工作人员还与世界各地的收藏家有联络。博物馆经常接到他们的电话，询问是否需要一把1952年的椅子，或者问，"我发现了一辆摩托车，你们

感兴趣吗？"此外博物馆的馆长与策展人经常担任各个奖项的评委，这样能近距离地观察到最新的成果。

博物馆遴选藏品的委员会包括经理和策展人，大约四五人。委员会与外界保持着密切的互动，经常举办联合展览。在这样的讨论接触中，博物馆选择的标准也在调整变动。委员会的组织性对于作决定来说是必要的，但在作决定过程中，有许多新信息的输入，这是一个开放的流程。博物馆与多位设计大师保持很好的关系，他们很了解国际设计的进展，博物馆还与伦敦、纽约等地的策展人有联系，与他们一起讨论问题，这些都影响到藏品的选择。

▲ 博物馆收藏——1937年生产的塔特拉87流线车型

▲ 博物馆内部展陈

▲ 与设计博物馆毗邻的建筑博物馆展览"建筑社会变革"作品"漂浮的学校"

▲ 博物馆永久展厅陈列

▲ 与设计博物馆毗邻的建筑博物馆展览"建筑社会变革"作品"红色地区博物馆"

面对公众的展览

设计博物馆是公共机构，属于国家和公众，它有两个任务。第一个任务是收集和保存，使后代了解这个时代的文化。第二个任务是展示，当然，不能一次展出8万件，需要选择一些来展出。博物馆的工作人员是由纳税人供养的，需要向他们交出一张答卷，告诉他们博物馆做了些什么，因此每一件被收藏的作品要能够被公开展出。如何挑选藏品展出？这种选择需要理论的支持。在20世纪50—60年代，理论的焦点是形式追随功能。而在20世纪70—80年代，随着后现代主义的兴起，波普设计、反设计与观念设计迅速发展，博物馆会对这些潮流作出反应，以记录这些发展。但这不是绝对的，不能说在20世纪50—60年代的收藏政策是形式追随功能，因此就不去收藏后现代设计，因为作为博物馆，必须

▲ 阿莱西公司继承人与作品合影

要收集产品以反映设计的进展，但同时也要体现设计的丰富性。

作为设计的博物馆，"新收藏"在展示方面的设计不出意料地分外考究。举例来说，若干年前博物馆举办了一个关于兰博基尼汽车设计的展览，这是一种运动型车，非常具有攻击性，速度极快，数量也很稀少。这样的展览得到来自汽车公司与设计师的帮助。与日内瓦车展那样的商业展览不同，博物馆不是公司的市场部，并不从中赚钱，博物馆是中立的公

▲ 博物馆展览"抢椅子"

▲ 对应文中位置 加纳电影海报《与女巫结婚》

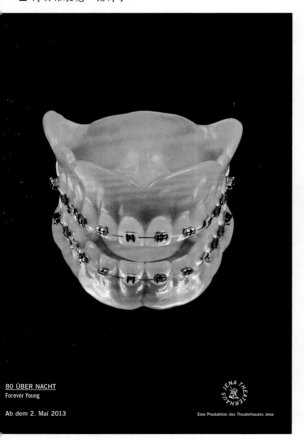

▲ 博物馆藏品，海报设计

▲ 博物馆展览，双年展海报设计

益机构，因此它的展览更具艺术性与思想性。于是委员们开会讨论以决定哪种车最能代表兰博基尼。一个核心的展示理念是，他们不希望这辆车被看见，因为，当兰博基尼出现时，你并没有看到它，只是听到它。所以讨论的结果是让黑色的兰博基尼出场，它是非常少见的，通常来讲仅有黄色、红色与绿色的兰博基尼。确定方案后，兰博基尼公司从世界范围内的收藏者、古董车收集商中寻找这种车，车子陆续从南美、从英国、从意大利、从法国等地运来。在最终的展陈中，策展人设置了一间大展览室，空间保持全黑，里面停放着黑色的兰博基尼。好比激光的绿色的光波扫过车身，一次又一次勾勒出车的轮廓，这是场内唯一的光，绿光凸显兰博基尼的形态美感，同时，音响配以引擎咆哮声，好像在丛林里一样。策展人不希望观众去阅读，而是纯粹地体验。这个反展览的展览非常成功，受到设计发烧友狂热追捧，并获得了包括红点设计大奖在内的多项大奖。

德国与世界的设计潮流走向

　　德国设计最近几年取得快速的、甚至可以被称作是蛙跳般的进展，这也反映在博物馆的设计收藏中。二战后，德国是世界的设计中心之一。在20世纪50—60年代，它的态度非常直接、非常干净、非常诚实，而且以大众能接受的价格出现。而从20世纪80年代末、90年代初一直到现在，德国设计涌现出年轻的一代，以康斯坦丁·格里克等为代表，他们的实践可被称为"观念设计"，但另一方面，他们有一种脚踏实地的态度，希望自己的产品能够为大众服务。人们渐渐认识到"形式追随功能"中的功能并不仅仅是理性的、已经被事先设定好的功能，人类的情感也是功能的一部分。一个从祖母传下来的玻璃花瓶，非常美，你从不会想到要把它扔了，这样很环保，不是吗？设计师应该创造出新的东西，世界上已经存在了上百万的东西了，每种新东西都必须比旧有的东西好，这种好意味着你更喜欢它。设计应该与今日世界有关，与你我的世界有关。如果拥有整洁、美丽的环境，你能够感觉更好、更安全，使你更快乐地享受生活，更加热爱工作。在国际藏品方面，博物馆从一开始就收藏俄国书籍、英国织品、意大利招贴和法国陶瓷，等等。然而标准一如既往，作品必须体现出新的设计观念，质量必须高，即使对于中国、印度、土耳其这些异域国家标准仍是一样的。但博物馆对每种文化的特殊表达方式非常感兴趣，经常性地收集那些能代表特殊文化的核心与精神特质的作品。例如关于加纳电影海报的展览"死亡的和残酷的"，画面充满血腥的张力，反映这个社会和生活的残酷，它们是非洲现实的真实写照。关于亚洲设计，日本在很早的时候就已成为博物馆的关注目标。自20世纪60年代以来，日本发展出自己的设计语言，它们融入西方国家如美国、德国等的影响，但发展出自己独特的东西。韩国目前也正在发生这样的变化，LG、三星等企业注重以设计为导向。中国设计处于起步阶段，中国有相当丰富的历史与文化，但设计还需要发展出自己的语言。

博物馆在熏陶培育设计文化中的作用

设计博物馆与艺术、建筑与平面博物馆处于同一屋檐下，它们一起组成了慕尼黑当代艺术博物馆，构建起当地的创意网络。艺术、建筑、平面设计或工业设计，四者内在都有共同的东西在奔涌，那就是创造性的人类心智，区别仅在于四者各有侧重。罗思娜说："艺术提供一种对社会的解释，一种自我的表达；建筑与设计总是与商业相关的，如果没有人的使用，建筑与设计不能达成，它们需要满足某种需要，这是与艺术不同的地方。"博物馆想了很多方法去吸引年轻人，因为他们是社会的未来，针对小孩子、针对20多岁的年轻人，博物馆提供多种多样的教育项目，有一些项目非常吸引年轻人的关注，如"艺术珠宝"项目。这些珠宝并不是由珠宝商生产的，而是由金银匠人制造的"仅此一件"的作品，非常概念化，在年轻人中很受欢迎。博物馆吸引了来自澳大利亚、美国、中国、韩国、日本的世界各地的年轻人参观。慕尼黑是世界艺术珠宝的中心之一，"珠宝展"是博物馆独一无二的卖点。教育民众、让他们知道什么是好的设计，是博物馆在1907年成立的原因之一，现在仍是。但更需要认识到的是，博物馆从属于一个更大的社会网络，它依赖于政治、依赖于公众基金。如果公众对设计的重要性不了解，他们不会在博物馆上花钱，如果博物馆没有钱，那它不能运转，所以需要增进大众对设计的认知，这是一个循环。博物馆在促进公众对设计认知方面发挥着重要的作用，同时需要联合各方的力量，与企业，与设计师，与设计推广机构，与创意机构，与媒体共同行动，促进好设计在社会中的传播与发展。

（编译 / 冯娴 图片提供 / 国际设计博物馆）

▲ 博物馆收藏的草图

▲ 博物馆收藏，1909年生产的电水壶

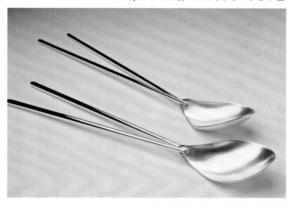
▲ 博物馆藏品，现代银器设计

▲ 博物馆藏品，珠宝设计

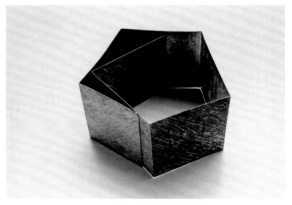
▲ 金属手镯设计

4 Links of Cultural Heritage Institutes

文化遗产机构链接4则

本刊记者（CAH Reporter）

安特卫普艺术学院
Royal Academy of Fine Arts in Antwerp

▲ 艺术学院正门

▲ 艺术学院350周年晚间庆典

比利时安特卫普皇家艺术学院是1663年创建的世界一流的艺术设计学院，创立初期包括工艺美术、建筑学和设计三个专业。1946年建筑专业独立出来，成立了国立高等建筑学院。1963年，艺术学院开设时装设计专业。1995年，艺术学院和亨利·范·德·威尔德学院合并，成立安特卫普大学，艺术与时装设计专业成为安特卫普大学下的"艺术高等学院"。安特卫普皇家艺术学院的校友名单星光熠熠，他们构成比利时这个国家重要的文化财富和精神坐标，上面有画家文森特·凡·高，艺术家与建筑师亨利·凡·德·威尔德等。20世纪80年代，时尚界的"安特卫普六

▲ 艺术学院350周年庆典作品

▲ 艺术学院350周年活动现场

君子"在伦敦时装周上惊艳亮相，让安特卫普皇家艺术学院时装学院成为世界一流的时尚学院，也让安特卫普成为可以与巴黎、米兰等媲美的时尚之都。2013年正值安特卫普艺术学院诞生350周年与时装学院诞生50周年，学院举办了多种庆祝活动以纪念这一文化盛事。

亨利·凡·德·威尔德奖
Henry van de Velde Award

HENRY VAN DE VELDE
LABEL 2013

比利时艺术家与建筑师亨利·凡·德·威尔德(1865—1957)早年在安特卫普和巴黎学画，受凡·高影响，早期威尔德绘制了很多新印象派的画作。19世纪90年代起在英国新工艺美术运动的代表人物莫里斯的影响下转向

▲ 获奖青年设计师MaartenDeCeulaer作品地毯与他本人

▲ 获奖青年设计师MaartenDeCeulaer作品旅行箱家具

▲ 获奖青年设计师MaartenDeCeulaer作品"突变"沙发

应用艺术与建筑，并在这些领域取得了极大的成就。他是德国新艺术运动的代表人物，德意志制造联盟的创始人之一，德国魏玛市立工艺学校（战后包豪斯设计学院的直接前身）的校长，主张纯粹理性的建筑与设计，在理论与实践方面都成为时代的标尺。由佛兰德斯设计推广机构颁发的以威尔德名字命名的奖项旨在纪念这位建筑师的多才多艺、他的品质与国际性。亨利·凡·德·威尔德奖每年颁发一次，旨在表彰

推广比利时年度最优秀设计，奖项的标志获奖设计可终生持有，评选标准包括真实性、创新性、完成性与产品附加值。奖项还设终身成就奖、青年设计师奖等。

比利时设计三年展
Design Triennial

三年展是由比利时佛兰德斯设计推广机构联合比利时重量级博物馆、艺术中心等倾力打造的高品质展览，

▲ 展览一角

▲ 展览现场,比利时国立艺术与历史博物馆

▲ 第5届展览作品 桌与椅

迄今已举办6届，与参展作品数量相比，展览更注重策展的主题性。第6届展览于2010年开

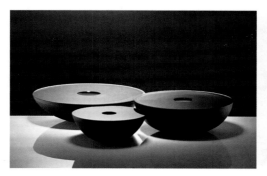

▲ 第5届展览作品 灯具

▲ 第6届三年展海报

展，以"比利时就是设计，设计为人类"为题，着重突出设计的社会性，将会推出"服务设计""社会设计""以用户为中心的设计""可持续设计"等重点，共有100个作品或项目参展，它们诠释了10种价值：情感、环境友好、效率、方便、亲密、有趣、移动性、安全、传统和社区。第5届展览与比利时艺术与历史国立博物馆联办，以"美：一与多"为主题，一方面、美是个体性的，不能客观化的，另一方面，美又具有内在的整体性与和谐性，展览希望通过展出的设计品来阐述这个关于"美的悖论"。

佛兰德斯设计画廊
Design Flanders Gallery

比利时佛兰德斯设计推广机构不仅举办三年展和奖项，其自身也拥有画廊，可随时展出实验性与前瞻性的作品展。近期举办的展览有"我是达达""英雄的传奇""线"等。"线"是

▲ 展览"工具箱"海报　▲ 展览"竞技场"海报

▲ 展览"我是达达"

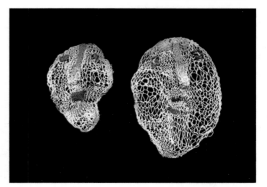

▲ 展览海报"线"

▲ 展览海报"英雄的传奇"

围绕织物设计艺术所做的展览，探索了线绳本身的美感和可能性。"英雄的传奇"展是"我是达达"世界巡展的后续展，延续了达达的超现实精神，加入更多怀旧主义的情绪。

（本刊记者／成均）

Building a Decent Architecture Design Concept of Hebei Museum

做得体的建筑
河北博物馆设计构思众人谈

本刊编辑部（CAH Editorial Office）

▲ 关肇邺

编者按： 2013年9月29日，河北博物馆新馆的建设已遂多时，为更好地对河北博物馆的设计思想进行总结，《中国建筑文化遗产》杂志社一行人，在总编辑金磊的带领下，会同河北建筑设计研究院有限责任公司副院长、总建筑师郭卫兵，共同前往清华大学，拜会了清华大学关肇邺院士，向关院士请教了有关河北省博物馆方案构成的种种缘由，并与关院士带领的设计团队就河北博物馆设计方案的理念、构想进行了研讨。

Editor's Notes: On 29 September 2013, together with Jin Lei, Chief Editor of *China Architectural Heritage* and Guo Weibin, Vice Director and Chief Architect of Hebei Institute of Architectural Design & Research Co., Ltd, we went to Tsinghua University and visited Mr. Guan Zhaoye, in order to get a better understanding of the design concept of Hebei Museum. We consulted Academician Guan about how the design scheme of Hebei Museum was drawn up, and discussed the design concept with the Mr. Guan's team.

▲ 座谈现场

项目设计单位：
清华大学建筑设计研究院有限公司
河北建筑设计研究院有限责任公司

项目主建筑师：
关肇邺 刘玉龙 郭卫兵 韩孟臻

河北博物馆项目是一项改扩建工程，该项目位于河北省石家庄市。原博物馆是20世纪60年代的建筑，采用了当时惯用的一些建筑语汇，譬如轴线对称、古典纹样、大柱廊等。原建筑由于兴建时间久远，在展品贮藏和展示方面已然不能满足现在需求，因此在它的南面毗邻建造了一栋全新的博物馆，总建筑面积31000平方米。两建筑坐落在同一轴线上，从场所的角度来看，二者在位置上首先获得了一种契合，同时因为新、旧馆建筑紧密相邻，所以在建筑形式、空间联系等方面面临较大的挑战，也因此给新馆的建筑创作提供了良好的机遇。

谈起整个方案的形成过程，关肇邺先生特意将话题引向了三十年前他完成的清华大学图书馆第三期的设计，他说："建筑最关键的就是应该'得体'，同时要尊重历史和环境。在此基础上，应该利用多种手段来表现时代精神，这样才能成就一个优秀的建筑。"这一思想在他的两篇文章，即《重要的是得体不是豪华与新奇》与《尊重历史、尊重环境、为今人服务、为先贤增辉——清华大学图书馆新馆设计》中有完整的诠释。

关院士对这一设计思想的实践和完善也长达三十年之久，对于本次河北博物馆的设计更是如是。他介绍说："这个项目首先就要和原来的建筑保持和谐，所以我们在对应原有的外形基础上，也尽可能将时代特色赋予它。这种特色虽然可以表现为一个整体的玻璃盒子，但相比较之下，还是使用柱廊更能够给人以舒适的感觉。我们最终在新馆和老馆之间设置了一个玻璃体（阳光大厅），作为两馆之间的连通空间和交流纽带。两个时代在这里交织起来，避免了两个分体建筑的破碎；将两个建筑合二为一，同时也营造出了视觉和使用上的新感受。"

清华大学建筑设计研究院刘玉龙副院长谈到了规划方案设计的构思过程："万岁馆"具有庄严对称的形式特点，但总体来说，那个时代的建筑在今天周边已经建设很多高大体量建筑的环境下，建筑控制空间的场所感在减弱；其南侧是手机卖场等各色建筑组成的一组破碎

▲ 新馆与旧馆

的建筑肌理，建筑的纪念性湮灭在混杂的环境中。河北博物馆新馆的建设是一个提升建筑存在感的契机。我们的方法是采用与"万岁馆"相似的空间模式来组织新建部分，从而使新建部分和已有建筑构成一个和谐的整体，新旧建筑都是这个整体的一部分。建筑向南侧扩展使得整个建筑群的体量感得以扩大，加强了地段的文化属性。在空间组织上，新旧建筑中间形成了南北向的纵向轴线，将新旧建筑的门厅串联起来，这一轴线上设计了一系列逐渐高潮的建筑空间，串联起各个展厅和院落。这种鱼骨式的中轴加上"展厅—院落—展厅"的空间模式是博物馆展陈组织最成熟的空间模式，可以适应未来各种室内展陈变化的可能性。这种对平和的空间感的追求，是希望以一个熟悉的空间感受让人们更多地关注展品的存在。我们的目标是创造一个为城市、为市民所用的建筑，而不是从风格标签出发，在城市中肆意地粘贴，这种思想得到了评委和业主决策方的认同，使得这一方案构想得以变成现实；在技术设计的过程中得以细化和强化。

清华大学建筑学院副教授，项目设计者之一韩孟臻博士也畅谈了自己的感受，他说："河北博物馆是已经存在了半个世纪的建筑，已经在石家庄人民心中形成了一个坚实的固有形象，而新馆的任务就是要与老馆一起，共同扮演这座城市的主要文化建筑之一的角色。这本身就与那些独立于新城当中、独自表演的建筑有明显不同。得体意味着这座建筑应该与那些人们心中的东西联系紧密，并使这种记忆变得更有力量，这也是我们从这个项目最初便确定的探索方向。"

河北建筑设计研究院有限责任公司副院长、总建筑师郭卫兵认为："玻璃体的设置其实是在这里建立了一个建筑上的双重体系。新馆和老馆本身是相对和谐的，而玻璃体处在中间又让他它们保持了彼此的距离，建筑的时代性也从此彰显。这个玻璃体同时也打破了轴线上的既定视觉模式，给人以全新的面孔和内涵。这不仅仅是一个链接空间，因为它的空间恢宏而大气，这个空间解决了很多建筑使用方面的问题，可以说是整个建筑的点睛之笔。"

"得体"一词是中国长久以来中庸思想的体现，作为建筑设计的指导思想，可以和光同尘、体察环境百态而后将之融会贯通。金磊主编认为，

▲ 鸟瞰图

"得体"本身即为一个意蕴非常深厚的词，仅这两个字便是对于当下浮躁的设计风气以及急于求成、好大喜功的行业陋习的一种批判。与当下一些建筑师的激进的设计理念相反，关院士更偏向于一种返璞归真追求事物本源的设计方式。这样的建筑和而不同，即便不会成为时代的最闪亮点，确是真正符合大众欣赏需要及使用需求的建筑。

关院士最后谈了对实现设计方案后的几点遗憾，诸如室外水池尺度和颜色的不足以及对于建筑细节的把握还可以再好一些等等，这无疑让我们感受到老一辈建筑学人追求完美、追求理想、追求得体的特有的心境与情怀。

曾经的"万岁馆"依然保持着它陈旧的面孔迎接着这座城市熙攘的人流，而新馆则以令人耳目一新的形象为石家庄市带来新颖的文化盛景。得体的建筑并不绚丽夺目、光彩动人，也没有沉浸在历史的窠臼当中，以龙钟老态示人。有的时候我们或许低估了群众的欣赏水平，其实他们并不仅仅追求那些新奇怪异的建筑来冲击眼球，他们懂得生活的环境当中景观应该如何调节，懂得什么样的建筑可以代表他们对一座城市的记忆。一座代表省城的大体量建筑应该如何呈现，文化的延续和再创造如何在同一座建筑中互相调和与依存，而这种文化如何能在建筑环境乃至城市空间的构成当中发挥深远的影响。在关院士来看，唯"得体"两字而已，这也就是河北博物馆这一项目为我们带来的启示。

（文／李沉 朱有恒 建筑摄影／魏刚 人物摄影／李沉）

Review the Old and Learn the New Design and Construction of Hebei Museum

温故知新
河北博物馆设计与建造

郭卫兵（Guo Weibing）*

引言：河北博物馆新馆是关肇邺先生及其团队主创，河北建筑设计研究院有限责任公司负责施工图设计和后期服务等工作。该项目是以老博物馆为基础的改扩建工程，因此关先生在设计时主张新旧建筑有机融合，从而实现二者协调共生。关先生对传统文化和当代中国建筑创作有着十分独到的见解，他倡导的"建筑贵在得体"的创作思想，在河北博物馆新馆的设计中得以很好的体现，因此，我们参与项目设计的过程是一次很重要的学习过程。

Introduction: The new Hebei museum was mainly designed by Guan Zhaoye and his team. The construction drawing design and post-service were provided by Hebei Institute of Architectural Design & Research Co., Ltd. The project is to rebuild and expand the old museum. So Mr. Guan advocated an organic integration of the new and old buildings to make the two harmonious. Mr. Guan has an eye for traditional culture and modern Chinese architecture. His concept of "decent building" was well presented in the design of the new museum. Thus there is much for us to learn in the process of project design.

和而不同的指导思想

原博物馆建筑建于20世纪60年代后期，尽管受当时社会意识形态的影响，这样类型的建筑在那个时期的中国大地上被反复地克隆，但其良好的建筑比例、尺度、细部和粗材细作的施工工艺，在较高水平上反映了当时的审美取向和建造成就，以其庄重大气的建筑风格，成为特有的具有时代特征的优秀建筑，是当下城市建设中值得保护和尊重的建筑文化遗产。正是基于对旧建筑的尊重，新建博物馆建筑在建筑体量、空间组合、建筑风格上充分尊重旧有建筑，以现代建筑手法求得新旧建筑之间的精神联系，同时彰显其时代特色，在新、旧建筑之间建立和谐统一、相得益彰的共生关系。

双重体系的审美表达

显然，出于对旧有建筑的尊重，新馆主体部分与旧有建筑的关系在设计手法上属于异质同构的关系，那么，位于在新、旧建筑之间的具有现代感的玻璃中庭、下沉庭院作为连接体，不仅满足了功能上的需求，创造出了具有时代特征的空间形态，更为重要的是，这一空间的建立，在新、旧之间建立起了"建筑的双重体系"，玻璃中庭的建立，以其巨大的空间尺度和通透的空间感受，与主体建筑在虚与实、新与旧、传统与现代之间形成了一个恰当的"矛盾体"，它们之间通过交流、融合、冲突等不同的互动状态，展现出富有张力的、全新的建筑模式。更为戏剧性的是，旧建筑作为一个完整的视觉体系保存下来的同时，能表现其建筑特征的建筑片段被纳入室内空间，成为新建博物馆的"展品"，从而蕴含了丰富的美学观和哲学观。因此，新旧建筑在"和而不同"的大前提下，建筑的双重体系建立的差异性也积极地探索了旧建筑改扩建的方法。

本土特色的现代追求

河北省是有着大量建筑文化遗存的地区，从中可以比较清晰地感受到河北地域建筑中非常浓厚的皇家色彩，即可以将河北本土建筑文化研究上升到中国最

* 河北建筑设计研究院有限责任公司副院长、总建筑师

▲ 河北博物馆新馆

具"经典美"特征的层面。 另一方面，河北的地域性又根植于燕赵文化，燕赵文化就根源来说是"苦寒""慷慨"的燕文化与"勇武任侠"的赵文化经过激烈的碰撞、交融而形成的，表现在文化和艺术风格上就是激越雄浑、清庾苍劲、质朴淳厚、不尚浮华的气质。从其他的艺术门类诸如地方戏剧、民间艺术中还可以体会到燕赵文化中极其委婉、细腻的情感。以此为文化基础的河北历史建筑，表现出以质朴的材料、细腻的工艺塑造简洁大气的建筑风格的特点，这也应是河北现代地域性建筑创作努力的方向。河北博物馆新馆以严谨、周正、大方的空间形态，在精神层面上呈现出中国建筑特有的经典气质，因此本工程是对当代河北本土建筑文化的一次成功探索和实践。

高完成度的设计与施工

河北博物馆新馆在和而不同的设计原则指导下的建筑空间应呈现出庄重大方、温良高雅的表情。实现这一设计初衷需要各阶段的精细化设计、恰当的材料选择和高完成度的施工。

材料的选择是重要的设计过程，在博物馆内外装饰材料的选择方面，应综合地考虑新旧馆在材质方面的联系及新馆应具备的文化表情。旧馆外墙饰面采用的是干粘石，但在20世纪90年代早期，在原干粘石外面涂刷了一层仿石涂料，这次错误的改造影响了建筑原有的良好质感和稳重色彩。因此，恢复其原有质感和色彩十分重要，经深入研究和现场试验，采用高压水枪冲洗掉了仿石涂料外层，恢复了博物馆旧馆的原有风貌，同时通过门窗的改造使其在原来基础上又有所提升。以此为基础经多方案比较，新馆确定采用洞石作为主要装饰材料，其温润的质感和淡淡的纹理与旧馆取得协调的同时，也突出了新馆应具有的时代感。门、窗等细部采用铜质饰面或仿铜材料，强化了建筑的文化表情。具有装饰意味的石材分格、不同部位间的对位关系和精细的施工实现了建筑的高完成度。

室内空间在设计之初即沿用了建筑外部空间中双柱柱廊这一典型构成要素，所以在内部装饰主材选择上也选择了洞石，从而形成了仿佛是在一块巨石上雕刻出内外部空间一样的整体感，这一基调的确立，在宏观层面上解决了建筑与装饰的完整性问题。在室内设计中，同样保持河北文化特征，从经典的角度出发，用整体、连续的纹饰作为大厅顶部主要艺术符号，从而在建筑与装饰之间构成了良好的图底关系。作为新旧馆连接体的阳光大厅则以刚劲有力的钢结构支撑、通透的采光玻璃、旧建筑片段等要素，自然而戏剧性地表达了建筑的时代特征。

河北是我国文物大省，河北博物馆拥有大量珍贵的馆藏文物。扩建后的河北博物馆旧馆主要作为临时展览和图片艺术展使用，新馆内陈列的壁画、陶瓷、石刻艺术美轮美奂，"大汉雄风""古中山国"等专题展表现了燕赵大地气势磅礴的历史文化和惊人的艺术成就。河北博物馆建筑及其文物已成为将我们从过去所得的智慧用于未来的有效的、温故知新的场所。

（摄影／魏刚）

▲ 河北博物馆新馆外立面

▲ 河北博物馆老馆

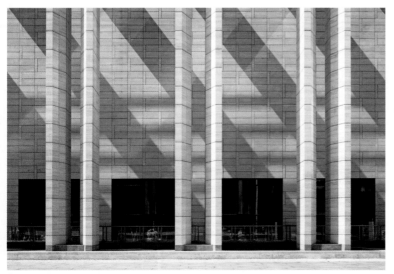

▲ 河北博物馆新馆外立面局部 1

▲ 河北博物馆新馆外立面局部 2

▲ 河北博物馆新馆局部 1

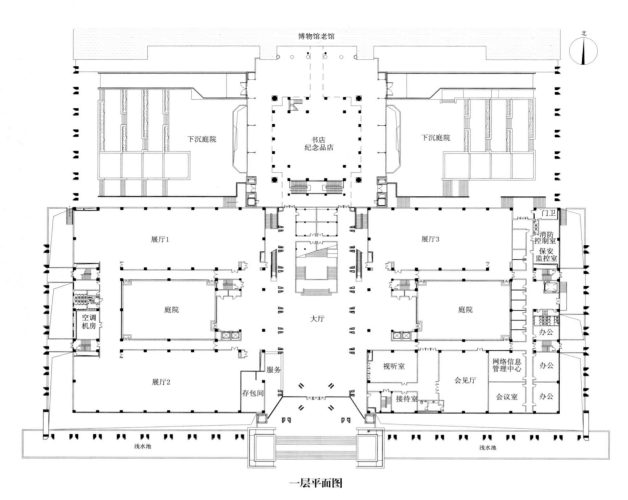

一层平面图

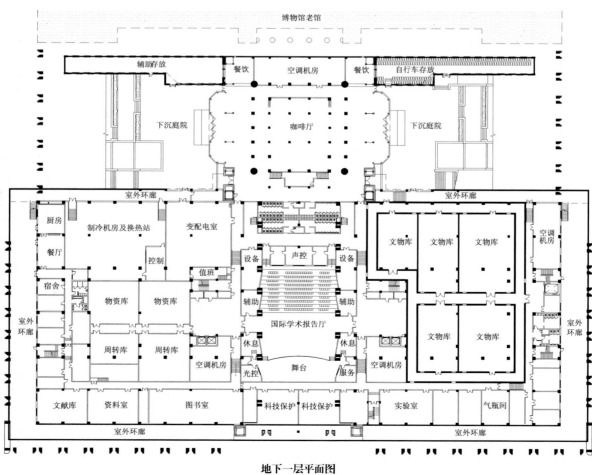

地下一层平面图

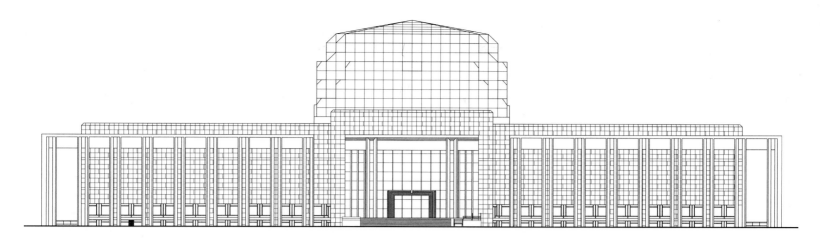

南立面图

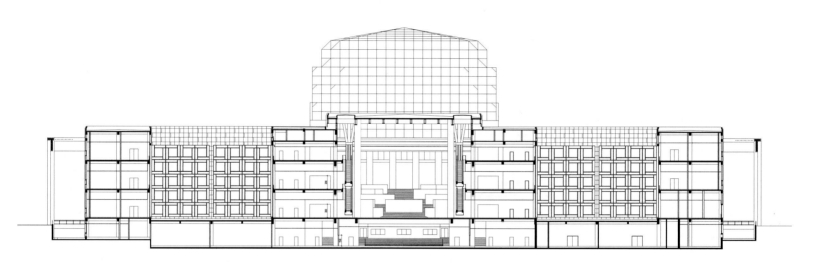

剖面图

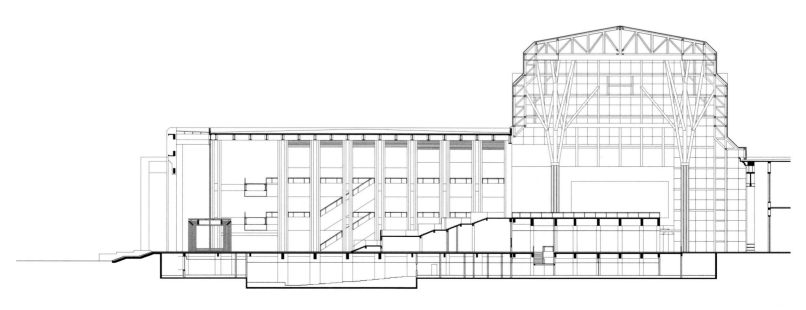

侧剖面图

▲ 河北博物馆新馆入口

▲ 河北博物馆新馆室内局部 1

▲ 河北博物馆新馆室内大厅

▲ 河北博物馆新馆局部 2

▲ 河北博物馆新馆室内局部 2

Regionalism and Continuity Friendship Hospital Aid Project in Mauritania

工程地域性延续性思考
援毛里塔尼亚友谊医院工程

窦　志（Dou Zhi）*　王伦天（Wang Luntian）**

提要： 本文重点论述了援助毛里塔尼亚友谊医院工程基于地域建筑延续性设计表达的创作理念，探讨如何根据受援助国家当地特有情况，在较低造价的情况下进行适合当地的建筑创作。文章分别从项目背景、设计思路、工程后记等方面论述，希望达到寓传统于现代，以现代语言表达传统精神，以及在受限条件下进行生态设计的目的，为援外工程地域性创作提供有益的借鉴。

关键词： 援外，毛里塔尼亚友谊医院，地域性，延续设计

Abstract: This article focuses on the concept embodied in the regional and continuous design of the Friendship Hospital Project in Mauritania, discussing how to build low-cost but suitable buildings according to the local conditions of the aided country. Through discussion from the aspects of project background, design ideas and project process, it tries to deliver traditional spirit via modern language, hoping to provide valuable lessons to the regional designing of aid programs.

Keywords: Foreign aid; Mauritania Friendship Hospital; Regionalism; Continuous designing

伴随着中国国力的增强以及针对第三世界国家援助方式的转型，医疗卫生是中国对外援助的重要领域。截至2009年年底，中国共帮助发展中国家建成100多所医院和医疗服务中心，并提供大量医疗设备和药品。另有30多所医院正在建设之中①。本工程就是白皮书中所述30多所在建医院中的一所（现已建成投入使用），作为中国援外工程，受到多种制约条件（政策、规范、造价）及受援国当地特有情况的制约。而从项目所在的城市环境、建筑的使用功能以及与时代性相关的建造技术来看，简单地寻求当地传统建筑形式的延续性是不够的，地域建筑的延续性表达还要探索当地传统文脉的深层内核，发掘传统文化的精髓，结合当地的气候特征，场地条件，宗教，人文环境，结合当代使用功能和建筑技术，尊重当地的传统文脉，最终呈现中国援外工程的特点与特色，才能使得援外工程得到受援国民众的真心喜爱，达到援助效果最大化。

一、项目背景

毛里塔尼亚伊斯兰共和国位于非洲撒哈拉沙漠西部，努瓦克肖特市为毛里塔尼亚伊斯兰共和国首府，为热带沙漠性气候，北接撒哈拉沙漠，经常有风沙天气，城区植被很少。

中国政府援建的毛里塔尼亚友谊医院项目就位于努瓦克肖特市南部阿拉法特区（图1），直属于毛里塔尼亚卫生部，建成后将为社会公众提供全面的医疗服务；医院为84床，包括门诊、急诊、手术室、放射科、检验科、住院部等功能。总建筑面积为7410.2㎡（图2）。

援毛塔医院设计中体现了设计的延续性表达的创作理念，在较低的造价情况下，从医院建筑的使用要求出发，结合当地的气候条件、就医习惯和宗教、国情现状，在对当地传统建筑形制的提炼、传统医院建筑地域性反映、地域建筑文化符号的引借、低技术生态建筑概念的应用等方面作了一些有

① 《中国的对外援助》白皮书（2011版）

* 北京市建筑设计研究院有限公司第七设计所副所长，教授级高级建筑师
** 北京市建筑设计研究院有限公司第七设计所建筑师

▲ 图1 项目建成后卫星照片

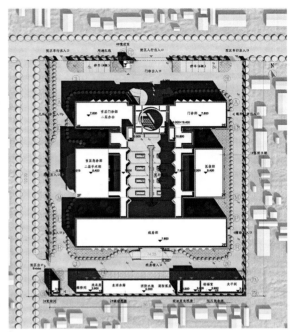

▲ 图2 总平面图

益尝试，以期为低造价情况下援外工程地域性建筑创作探索一种可能性。

二、设计思路

1. 当地传统建筑形制的提炼

毛里塔尼亚伊斯兰共和国首都努瓦克肖特市整个城市规划和市政建设还有待改善，当地建筑的建设质量和装修水平不高。当地主要宗教为伊斯兰教，沿街建筑多为1~2层，建筑风格多为现代建筑，部分建筑具有伊斯兰建筑风格，具体体现在大型建筑多围合布局，室内设有封闭或露天内院。外墙面较实，体型简洁厚重，配以少量装饰构件，开窗面积小，颜色多为白色或土黄色。重要建筑中强调装饰的作用，有精细的镂空花格及雕刻等建筑细节，明显带有伊斯兰建筑的特色（图3）。

援毛塔医院用地方正，周围均为1~2层民宅，方案首先对建筑的城市性进行解答：建筑呈矩形布置，基本采用中心对称的布局，通过保持建筑主体的体量和临路界面的完整性对周围紊乱的城市面貌进行整合（图4，图5）；在北面中央处利用两层高的架空顶棚强调建筑的主出入口，为建筑提供了遮阳蔽雨的半室外灰空间，形成室外入口广场，获取更多的地面活动空间（图6，图7）；门诊、医技、手术、住院部通过开敞连廊连接，形成了建筑中间的围合庭院，开敞连廊可通风遮阳，在联系医院各部分的同时为公共活

▲ 图3 毛塔当地建筑

▲ 图4 用地周围环境

▲ 图5 医院西北侧

动和交往提供了余地（图8）；建筑中央露天庭院可为病人及家属室外活动提供避风、挡沙空间，同时通过正对入口门洞的设计在露天庭院与建筑的外部空间之间建立了紧密的联系（图10，图11）。庭院及外廊是当地建筑形式和气候条件的集中体现，同时也丰富了建筑的空间层次。庭院地面以硬质铺装为主，中央设有小型水池及休息空间，配以庭院等活跃

▲ 图6 当地建筑入口架空顶棚

▲ 图7 医院入口架空顶棚

▲ 图8 当地建筑开敞连廊

▲ 图9 毛塔医院开敞连廊

▲ 图10 当地建筑庭院

▲ 图11 医院建筑露天庭院

▲ 图12 当地建筑庭院水池

▲ 图13 医院庭院水池

气氛（图12，图13）。建筑在满足通风采光的条件下多开小窗或折角窗，减少风沙的侵袭。建筑外墙为白色，符合当地建筑特征，同时可反射太阳辐射，减少建筑能源消耗。

2. 传统医院建筑地域性反映

根据当地宗教习惯，住院部男女住院完全分开；在太平间旁边设置有祈福室；当地穆斯林要求祷告前要净手、净脸，故病房及祈福室等房间均设有洗手盆，供祷告后洗手使用（图14）。援建医院的功能较为单一，作为综合医疗建筑，总面积不大但科室配备较全，配套要求较多，建筑根据不同的使用功能分为门诊、急诊、医技、手术部、住院部、行政办公、保障用房等不同的功能分区，各部分彼此独立又相互联系。辅助用房集中位于用地的南侧，呈"一"字形布局（图15）。

3. 地域建筑文化符号的引借

地域建筑文化符号的引借是地域建筑延续性设计表达的一个重要手段，符号引借是用当代的新材料、新工艺将人们熟悉的传统的建筑片段、细部符号或其他艺术形式加以抽象概括变形或重组，使之成为带有象征意义的新的建筑文化符号。毛塔当地宗教主要为伊斯兰教，当地重要建筑立面几乎都以拱券而夸示（图16）。

援毛塔医院设计中大量引借毛塔钱币中欣盖提（Chinguetti）古镇遗址新戈堤清真寺半圆形拱券的形式（图17）。首先是建筑主入口设计，利用入口的结构承重部件与混凝土顶棚，在两侧的承重墙上掏出上下两个半圆形拱券，主入口的后部与建筑内庭院之间设置有一片挡墙，在挡墙上设置有金属百叶以及半圆拱门，同时在庭院南部，住院部入口

住院部首层功能分区示意图

住院部二层功能分区示意图

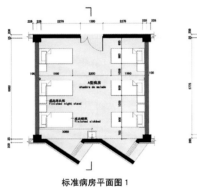

标准病房平面图1

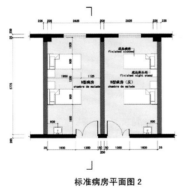

标准病房平面图2

▲ 图14 医院功能分析图一

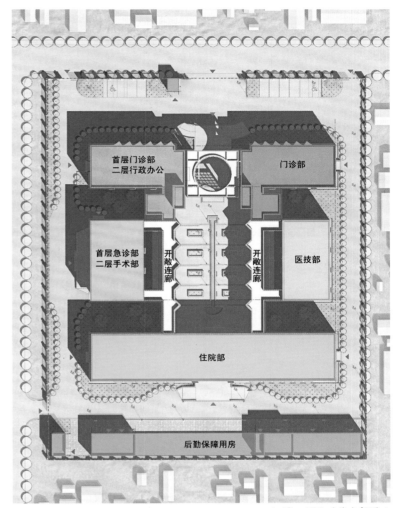

▲ 图15 医院功能分析图二

▲ 图16 当地建筑

▲ 图17 Chinguetti古镇遗址新戈堤清真寺

处设计与挡墙上半圆形拱门相呼应混凝土和金属百叶形成的半圆形照壁，仿佛是从主入口挡墙上抽离的部分，庭院南侧为加，北侧为减，使得主入口灰空间与庭院得以相互融合，抽象拱券形成了当地传统建筑与现代建筑构件的有机融合，同时与中国传统庭院中的月亮门及照壁形成了完美契合，体现了中国援建的特点（图18，图19）。其次是南、北建筑立面上空调挡板的处理，也使用了统一形制的半圆拱，使得地域建筑符号得以加强，体现当地建筑的特点。

4. 低技术生态建筑概念的应用

低技术生态建筑强调采用当地材料，注重地域气候。更多是通过设计，实现其在低成本条件下因地制宜的创造理想的人工建筑环境，形成舒适的建筑"微气候"，并得以实现生态节能的效果。其中具体

▲ 图18 医院入口

做法如下：

设置架空屋面。援建设医院造价较低，且项目用地位于沙漠边沿，降水量少（年50毫米），气候环境恶劣，日照强烈。经实地考察，发现当地尽管太阳直射处温度较高，但只要身处背阴处就会感觉比较凉爽。这种热带沙漠气候的特征为建筑设计提出了限定条件，也为其提供了灵感。在设计中，我们采用当地常见的平屋面上设通风夹

▲ 图19 医院入口望向内院

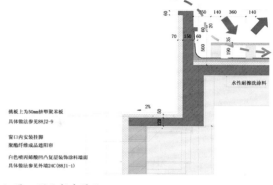

揽板上为50mm挤塑聚苯板
具体做法参见88J2-9

窗口内安装排搁
聚酯纤维成品遮阳帘

白色喷法丙烯酸凹凸复层装饰涂料墙面
具体做法参见外墙24C(88J1-1)

水性耐擦洗涂料

▲ 图20 医院架空屋面

可遮阳,保持了自然通风效果。建筑公共空间与室外连通也能抑制医院空气中病菌集中与扩散,公共走道及大厅均不设空调,医院建成后经过使用,发现效果良好,公共部分不感闷热。

浅色外墙涂料。建筑外墙为白色,符合当地建筑特征,同时可反射太阳辐射,减少建筑能源消耗。

外墙窗户进行特别设计。根据当地传统生活经验,当地日照强烈,部分时间有较大风沙,所以当地建筑窗户普遍较小,且一般不开启,国内一般公共建筑大落地玻璃窗的做法在此基本不可行。设计中,我们采用把南北向外窗做出一个折角的办法,

层的做法,既节约投资又可以取得良好的隔热效果(图20)。

公共交通部位采用开敞设计。建筑的楼梯间均设计为开敞楼梯间,主楼各部分之间也采用开敞连廊,

▲ 图21 医院北侧

▲ 图22 医院南侧

▲ 图23 医院内院折角阳台

既考虑到当地经常停电，在停电的情况下可开窗通风，同时保证了房间采光要求，又可减少风沙、强日照对室内环境的影响（图21，图22）。将折角窗设计成飘窗，南北面房间的空调室外机可搁在飘窗下。将折角窗的设计元素延伸至庭院内连廊两侧，连廊折角的部位可供人员休息使用，同时使其视线通透而不单调，空间兼具流动性与私密感，为工作人员及病患提供休憩场所同时加强了建筑的个性特征，使内外得以统一（图23）。

系统应该是一个开放的系统，只有动态地研究地域建筑发展历程，并在适应时代的变迁中作出相应的转变，才能为我们再次面对类似课题时提供有益的借鉴（图24）。

三、工程后记

援毛里塔尼亚友谊医院工程设计，在地域建筑延续性设计的创作理念指引之下，从如何用现代建筑语言表达受援国传统建筑形式，如何在较低造价的情况下反映建筑地域性的生态特征等方面进行了积极的探索。中国对外援建涉及亚洲、非洲、拉丁美洲、加勒比、大洋洲和东欧等地区大部分发展中国家[1]。国情不一，自然环境也有较大差异，在援建设计之初就应该充分考虑受援国的政治及宗教、经济、环境因素，在有限的造价基础上，使建筑真正地与所处的自然地理、人文社会融为一体。同时地域建筑

▲ 图24 医院鸟瞰图

Design City • Smart City
Seven Highlights in Beijing Design Week

设计之都·智慧城市
七大创意版块点亮北京国际设计周

本刊记者（CAH Reporter）

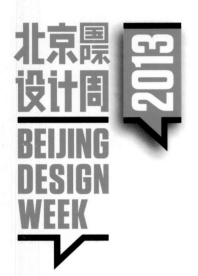

▲ 2013北京国际设计周标志

United Nations
Educational, Scientific and
Cultural Organization
联合国教科文组织

Member of the UNESCO
Creative Cities Network
Since 2012
北京·设计之都

▲ 设计之都标志

编者按：2013北京国际设计周于2013年9月26日至10月3日在北京举办，这是设计周正式举办的第三年。设计周由教育部、科学技术部、文化部、北京市人民政府共同主办，由北京歌华文化发展集团与北京工业设计促进中心承办。活动由开幕活动、设计大奖、主题展览、设计讲堂、主宾城市、设计之旅和设计消费季七个主体板块组成。2013北京国际设计周的活动主题设为："设计之都·智慧城市"。建设设计之都是北京接轨国际、提升城市核心竞争力、推动设计产业发展、打造世界城市的重要支撑；推动智慧城市是为了展示智慧城市在产业融合发展中的典型作用。设计周的主宾城市是荷兰阿姆斯特丹市，并带来了闻名遐迩的大黄鸭。数十个国家的二百多个项目同时在国庆的北京展开，用浓重的笔墨诠释了北京作为"设计之都"的魅力与活力。

Editor's Notes: Beijing Design Week 2013 was held from 26th September to 3rd October. It was the third event since its official launch, initiated by the Ministry of Education, the Ministry of Science and Technology, the Ministry of Culture, and Beijing Municipal Government and hosted by Beijing Gehua Cultural Development Group and Beijing Industrial Design Center. It included seven main sections, namely opening ceremony, Beijing Design Awards, Theme Exhibitions, Beijing Design Forum, Guest City and Design Hop Besign Consumption search. The Theme of the 2013 event was "Design City • Smart City". The construction of a "design city" is to help Beijing in its internationalization, improvement of competitiveness, development of design industry and becoming a world-class city. The promotion of a "smart city", on the other hand, is to reveal the significance of a smart city in industry integration and development. The guest city of this year was Amsterdam which brought along the famous Rubber Duck. Over two hundred of projects from dozens of countries were on show in early October Beijing, graphically displaying the charm and energy of Beijing as the capital.

▲ 设计周开幕活动现场

开幕活动

开幕活动于9月26日16:00在中华世纪坛举办，由"设计大奖颁奖""设计大奖铭牌镶嵌""设计之路""设计周项目推介活动""展览参观"等形式简约、富有设计特色的内容组成。

设计大奖

设计大奖是北京国际设计周的延续性奖项，旨在表彰为国家社会进步、文化发展、产业促进和城市建设等方面作出突出贡献的设计机构、人物和作品。"设计大奖"广泛吸纳相关机构、院校、设计师、媒体、公众等多方参与，大奖设立五个类别奖项，每个奖项经过"提名""初评""国际通讯评议专家委员会终审"等评选程序，最终评选出10个获奖项目。设计大奖

▲ 设计大奖颁奖活动现场

▲ 苏黎世联邦理工大学围绕智慧城市主题设计的《城市突变平台》

的项目和作品提名与评审工作以环保性和环保意识、原创性和创新概念、功能性和经济价值、美观性和人体工程学、影响力和社会成就这五项为标准。

本年度经典设计奖由红旗渠获得，红旗渠被周恩来总理誉为新中国两大建设奇迹之一，它的设计和建设有效解决了当地水源的民生问题，至今仍是林州农田的主要灌溉水源，也是主要的饮用水源。红旗渠设计依循中国自古以来的水利工程智慧，在太行山腰依山而建、就地取材，并创造性地采用矿渣加石膏粉混合为水泥，以开山炸石的石料筑成渠堤，建成人工天河，充分体现了中国式设计理念。

年度设计奖由西部农民生土窑洞改造、杭州唐宫海鲜舫室内设计、"中国古典家具"APP交互设计、水滴壶设计、苏州雅扇手工设计、楚和听香服装设计获得，设计教育奖得主是中国美术学院，设计传播奖为腾讯微信，设计促进奖由北京保利秋拍设计专场拍卖获得。此外还设立了行业设计专项奖，包括空间设计专项奖、建筑设计专项奖、珠宝首饰设计专项奖等奖项。

主题展览

设计周的主题展览在中华世纪坛数字艺术馆举办，在住房和城乡建设部的支持下，以"引领，创新，融合"的理念策划制作"智慧城市2013"国际设计展，为2014年在CMODA建成国家智慧城市创新中心预热。展览于2013年9月28日至10月13日举办，以设计为引领、信息化为载体，为城市建设与管理提供解决方案，以提升城市公共服务水平，让城市生活更美好。"应用之道，何所不智"是展

览主题，分为智慧城市公共平台、智慧生活、智慧城市三大板块。58件参展作品来自10个国家的40家设计机构、实验室与企业，包括2013北京国际设计周主宾城市阿姆斯特丹、荷兰 The Cloud Collective、奥地利 Ars Electronica Solutions、瑞士联邦理工学院信息建筑系价值实验室、美国麻省理工学院可感知城市实验室等。

▲ 主题展览海报

设计讲堂

讲堂板块以"智慧点亮城市"为主题，以智慧、城市与人的协调发展为核心，围绕"智慧城市建设""设计之都建设"和"设计人才成长"三个话题展开。设计周邀请国内外知名专家学者，分享全球最前沿的思想、观念和经验，旨在打破专业壁垒、开展跨界互动、激发创新活力。讲演议题包括："智慧城市：科技与创意的完美体现""都市进化论：创新能量打造设计之都""设计人才：由中国制造，走向中国智造的关键"。除"智

▲ 设计之都年会现场

▲ 大黄鸭在颐和园

▲ 弗洛伦泰因·霍夫曼与其作品大黄鸭

▲ 主宾城市开幕式

▲ 主宾城市活动荷兰家具展示

▲ 设计周主宾城市主展场

慧点亮城市"设计讲堂外，本届设计周还举办了 "未来都市" "设计之都"等系列研讨会，以及家居、汽车及建筑等系列行业设计沙龙。

主宾城市

本届设计周活动的主宾城市是荷兰阿姆斯特丹市，以"设计去荷兰"为主题，本届主宾城市为北京国际设计周带来丰富多彩的活动内容，包括9月27日在751时尚设计广场大罐举办的官方启动仪式以及"展望2050——中荷合作城市规划研究"系列研讨等。"展望2050"是在北京市规划委员会的支持下，由中国与荷兰的建筑及城市规划专家联手，针对城市化进程中的诸多挑战寻求解决方案的合作研究项目，此项目于2013北京国际设计周期间启动，为期一年，对中国各地城市进行实地考

▲ 主宾城市活动项目：展望2050

▲ 751项目：DADA2013"数字渗透"系列活动

察、分析，研究成果将于2014北京国际设计周期间进行发布。

其他展览包括：①在首都博物馆举办的阿姆斯特丹市立博物馆的马塞尔·万德斯作品展览；②极具创意才华的本斯姆·克劳威尔建筑事务所带来的5个建筑设计项目的13件作品（模型、照片、面板信息和影像）；③在北京孔庙国子监博物馆展出的中荷时尚设计项目"北京特快"；④享誉国际的时装设计大师亚历山大·范·斯洛布先生与中国时装设计大师胡色光先生共同挑选了中央美术学院和北京服装学院共计10位研究生成立了一个设计工作营。学生将以国子监孔庙为代表的中国传统文化的精粹为灵感，进行服装设计和创作。

此外，在艺术领域的另一合作范例是"注视"，开启阿姆斯特丹桑德伯格研究所的毕业生、荷兰艺术家以及中央美术学院的学生之间开展合作。"沙龙/北京"活动将会以其独特的方式吸引众多设计者齐聚北京大栅栏商业街，进行设计、时尚、艺术和文化的交流，精彩连连。与中华世纪坛数字艺术馆合作的"我们制造"将会展示一个涵盖电子文化、设计、建筑以及规划的跨领域项目。从9月26日至10月26日，风靡全球的"大黄鸭"移至颐和园展出。

设计之旅

2013北京国际设计周设计之旅活动项目共收到来自意大利、荷兰、美国以及中国香港、中国台湾等17个国家及地区的200多个参展项目。活动项目在世纪坛、751、大栅栏、草场地等核心场地以及歌华大厦、中央美术学院、今日美术馆等主要展区在内的全市百余个站点举办。通过引入优质设计活动、吸引国内外设计机构和设计资源、面向公众进行设计普及教育，设计之旅将拉动设计终端消费市场的进一步形成。

751国际设计节——2013年751国际设计节于9月26日—10月3日精彩呈现。以"数字·设计·生活"为主题，更加关注数字时代下的设计创意（科技助力文化,文化点亮科技），从专业性、教育性、互动性、实用性、创新性五个方面组建一个更加丰富精彩的设计盛会。施华洛世奇呈现的"数字水晶宫"展览，展示在数码时代探索记忆的概念。"数字渗透"数字建筑展聚合各界智者的深入研究和远见卓识，创建国际和国内数字建筑领域的重要交流平台。都市农场项目的理念是在单一的城市空间里整合食品生产，制作购买和回收的循环系统。751时尚回廊将携手合作方751H.

▲ 751项目：小柯剧场演出

▲ 草场地项目：融合徽派木作精神的本土家具品牌

▲ 草场地项目：最初的礼赞，融入婴儿脐带血基因信息

▲ 751项目：尤伦斯艺术中心展览"国际太空乐队的66分钟"（摄影/Neil Berrett）

▲ 751项目：中央美术学院展览"竹语"

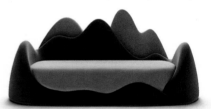

▲ 751项目：本土家具品牌"当代哲学家"系列作品之一"湖光山色"

▲ 草场地项目："老派新诗"艺术装置展作品"杜尚的摩天轮"

▲ 草场地项目："老派新诗"艺术装置展作品"电视剧"

▲ 草场地项目：食物设计

▲ 草场地项目：村落里的手工造纸博物馆

N.LIN空间美学馆、玫瑰坊时尚文化会馆、意大利生活体验馆和意尚居·意式风尚馆等集体亮相751国际设计节。 今年751国际设计节还"增容"一系列精彩的研讨和讲座活

▲ 大栅栏项目："东境西韵"家具展

▲ 大栅栏项目：老四合院改造精品酒店

▲ 大栅栏项目：冰岛设计"河流"地毯

▲ 大栅栏项目：服装设计

▲ 大栅栏项目：服装品牌标志设计

动，从9月26日至10月2日，每天三场。

大栅栏新街景——2013年北京国际设计周·大栅栏新街景于9月26日—10月7日盛大开幕，届时"大栅栏新街景"将向大家呈献一场传统与创新、传承与先锋和谐共生的视觉盛宴，80多个引人入胜的展览项目缤纷绽放，文化复兴正在为大栅栏老街区注入新活力！在今年的"大栅栏新街景"，推出了大栅栏更新计划中公众参与和社区营造的试点实践——"大栅栏领航员计划"，通过设计再造方式提出解决方案，为老街区更新提供借鉴范例，吸引更多公众主动参与到大栅栏的发展中来。在今年的"大栅栏新街景"，你将看到狭窄胡同空间里有趣、便捷的胡同微型交通系统；你将看到往日寻常一见的修车小铺在设计师们的巧思下变身成为零件博物馆，既能继续为社区的百姓们提供必需的修车服务，也能供远道而来的游客缅怀零件发展史；你还能看到传统的老北京兔爷与设计师携手，华丽转身成为时尚与传统兼具的创意工艺品。

草场地共同体——9月21日至10月3日，草场地将变身为一个临时的设计和创意村。在草场地，由中国顶级艺术家合作设计完成的临时建筑位于中心地带，是草场地此次展览中最大的原创设计。今年的临时建筑是由中国知名"70后"艺术家刘韡设计，将再次成为本次活动的焦点。尝试贵州项目，将探讨国际当代设计与百年历史工艺的相遇与碰撞，例如贵州当地特有的刺绣和手工造纸术；RAWR！3D实验室将演示设计师和艺术家们如何利用3D技术，包括3D扫描、建模和印刷，来创造更好的产品；WABC计划着眼于艺术与设计如何帮助新兴的中国慈善组织；设计实验室则是一个所有当地优秀设计师最新作品发布的平台，将展示本土和国际设计师在中国的设计和面临的挑战。

设计消费季

为了满足消费者对高品质生活方式和优秀设计商品的追求，2013北京国际设计周举办中国首个以"推动设计消费"为主题的大型文化消费活动——"2013北京国际设计周设计消费季"。这项活动从9月初一直延续至国庆黄金周结束之后。今年设计消费季由北京国际设计周与国家文化贸易基地、中国设计交易市场共同主办。北京市商务委员会作为特别支持单位，联合国贸商圈、蓝色港湾、当代MOMA等大型商业机构共同组织了北京市千余家商户、餐厅、酒店参与。"设计消费季"包括"行业消费季"和"商圈消费季"两个活动板块。其中"行业消费季"作为今年的重点活动，首次关注了房地产、家居、汽车三个行业。主办方将通过各类活动的举办在全国推广设计消费的新概念。

（本刊记者／成均 图片提供／北京国际设计周）

▲ 设计消费季活动：集客微托邦——拖着箱子去旅行

London: Celebrating Innovation

伦敦：庆祝创意活动

本刊记者（CAH Reporter）

▲ 展览大厅，LONDON的立体字母构成展板

▲ 展览内容介绍

▲ 伦敦市长参观展览

▲ 伦敦市长与孟非共同登台

▲ 展板

"伦敦庆祝创意活动"展览于2013年10月12日至10月15日在798杨-国际艺术中心举行。伦敦市长鲍里斯·约翰逊（Boris Johnson）、伦敦高校国际联盟主席盖里·戴维斯（Gary Davies）等出席了展览开幕式。展览由伦敦高校国际联盟主办，在798老厂房中，巨大字母拼出"LONDON"一词，每个立体字母上绘制了16所伦敦大学的教学成果图文信息，旨在展出伦敦各大学及其毕业生取得的成就。作为伦敦市长中国行的第一站，"伦敦庆祝创意活动"具有尤其亮眼的效果，伦敦市长与中国著名节目主持人孟非同台主持了节目。鲍里斯·约翰逊在推广英国教育的致辞中说："如果你来到伦敦，你遇见的是全世界。"约翰逊此行意在加强中国与伦敦之间的文化、教育和商业纽带。

伦敦高校国际联盟包括布鲁内尔大学、伦敦大学金史密斯学院、伦敦大学教育学院、金斯顿大学、伦敦南岸大学、伦敦大学玛丽女王学院、皇家艺术学院、英国皇家兽医学院、三一拉邦艺术学院、伦敦大学亚非学院、圣乔治医学院、伦敦艺术大学、东伦敦大学、罗汉普顿大学、威斯敏斯特大学与密德萨斯大学等，联盟展反映了伦敦各大学30000项课程和科目的广度和深度。最近公布的泰晤士高等教育世界排名调查显示，在全球前40名世界一流大学中，伦敦占据的席位数量居世界各大城市之首。

伦敦吸引着越来越多的中国学生前往留学，2012年达到创纪录的15000人，中国成为伦敦国际学生最大的来源地。以往在伦敦求学的中国学生中大多选择商科，但现在这个趋势正在发生改变，2012年学习创意文化与设计的中国学生人数增长了35%。"伦敦庆祝创意活动"展览突出反映了在一个多元文化并

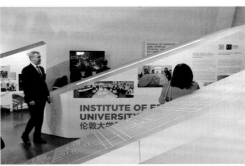

▲ 展场一角

▲ 展览现场，迎接伦敦市长的讲演

▲ 立体字母加载图文，展览形式体现创新的主题

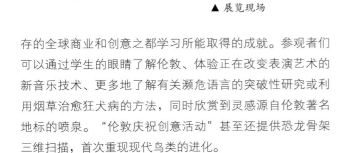

▲ 展览现场　　　　　▲ 展览现场与设计师交流　　　　　▲ 设计师介绍设计理念

存的全球商业和创意之都学习所能取得的成就。参观者们可以通过学生的眼睛了解伦敦、体验正在改变表演艺术的新音乐技术、更多地了解有关濒危语言的突破性研究或利用烟草治愈狂犬病的方法，同时欣赏到灵感源自伦敦著名地标的喷泉。"伦敦庆祝创意活动"甚至还提供恐龙骨架三维扫描，首次重现现代鸟类的进化。

　　值得一提的是，来自中国的留学生、本刊海外特约记者金维忻的毕业设计针对老年群体设计的防抖餐匙被选为英国布鲁内尔大学的代表作品参展。防抖餐匙基于对老年人行为习惯的详细调研，内在的柔性接头能在进餐手抖的过程中及时调整，使老年人在就餐时保持尊严，木柄的材质让使用更加舒心。布鲁内尔大学的另一位毕业生查尔斯·英格里－西恩（Charles Ingrey-Senn）设计的概念锅盖柄也获得了很多关注。通过他的设计，锅盖可以很方便地堆叠，为小的厨房节省空间。他们的设计充分表明：创意不仅体现在宏观层面，小的地方更能凸显设计的功力与人文关怀。

（本刊记者/冯娴　摄影/金磊　陈鹤）

▲ 中国留学生金维忻的作品防抖餐匙

Arles: a Time-honored City

历史名城阿尔勒

马国馨（Ma Guoxin）*

编者按：作者关于国外历史文化名城的书写迄今已进行到第4辑，本篇介绍了素有"高卢人的小罗马"之称的法国世界遗产阿尔勒城。在简述阿尔勒城市的历史之后，文章着重介绍了罗马式的轴线、竞技场、剧场、广场以及教堂等建筑文化遗产，同时点出比才、凡·高等历史名人与当地丰富的节庆活动，从物质与非物质文化遗产的角度洗练地刻画出阿尔勒名城的饱满形象。

Editor's Notes: This is the author's fourth article about foreign historical and cultural cities. It introduces Arles, one of the World Heritage Sites in France, also known as the "the little Rome of the Gauls". It briefs the history of Arles and focuses on its arena, theatre, squares and churches. At the same time, it also introduces Georges Bizet, Vincent van Gogh and a variety of local festivals, presenting a full image of Arles from the aspects of both tangible and intangible cultural heritage.

按照联合国教科文组织的介绍："位于法国普罗旺斯——蓝色海岸大区罗讷河口省的阿尔勒市，奥索纳曾把这里称作'高卢人的小罗马'，城内有竞技场、剧场、地下门廊，君士坦丁时期的浴室和纪元初年的陵墓。在11—12世纪，城内又出现了一批杰出的罗马式建筑，如圣·特洛菲莫教堂。它们与罗马建筑一起矗立在阿尔勒城区。1981年列入《世界遗产名录》。"在法国南部旅游时，我们特意来访问这儿的古罗马建筑和罗马式建筑。（图1、图2）

▲ 图1 阿尔勒鸟瞰（可见竞技场、剧场和古城墙的一部）

阿尔勒（ARLES）位于马赛的西北，卡马尔格平原罗讷河与其三角洲分隔处。早在公元前6世纪，来自小亚细亚的福西亚（PHOCAEA）的希腊人就在这里建立了马赛的前身玛萨莉亚（MASSILIA），随即将其贸易活动不断扩展至阿尔勒、尼斯一带，当时这儿称为塞兰（THELINE），公元前5世纪，凯尔特人曾在这里活动，并将这里称为阿莱奇（ARLAITH），意为"沼泽之地"，后来这一称呼又变成了阿尔莱特（ARELATE），即阿尔勒的古称，到古罗马时称为阿尔勒。虽然希腊人和小亚细亚对这里都曾有过影响，但决定性的影响还在古罗马时期。公元前2世纪罗马人到达这里，在罗马人与北非的迦太基人为争夺地中海控制权的布匿战争中，这一地区是支持罗马人的。但在公元前49年罗马人内部争斗，即

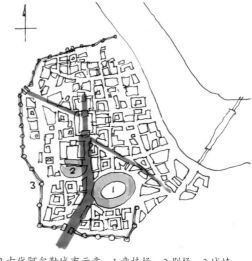

▲ 图2 古代阿尔勒城市示意：1.竞技场　2.剧场　3.城墙

* 中国工程院院士、《中国建筑文化遗产》顾问

罗马执政官庞培与时任高卢总督的凯撒冲突时，这里支持了庞培。公元前46年凯撒取胜担任执行官后，把马赛的土地和贸易等授权给阿尔勒，并将6个军团的退伍老兵驻扎在这里。公元前44年凯撒遇刺，三巨头统治罗马，公元前31年三巨头中凯撒的内侄屋大维加冕为奥古斯都，成为罗马的第一个皇帝，他有庞大的城市建设计划，阿尔勒随着这一时期罗马帝国的繁荣而达到一个高峰。史家认为三位罗马皇帝对阿尔勒的繁荣起过重要作用，除奥古斯都（公元前27年–公元14年在位）外，还有安东尼（138–161年在位）和君士坦丁（312–337年在位）。罗马人在城市建设上极有经验，尽管许多地方模仿希腊，但在输水管道、道路网，如竞技场、剧场、神庙、浴室、凯撒门等公共建筑的建设上，都达到很高的水平。而阿尔勒在君士坦丁时期又进一步确定了它的政治地位，作为罗马帝国的第二首都其重要性达到了另一顶峰。君士坦丁曾在这里居住，修复了许多古迹，公元314年在这里召集过一次教士会议。公元395年罗马帝国分裂成东西两个帝国，阿尔勒仍是西罗马帝国的主要城市。400年在此设置了高卢省省长公署，人们也将阿尔勒称为"高卢人的小罗马"。在基督教发展的初期也成为宗教中心。随着476年西罗马帝国的灭亡，这里被外族人占领，造成了城市的破坏。先是西哥特王国的占领，公元730年穆斯林入侵，10世纪时成为勃艮第王国的一部分，称为"下勃艮第"。1032年德意志国王和皇帝康拉德继承了上下勃艮第联邦，以阿尔勒为都城，13世纪时改称阿尔勒王国，12世纪后是阿尔勒再次复苏的时期。1239年阿尔勒并入了普罗旺斯，同时北方的影响也不断加强，1487年阿尔勒加入了法兰西王国。

阿尔勒所处的地区是罗讷河下游地区，地中海沿岸，较早地接触古希腊和古罗马文明，因此保存很多较优秀的古罗马遗迹，尤其在城市建设上是古罗马人的强项，不但在罗马本土，而且在高卢管区的城市也表现了罗马人城市和道路的框架。从学者研究的结果看，阿尔勒古城有一条主要的南北轴线，竞技场和古剧场分列轴线的两侧，轴线在竞技场处偏向西南，通向当时城墙处有两个圆形城堡的奥古斯都门。据考当时街道和城墙都是不规则的形式，也是这一地区的城市常见的做法（不像罗马帝国本土城市规则的格网）。在这儿罗马早期城市广场下面还发现了地下的廊道，其确切功能还不清楚，但也是这一地区遗址中共有的一个特点。

竞技场（ARENA）也称圆形露天剧场（AMPHITHEATRE）（图3—图6）是阿尔勒最重要的古罗马遗迹，也是这一地区保存得最好的两个竞技场之一（另一个位于阿尔勒西北的尼姆），其建造年代估计在公元1世纪后期，因为其处理手法与内部表现都与奥古斯都时代的竞技场相同。竞技场这种建筑形式中央为场地，四周为座席，用于角斗竞技（兽与兽或人与兽），目前发现最早的永久性竞技场是庞培城（建于约公元前40年），罗马的竞技场建于公元70—80年，阿尔勒的竞技场为椭圆形，其长轴136.5米，短轴107.6米，看台总面积1.2万平方米，可容2.6万观众，其场地下面有曲折的地下室，包括野兽笼，提升机械和角斗士室等。观众席分为若干层，底层除皇帝及随从的包厢外，其余皆为执政官、祭司、议员、骑士团等贵宾，以上各层为行政官员、平民座席以及妇女的包厢。阿尔勒的竞技

场后来在外族人侵入时遭到破坏，许多石料被拆下作他用，在一幅版画中还记录了中世纪时在竞技场地中建起了二百多栋房舍和一座教堂，俨然是一个小镇，这些建筑在1825年后陆续拆除。现在所看见的竞技场只留下了下面两层的60个拱廊，上面一层已不复存在，而三个高耸的塔楼是在12世纪建成的并被保留下来。直到今天，阿尔勒的人们还在这个古老的竞技场

▲ 图3 竞技场外景

▲ 图4 竞技场局部

▲ 图5 竞技场看台下部

▲ 图6 中世纪时有关竞技场的版画

▲ 图7 古罗马剧场全景

▲ 图8 古罗马剧场内景（右侧为罗兰塔）

▲ 图9 古罗马剧场舞台处双柱

▲ 图10 古罗马剧场的拱廊局部

▲ 图11 阿尔勒的维纳斯

中开展传统的斗牛或节日活动。

　　距竞技场不远就是椭圆形的古罗马剧场。（图7—图10）剧场位于小丘之上，半圆形座席长103米，始建于奥古斯都时期，完成于安东尼时期，由于在中世纪时这里曾被当作采石场，所以受到严重损坏。剧场原由三层拱廊组成，座席后墙是33个拱券，现在只在剧场一角的罗兰塔还可以看出原来的高度。舞台部分现在只留下了两根耸立的圆柱，另外还留下了舞台处桃红色角砾岩的石材铺砌和一部分为合唱队站立的台阶位置。但在阿尔勒北面的奥朗日有一座保存更完好的剧场，尤其是长100米、高35米的舞台结构都较好地保存下来，从中可以看出舞台部分应有宏伟的多层柱廊，顶部有支撑天棚的牛腿，舞台后墙上部的壁龛内还有奥古斯都的全身雕像，也可由此想象阿尔勒剧场当年的情况。另外在阿尔勒剧场还曾发掘出一尊完整的全身石雕女像，右手持金苹果，全高194厘米，被称为"阿尔勒的维纳斯"（图11），于1680年奉献给了路易十四，该雕像现藏巴黎罗浮宫博物馆，与罗浮宫的镇馆之宝"米洛的维纳斯"相比，后

者全高202厘米，他们都是公元1世纪左右的作品，虽然"阿尔勒的维纳斯"保存完整，没有残缺，形象也十分丰满生动，但在观众和媒体心目中却远不如"米洛的维纳斯"那样有名被人们注意。相形之下似乎有些太不公平了。

　　阿尔勒另一处重要的遗产都集中在共和广场（图12），现在是阿尔勒市的中心。广场中心是一座埃及的方尖碑，高10.28米，是在古罗马竞技场发现的，然后移至此处立在喷泉的中心。方尖碑的东面是市政厅，建于1673—1676年，建筑师是曼莎（MANSARD），顶部的钟楼是100年前装上去的，上面

▲ 图12 共和广场（正面为市政厅，左为宝石博物馆）

是战神马尔斯的青铜雕像。方尖碑北侧是建于17世纪的圣·安妮教堂，现在已经改为一座宝石博物馆（图13、图14）。方尖碑的南侧就是著名的圣·特罗菲莫教堂，其用地原为一加洛林教堂，经过11、12、15世纪的不断改扩建，最后成为教区的大教堂。这里之所以著名还因为下面两个事件：一件是1178年德意志国王腓特烈·巴巴罗萨在这加冕，腓特烈于1152年当选为国王和神圣罗马帝国皇帝，与罗马教皇互相利用，又经常开战，在第三次十字军东征时死于征途中；另一件是1389年阿拉贡的约兰德与安茹的路易二世的婚礼，这些都是我们很不熟悉的历史。但目前展示在我们面前的只是饱经沧桑并默默无言的建筑群了。

▲ 图13 市政厅室内为宝石博物馆　　▲ 图14 宝石博物馆入口

圣·特罗菲莫教堂（图15）有一个雕饰精美的门廊（图16），被认为是法国南部教堂中少有的作品（建于约1170-1180年）门廊后面的教堂主立面十分简朴，西门廊的北侧，样式、山墙和柱式都有极强的古罗马风，因此也是普罗旺斯地区罗曼艺术的重要实例。其入口上部的门缘线脚层次很多，并层层退进，门楣处的雕饰（图17）表现了中间的基督和围绕着他的四本福音，下面则是十二门徒。两侧的柱式也很有特色，柱子立在狮子的身上，而柱间是大小圣·詹姆斯、圣·特罗菲

▲ 图15 圣·特罗菲莫教堂

▲ 图16 圣·特罗菲莫教堂门廊

▲ 图17 教堂门廊上门楣处细部

▲ 图18 教堂本堂

▲ 图19 教堂耳堂

▲ 图20 教堂钟楼

莫、圣·保罗、圣·安德鲁、圣·菲利浦等圣徒的雕像，两侧柱顶上也分别表现了升入天堂和进入地狱的故事。教堂内部由中间罗曼风格的本堂（图18）和两面的耳堂（图19）组成，中间本堂高20米，宽15米，构图也较简单，与复杂的门廊形成明显的对比。教堂的钟楼（图20）高40米，简洁的方形层层收进形成了丰富的外轮廓。教堂右侧耳堂边上还有4个不对称的

柱廊，其东、北柱廊是12世纪的罗曼风格，西、南柱廊是14世纪的哥特风格。现在是修道院，为祈祷者和忏悔者提供场地。

由于行程的安排，阿尔勒的另外一些遗迹诸如古城墙、君士坦丁时期的浴室，位于古城市广场下的拱形地下廊道等都没有参观，留下一点遗憾。

阿尔勒除了文化遗产外，还留下了许多富有传奇色彩的人文故事。其中一个是，著名的法国音乐家比才（1838—1875），这位浪漫主义的作曲家只活了36岁，他在他的歌剧《卡门》首演之后三个月，即演到第33场时去世。他的另一部名作是为都德所著的《阿莱城姑娘》配乐27段，1872年上演后并不流行，但其配乐却被人们喜爱，后来比才从中取出4段音乐，组成了一部管弦乐组曲，一位朋友将他的另外4段音乐组成了第二部组曲，这就是我们现在听到的《阿莱城姑娘组曲》（L'ARLESIENNE）（包括第一号、第二号），而这个阿莱城就是阿尔勒。

让阿尔勒更加引以为骄傲的是荷兰的伟大画家文森特·凡·高（1853—1890），他比比才出生晚些，是个生前并不得意更不知名的画家，它的全部作品（包括800幅油画和700幅素描）在生前只售出了1幅（还是在他去世的那一年），直到20世纪初才声誉与日俱增，至今不衰。（图21、图22）凡·高也只活了37岁，人们把他短暂的艺术生涯分为两个阶段：20—32岁在布鲁塞尔、海牙是学艺、失败和改变方向的时期；33—37岁是飞速进步并取得成就的时期。他1886年去巴黎，结识了许多画家，打开了自己的眼界。由于厌倦了城市生活，于是离开巴黎来到了阿尔勒。从1888年2月21日到1889年5月3日，凡·高住阿尔勒的拉马丁广场2号，阿尔勒充沛的阳光和丰富的色彩更进一步激发了凡·高创作的灵感。他注重光与色的描绘，"我这里的住宅可画成鲜奶油样的黄色，百叶窗是鲜绿色，都浴于阳光之中，徜徉在有绿树、月桂、玫瑰、金合欢的花园广场，在这儿我能自由生活、呼吸、冥想和作画"。凡·高在这里找到了他所喜爱的题材和色彩（包括那幅耳朵包着绷带的自画像）；黄色住宅，自己的居室；多幅向日葵，这几乎成了他身份的标志，强烈的黄色调浓烈、醇厚又极有立体感；还有周围的城镇、花园、田野，如《夜色中的咖啡馆》，画家说："夜景不用黑色，只用冷调的蓝色、青莲色画成，这些暗色调衬托出明亮街道，呈现出近似柠檬黄的淡黄色彩。"他的作品已经有表现主义的成分，也有象征主义的色彩，用色更夸张、活泼，手法也更加成熟、大胆而富于幻想，真正表现了这位"19世纪最伟大的画家"在"创作上的伟大时期"。这些创作也都和阿尔勒紧密相关。因为精神失常，凡·高和当地居民的关系紧张，他也需多次住院和去圣雷米疗养。但在凡·高身后，他却成为阿尔勒城市最光鲜的"名片"，当地按照他当年在阿尔勒写生的地点，按画作中的色彩和样式把医院、咖啡馆、吊桥等一一加以恢复，以唤起人们对画家的回忆，即使他的"黄色住宅"在1944年战时被毁至今没有恢复，但也在另外的地点按他"阿尔勒的卧室"所描绘的场景重新布置出来，百多年来阿尔勒已经和凡·高紧紧地联系在一起了。（图23）

阿尔勒，这个只有五万多人口的小城，是个"艺术历史古城"，有两千年前的历史遗产，并成为欧洲文化古城联盟的会员。但与此同时，诱人的旅游内容，一系列的节庆活动如复活节庆典、弗拉明戈舞、普罗

▲ 图21 凡·高作品《开花的桃树》（1888年3月）

▲ 图22 凡·高作品《夜色中的咖啡馆》（1888年9月）

旺斯的巡游、斗牛、国际摄影节（那儿有法国唯一的阿尔勒国立高等摄影学院）……都在不断给历史名城注入新的活力。

参考资料

[1] 阿尔勒[M].欧盟:P.E.C公司,1997.

[2] 普罗旺斯[M].欧盟:P.E.C公司,1997.

[3] 不列颠百科全书（国际中文版）[M]. 北京: 中国大百科全书出版社, 1999.

[4] 王瑞珠. 世界建筑史: 罗曼卷[M]. 北京: 中国建筑工业出版社, 2007.

[5] (英)格雷格·沃尔夫 著 剑桥插图罗马史[M]. 郭小凌,等,译. 济南: 山东画报出版社,2008.

[6] (英)科林·琼斯 著. 剑桥插图法国史[M]. 杨保筠 译. 北京: 世界知识出版社,2004.

[7] 凡·高[M].欧盟：P.E.C公司.1996.

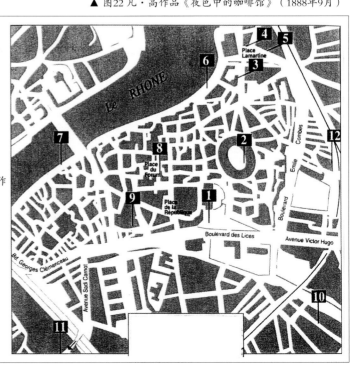

▶ 图23 凡·高在阿尔勒创作作品的位置示意:
1.《公共花园》
2.《阿尔勒的竞技场》
3.《商店》
4.《黄色住宅》
5.《夜咖啡馆室内》
6.《星光之夜》
7.《特里昆泰尔桥》
8.《夜色中的咖啡馆》
9.《医院的病房》
10.《THE ALYSCAMPS》
11.《朗卢桥》
12.《老磨坊》

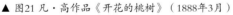

Post-Olympic Reflection on European Cities

欧洲诸城的"后奥运"省思

金　磊（Jin Lei）*

作为奥运建筑遗产的倡导者及研究者，我始终关注围绕奥运建筑的文化事件及遗产思想的研究与传播，自2001年迄今，除先后利用主编的《建筑创作》《中国建筑文化遗产》《建筑评论》学刊传承世界奥运建筑发展历程外，还在马国馨院士等专家的支持下编撰了数十计的奥运建筑图书，主办过多次奥运建筑的建筑师茶座或论坛。早在北京第29届奥运会召开前夕，笔者就曾向奥组委官员表示，以中国学者对奥运遗产的认知与理解，应开展奥运遗产的建筑学术研究，本人也一直有理想，希望组织中国建筑师与建筑摄影师能走遍世界的现代奥林匹克场馆（截至2012年第30届伦敦奥运会）。作为此学术与事件的进展是：发表了《奥运建筑遗产研究初论》（《中国建筑文化遗产3》，2012年）；于2012年4月造访了英国马奇·温洛克镇，真正感受了现代奥林匹克发源地及第30届伦敦奥运会主场馆；2013年7月末至8月初，笔者又先后考察第15届赫尔辛基奥运会（芬兰，1952年）、第5届斯德哥尔摩奥运会（瑞典，1912年）、第11届柏林奥运会（德国，1936年）、第20届慕尼黑奥运会（德国，1972年）。在感受奥运场所昔日风采的同时，我陷入深思：奥运会为什么能改变这些城市？城市乃至国度的"奥运效应"究竟能持续多久？怎样的城市及场馆建设才算是获取了"后奥运"效益的极致？北京奥运会该从他国奥运会汲取什么经验和教训？

一、欧洲奥运会场馆建设精神的再认识

谈到现代奥运会就不能忘记奥林匹克之父萨马兰奇先生（1920年7月17日—2010年4月21日），如今他沉睡在青松翠绿、依山面海的奥林匹克山的蒙锥克公墓中，在数不清的墓碑7号墓区可找到萨马兰奇家族的名字和醒目的五环标志。这里除了名字和生卒日期，再无记载他的任何生平业绩，他就静静安葬于夫

▲ 萨马兰奇墓

▲ 天津萨马兰奇纪念馆

人玛利亚的身边。2000年，萨翁因参加悉尼奥运会错过与夫人见最后一面，从而留下了毕生遗憾。2013年7月17日，萨马兰奇93周年诞辰之际，世界上唯一得到家族授权的萨马兰奇纪念馆在天津建成纳客，这些一定能成为弥足珍贵的奥运精神与遗产。1992年奥运会成就了巴塞罗那这个古老的城市，而巴塞罗那也因此成为借奥运改造城市的典范，每年来自世界各地的游客有1000多万。如果说，旅游业每年给这个城市贡献的GDP大约占到15%，那么这成绩绝离不开1992年奥运会至今对巴塞罗那城市的贡献。下面是我2013年7-8月造访四个欧洲奥运主办城市奥运场馆考察与思考的情况，因为它们的现状让我不能不提。

第5届斯德哥尔摩奥运会（瑞典，1912）。1904年国际奥委会决定斯德哥尔摩作为1912年奥运会主办城市，瑞典全国将它作为国家荣辱的头等大事来抓，兴建的"柯罗列夫"主运动场虽只可容纳3.7万人，比圣路易斯（第3届，美国，1904年）、

▲ 瑞典斯德哥尔摩奥运会场馆（1912年）

伦敦（第4届，英国，1908年）运动场都小，但其设施先进，跑道全长380.33米，已接近今日标准跑道长度，也是现代奥运会开办以来，运动员第一次在较标准的跑道上竞赛。场内实验性地安装了电动计时器和终点摄影设备，时间已精确到1/10秒。柯罗列夫运动场为开敞式，作为第一代体育场由瑞典著名建筑师格鲁特设计。建筑外表是紫罗兰色天然石，承重墙为钢筋混凝土。外观似中世纪城堡，看台由花岗岩砌成，整个设计体现了建筑师对中世纪瑞典乡村民居、修道院及其教堂等古典建筑风格的缅怀与敬意。我尤为感到可贵的是，建筑历经101年，完好无损，木质装饰色彩鲜艳，是一个真正融入城市中的、天天在用的体育场。尽管参观当中有阵阵雨丝，但练习者如梭，全然一种对社会开放的局面，不仅这种项目的完好度令我震惊，更体现出一种真正的奥运精神。

第11届柏林奥运会（德国，1936年）。1936年柏林奥运会恐怕是历史上最费周折的奥运会，由于一战、二战的原因，柏林被剥夺了两届主办城市的机会。1936年主办机会的获得，希特勒为此倾注全力，以向世界证明在他统治下的德国是何等自由、和平和强大，同时也寄希望于大规模的场馆建设解决部分失业问题。建筑系毕业的希特勒，认为当时的柏林是"与犹太人联姻的流浪者与文化罪犯的家园"，奥运会是他改造柏林的一个契机。为表现他的非凡之力度，为1916年停办的奥运会建造的主体育场，被希特勒命令拆掉。尽管有新方案在设计竞赛中取胜，可在实施中由于原本的现代主义简洁风格的里面不符合希特勒的古典主义建筑审美而被纳粹御用建筑师Alert Speer最终修改。如今我们看到的是一座典型的

▲ 德国柏林奥运会场馆（1936年）

▲ 德国柏林奥运会场馆（1936年）

纳粹时期建筑，它浸透着希特勒钟爱的建筑语言：斗兽场一般的单体几何形，外围一圈高大的纪念性柱廊，有力而精准的细部以及贯彻始终的涂覆了壳灰岩粉的天然石材，周边的其他场馆同样彰显着希特勒本人对宏大尺度的偏爱。赛后的3年间，主体育场依旧是柏林最重要的集会场所，见证了无数的历史时刻。1936年夏天的柏林，纳粹的黑色十字作为唯一的装饰布满了整个城市，它和奥运五环一起悬挂在奥林匹克体育场上方。70年后，柏林由于世界杯再度置身于一次全球盛会，奥林匹克体育场也因此由GMP事务所予以改造，斯图加特的结构事务所的钢管网架结构更成为很好的对比。基于柏林奥运场的沧桑，更由于它的经久耐用及成功的改造，2007年获国际奥组委颁发的场馆建筑金奖。

第15届赫尔辛基奥运会（芬兰，1952年）。赫尔辛基是颗"城市里有森林，森林里有城市"波罗的海的明珠，2012年刚刚获得联合国教科文组织颁发的"设计之都"称号。如果说这里有设计氛围，当属它是著名世界设计大师的诞生地。阿尔托（Alvar Aalto），他不仅是芬兰城市建设的领航者，还以其民族化和人情化成为闻名世界的多元化设计大师。美国现代建筑大师沙里宁（Eero Saarinen，1910-1961年），是地地道道的芬兰人，他之所以名传天下是他早年就设计了圣路易斯市杰弗逊国家纪念碑，被誉为美国走向西部开发建设的大门。

赫尔辛基奥运主会场造型看上去并非多么独特，体育场外墙下部是白色的，上部是叠状的深褐色，看台呈纵长形，拥有足球场、400米跑道和其他田径比赛设施。1952年奥运会后、1971年即1994年的欧洲田径

锦标赛，1983年首届世界田径锦标赛的主场及2005年第10届田径世界锦标赛都在此举行。作为标致性建筑当属主看台南侧一座72.71米高的塔，它是为纪念芬兰标枪运动员耶尔维宁所建，高度恰好是他当年创下的奥运会金牌纪录值，体育场门口矗立一尊获9枚金牌的马拉松运动员努尔米跑步英姿的全身铜像。伫立奥运会场片刻，一辆辆来自各国的旅游车造访，可见它现在已是展示芬兰民族骄傲的旅游圣境之一。

第20届慕尼黑奥运会（德国，1972年）。慕尼黑是巴伐利亚州的首府，南德地区经济、文化、交通中心及旅游胜地，也是欧洲著名的艺术城市和德国人文科学中心。20世纪以来，慕尼黑在德国和欧洲历史上扮演了重要角色。"一战"后，国家社会主义党徒利用失业和贫困的局面收买人心，1923年其党魁希特勒发动慕尼黑政变失败而锒铛入狱。10年后，他终于篡夺政权上台，从此慕尼黑在纳粹历史上一直扮演纳粹大本营的角色。"二战"后，满目疮痍的慕尼黑于20世纪50-60年代得以重建并发展成百万人口大都市。1972年和1974年，第20届奥运会和第10届世界足球锦标赛在此举行。1966年，慕尼黑申办1972年第20届奥运会成功，当时新任国际奥委会主席基拉宁勋爵指出："将1972年奥运会放在西德慕尼黑，放在纳粹主义发迹的地方举行，这是一件具有世界意义的大事，其意义是向全世界表型，西德已从战争的废墟中走出，年青一代有能力参加所有体育竞赛……"尽管现在距1972年慕尼黑奥运会已过40多年，然而这座占地3平方公里的大型体育运动公园及其建筑物，现看来依然引领潮流。整个园区的主要建筑以蜘蛛网般的透明天幕相互连接，充满好奇感与科技感。变建筑垃圾为绿色山丘，引宁芬堡宫运河水营造人工湖，成为设计的独具匠心之处。慕尼黑申办奥运的口号"用最近的路通向奥林匹克"也很具可持续性。事实上，奥运场馆建设的一个显著特点是：宽敞，驻地高度集中，给运动员带来无比的方便。园区内有座290米高的瞭望塔，可让人一览无遗奥运公园的杰作。但慕尼黑奥运会最令人难以忘却的是那场大悲剧：当年，巴勒斯坦激进分子闯入比赛场地，绑架了以色列的参赛选手，这起恐怖事件最后以悲剧收场，包括

PAAVO
NURMI

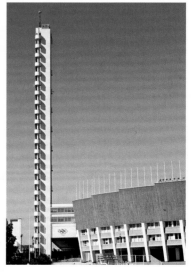

▲ 芬兰赫尔辛基奥运会场馆（1925年）

▲ 德国柏林奥运会场馆（1936年）

▲ 德国柏林奥运会场馆指示标示

▲ 德国慕尼黑奥运会场馆（1972年）

选手、恐怖分子与营救人质的警察在内，共有17人遇难，成为奥运史上最血腥、最黑暗的一页。带着这些联想，驻足已经用娱乐设施装扮的慕尼黑后奥运场馆区，确为当下的德国繁荣而欣喜，更寄希望后奥运能带给我们新的建设启示。

二、北京后奥运建设要点再思考

2013年8月8日，第四届北京奥林匹克城市体育文化节开幕，面对"运动让城市更健康"的主题，让人有一连串联想。据主办方介绍，为纪念北京奥运会、残奥会，进一步做好奥运遗产利用工作，促进北京中国特色世界城市建设，每年8月至9月，北京都将在奥林匹克公园举办北京奥运城市体育文化节，对此引发我们更丰富的后奥运建设的思考。

1.北京后奥运城市建设如何体现价值

作为一个怪圈，北京后奥运城市建设凸显的另一个光鲜目标是"世界城市"的建设。经过自2008年末

▲ 陪同中国奥委会名誉主席何振梁（左二）参加马国馨院士新书座谈会（2007年）　　▲ 马国馨院士（右二）新书出版座谈会（2007年）　　▲ 作者（中）在鸟巢（2007年）

至2010年末的理论与实践求索，越来越多的学者及实际工作者感到，北京建设世界城市的目标，十分遥远，在经济与文化、建设与开发、环境与安全、人口与教育等方面，北京与伦敦、纽约、东精差距很大，因此最有效的北京后奥运的城市建设要抓住如下方面，但迄今这是我们的显著差距，如伦敦有"大伦敦空间发展战略——2030年伦敦规划"；纽约有"更绿色、更美好的纽约——2030纽约规划"；东京有"10年后的东京"，就连中国台北也有"生态城市——2030台北规划"，而北京只是按国家步骤做短期而无效的"十二五规划"。此外，北京要关注重点领域即基于全球竞争与可持续发展的竞争性"高线"目标及生存性"低线"目标；人口变化趋势及影响因素及衍生问题；可持续的城乡区域空间形态的构筑；追求包容性发展的多元产业经济；体现更多城市发展的居住与公共供给；提升可达性的城市多元化交通的构建；深度城市化内涵及功能化改造；汇聚城市内在生命力的文化创新要素；关注全球风险及能源危机的灾害场景等。找到这些问题的答案，才有后奥运北京城市建设的"魂"。

2.北京应汲取怎样的奥运建筑遗产

遗产主要指自然或人类遗存给后人的有价值的产品，历届奥运会都会给举办地留下各种文化遗产。北京奥运会的文化遗产是"绿色奥运、科技奥运、人文奥运"的三大理念。奥运文化遗产更泛指奥运事件中有普遍价值的物质和精神遗产，如奥运理念、标识、标志、圣火、吉祥物、会徽等。我以为当下对奥运文化遗产理解不深透的当属奥运建筑遗产，这也是研究十分不够的一个表征。国际奥委会市场委员会主席海博格说，"一旦成为奥运城市，就永远是奥运城市"，其含义是指从"奥运模式"走向"遗产模式"。美国电影人乔·帕克和加里·哈斯维特2013年8月出版新摄影集《奥运城市》，汇集了他们在2008年北京奥运会后拍摄的13个奥运城市的200幅图片，其彰显的文化遗产意义是：奥运会如何让一个国家为其骄傲，让城市空间有了新的用武之地，战争和经济又如何让它蒙上阴影，又或者如何使本来闹市的街区变成毫无用处的现代遗址……伦敦奥运公园主管设计师克里斯·乔普森说，"如果英国在奥运会之后变成雅典甚至蒙特利尔，必须为奥运会偿还根本负担不起的高额债务，那所谓的奥运遗产就失去了任何价值。"伦敦奥运建筑超越北京奥运建筑理念的是，它有大量临时场馆，其绿色的设计理念，已成为伦敦奥运会的标志性遗产，它们并没有死亡，而是以另一种方式延续着自己的生命，因为世界真正记住了它的本质绿色设计。对比中会发现，北京"鸟巢"始终为自己的体育属性而焦急忧虑，反倒是伦敦奥运会早早规划出了解决之径。伦敦的"鸟巢"是"伦敦碗"，奥运会开幕前引入英超概念，最终西汉姆联队几经周折从2016年起，以此作为主场使用，西汉姆联队每年要支付租金200万英镑，租期99年。尽管这一过程蕴含颇多博弈，但赢家最终还是奥运遗产。北京"鸟巢"身居首都，迎不来国安，自是枉然。

3.北京奥运精神扎根中国还有路要走

虽然2008年北京奥运会为中国6个城市留下30余座崭新的比赛场馆及以奥运公园为代表的体育文化中心，期望他们在赛后能成为市民开展体育运动和休闲娱乐的地方。但从北京已连续四届8月8日奥运文化体育节的层次看，水准较低，缺少有水平的策划，本质反映是一种见识的困惑！此外，奥运精神不仅在于奥运场馆的有效利用，还将促进公众运动意识和健康观念的提升，但据《人民日报》2013年最新统计，中国至少有51%的人群完全没有体育锻炼意识。除北京及全国各地奥运场馆外，目前全国体育场地已初步覆盖广大城乡，总量超过100万个，但总体上，公共体育设施仍无法满足公众快速增长的健身需求。总体上说：其一，能向公众开放的健身场馆太少，绝大多数场馆处于闲置状态，更有甚者变成了商业地产项目；其二，要改变学校体育场地大门紧锁的状况。我国城市体育场馆规模不小，有不少城市的场馆足以举办奥运会，可相对于社区居民的体育需求，适用的体育场地又太小，所以开放占我国60%体育场地资源的学校体育场地是快捷且有效的办法。如上所述，实现奥运建筑遗产的要求，要处理好举办奥运会时与奥运后城市建设的关系；处理当前与长远建设的关系；处理好后奥运战略部署与社区规划、市民体育生活的关系。我们不仅要使辉煌灿烂的华夏文化融入国际奥运文化中，更要以扎实的实践、以后奥运建筑与城市文化遗产的可持续性，使国际奥运文化扎根中国的路途缩短。

以上是我走进欧洲诸主办城市后，反思奥运城市与建筑，触摸历史后的一点点感言。如果说，现代奥林匹克的脚步从1896年开始加速，那我更想说，奥运会无疑已成为所处时代与社会的镜像和缩影。穿越奥运史，就是穿越人类的文化史、思想史、科技史与发展史。

特别鸣谢：苗淼、朱有恒、金维忻为本文提供的专业文献。

A Study on Wood Selection of Hall of High Heaven, Palace Museum

故宫大高玄殿建筑群木结构的树种配置与分析

李德山（Li Deshan）* 李 华（Li Hua）** 陈勇平（Chen Yongping）**
陈允适（Chen Yunshi）** 腰希申（Yao Xishen）**

摘要：对故宫大高玄殿木结构主要用材进行树种配置与分析，可为大高玄殿古建筑的设计和保护提供数据支撑，同时数字化树种鉴定结果可不断丰富故宫古建筑木构件树种数据库并永久保存，研究具有重要意义。结果表明，大高玄殿建筑群木结构用材在很大程度上保留了明代初建时的明显特征，立柱、三架梁、五架梁、脊檩等主要承重的木构件，绝大多数仍保留当时的珍贵南方树种润楠、桢楠和木姜；九天应元雷坛和东西庑殿在建成后有一定的维修，雷坛顶棚内木构件进行过较大的替换；大高玄门木构件使用树种中没有发现楠木。根据大高玄殿建筑群树种配置推演其选材，大致原始用材主要是桢楠、润楠、木姜和樟木，后期的替换树种为落叶松、硬木松、软木松、云杉、冷杉、侧柏和杉木。

关键词：大高玄殿，木构件，树种鉴定，树种配置

Abstract: The analysis of the wood used in the structure of the Hall of High Heaven can provide data support to the design and conservation of the ancient building. At the same time, digitalized plant identification can constantly enrich the database which can be saved forever. The analysis shows that the wooden structure of the Hall of High Heaven in a large part preserved its distinguished features in the Ming dynasty when it was first built. The main load-bearing components, including the support columns, three-purlin beams, five-purlin beams and cross-beams are still made of wood from valuable southern trees such as Machilus, Phoebe and Litsea trees. The Altar of Ninth Heaven Primordial Thunder and the east and west hip-roofed halls had been repaired. Many of the wooden components in the altar's ceiling had been replaced. Nanmu was not found in the Gate of High Heaven. According to its plant composition, we conclude that the buildings of the Hall of High Heaven were originally built with Machilus, Phoebe, Litsea and camphor wood; and the repairs used larch, hard pine, soft pine, spruce, fir, cypress and cedarwood.

Keywords: Hall of High Heaven; Wood component; Plant identification; Plant composition

　　大高玄殿是明朝嘉靖皇帝的斋宫，始建于1542年，清朝时期被用作皇家道观，1957年被列为北京市第一批文物保护单位，1996年被列为全国重点文物保护单位。现存主要建筑有大高玄门、钟楼、鼓楼、东配殿、西配殿、大高玄殿、九天应元雷坛、东西庑殿以及乾元阁和坤贞宇。大高玄殿是典型的木结构古建筑，木材是一种生物质材料，随着时间推移，木构件会出现开裂、腐朽等现象。为保护该古建筑，保存历史信息，应故宫博物院委托，中国林科院木材工业研究利用先进的无损检测设备，对大高玄殿木结构主要用材进行勘查、取样和分析，本文也由此而来。

1. 大高玄殿建筑群木构件的取样

　　树种鉴定用样本主要取自柱、梁、檩、枋等木构件，包括立柱、瓜柱、三架梁、五架梁、七架梁、天花梁、桃尖梁、单步梁、双步梁、爬梁、脊檩、金檩、正心檩、檐檩、脊檩枋、金枋、天花枋、承椽枋、穿插枋、托斗枋、小额枋、斗拱、角梁等20多种。取样位置一般选在不影响木材力学强度的部位，取样尺寸为3~5毫米见方小木块，不会对木材本身和

* 故宫博物院基本建设办公室副主任，高级工程师
** 中国林业科学研究院木材工业研究所

CHINA ARCHITECTURAL HERITAGE
中国建筑文化遗产 12

Committee of Traditional Architecture and Gardens,
Chinese Society of Cultural Relics

中国文物学会
传统建筑园林委员会

结构造成不利影响。取样后木块制作横向、径向和弦向三切面切片，之后利用光镜观察其显微结构，进行树种鉴定。

2. 树种鉴定总览

经鉴定，大高玄殿木结构用材由11个树种组成，即润楠（Machilus sp.）、桢楠（Phoebe sp.）、木姜（Litsea sp.）、落叶松（Larix sp.）、硬木松（Pinus sp.）、软木松（Pinus sp.）、云杉（Picea sp.）、冷杉（Abies sp.）、侧柏（Platycladus orientalis）、杉木（Cunninghamia lanceolata）、樟木（Cinnamomum sp.）。将鉴定结果进行整理分析，可得到下图：

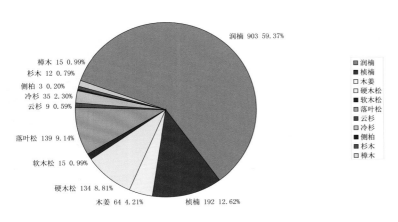

▲ 大高玄殿建筑群整体树种配置示意图

从示意图可以看出，大高玄殿建筑群树种主要由润楠、桢楠、落叶松、硬木松和木姜等组成。大高玄门出现树种有硬木松、落叶松、冷杉、云杉和侧柏；钟楼出现树种有润楠、桢楠和樟木；鼓楼出现树种有润楠、桢楠、木姜和樟木；东配殿出现树种有润楠、桢楠、木姜、硬木松和云杉；西配殿出现树种有润楠、桢楠、硬木松、木姜和樟木；大高玄殿出现树种有润楠、桢楠、冷杉、木姜、软木松和樟木；九天应元雷坛出现的树种有落叶松、润楠、桢楠、木姜、软木松和樟木；东庑殿出现的树种有润楠、桢楠、硬木松、木姜和樟木；西庑殿出现的树种有润楠、桢楠、硬木松、木姜和云杉；坤贞宇出现的树种有润楠、桢楠、杉木、云杉、硬木松和木姜；乾元阁出现的树种有润楠、桢楠、木姜、樟木和软木松。

3. 主要树种介绍、参考产地、显微照片及物理力学性质

润楠(拉丁名：Machilus sp.)：

木材解剖特征：

生长轮明显，散孔材。导管横切面为圆形、卵圆形；单管孔及径列复管孔2~3个；侵填体未见；主为单穿孔，间具复穿孔梯状。管间纹孔式互列。轴向薄壁组织环管状、环管束状及似翼状，稀星散状，油细胞或黏液细胞数多。木纤维壁薄，木射线单列者甚少，多列射线宽2-3细胞，多数高10-20细胞。射线组织异形Ⅱ型及Ⅲ型，油细胞或黏液细胞数少。射线—导管间纹孔式为大圆形、刻痕状，部分似管间纹孔式。胞间道缺如。

树木及分布：

润楠属约100种，我国约7种，现以润楠为例：大乔木，高可达30米，胸径1米。分布在西南、中南及华东。

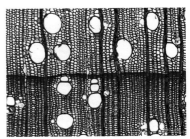

▲ 润楠横切面

木材加工、工艺性质：

干燥情况颇佳，微有翘裂现象；耐腐性强。参考桢楠。（桢楠：干燥情况颇佳，微有翘裂现象；干后尺寸稳定；性耐腐；切削容易，切面光滑，有光泽，板面美观，油漆后更加光亮；胶粘亦易；握钉力颇佳。）

▲ 润楠径切面

木材利用：

参考桢楠。（桢楠：本种木材最为四川群众所喜用，其评价为该省所有阔叶树材之冠。由于结构细致，材色淡雅均匀，光泽性强，油漆性能良好，及胀缩性小，为高级家具、地板、木床、胶合板及装饰材料，四川曾普遍用作钢琴壳、仪器箱盒、收音机木壳、木质电话机、文具、测尺、机模、漆器木胎、橱、柜、桌、椅、木床等。木材强度适中，能耐腐，又是做门、窗、扶手、柱子、屋顶、房架及其他室内装修、枕木、内河船壳、车厢等的良材。海南岛产的红毛山楠经试验证明抗海生钻木动物蛀蚀性强，是作船材的好材料。）

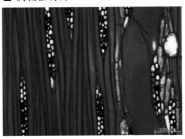

▲ 润楠弦切面

物理力学性质（参考地：四川）

中文名称	密度 (g/cm³)		干缩系数 (%)				抗弯强度 (MPa)	抗弯弹性模量 (GPa)	顺纹抗压强度 (MPa)	冲击韧性 (kJ/m³)	硬度 (MPa)		
	基本	气干	径向	弦向	体积						端面	径面	弦面
润楠	—	0.565	0.171	0.283	0.480		80.686	10.980	38.824	62.328	44.314	31.863	33.627

桢楠(拉丁名：Phoebe sp.)：

木材解剖特征：

生长轮明显，散孔材。导管横切面为圆形及卵圆形，单管孔及径列复官孔2-3个，管孔团偶见，具侵填体；单穿孔，稀复穿孔梯状。管间纹孔式互列，多角形。轴向薄壁组织量少，环管状，稀呈环管束状，并具星散状，油细胞或黏液细胞甚多。木纤维壁薄，具缘纹孔数多。木射线单列者极少，多列射线宽2-3细胞，多数高10-20细胞。射线组织异型Ⅲ及Ⅱ型；油细胞及黏液细胞数多。射线—导管间纹孔式为刻痕状与肾形、大圆形或似管间纹孔式。胞间道缺如。

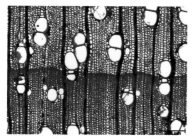

▲ 桢楠横切面

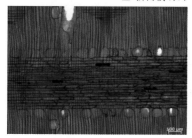

▲ 桢楠径切面

▲ 桢楠弦切面

树木及分布：

桢楠属约94种，我国约34种；现以桢楠为例，大乔木，高达40米，胸径达1米，树皮浅灰黄或浅灰褐色，平滑，具有明显的褐色皮孔，分布在四川、贵州和湖北。

木材加工、工艺性质：

干燥情况颇佳，微有翘裂现象；干后尺寸稳定；性耐腐；切削容易，切面光滑，有光泽，版面美观；胶粘亦易；握钉力颇佳。

木材利用：

本种木材最为四川群众所喜用，其评价为该省所有阔叶树材之冠。由于结构细致，材色淡雅均匀，光泽性强（不施漆，越用越亮），油漆性能良好，及（或）胀缩性小，为高级家具、地板、木床、胶合板及装饰（如木雕、车工等）材料，四川曾普遍用作钢琴壳、仪器箱盒、收音机木壳、木质电话机、文具、测尺、机模、漆器木胎、橱、柜、桌、椅、木床等。木材强度适中，能耐腐，又是做门、窗、扶手、柱子、屋顶、房架及其他室内装修、枕木、内河船壳、车厢等的良材。海南岛产的红毛山楠经试验证明抗海生钻木动物蛀蚀性强，是作船材的好材料。

物理力学性质（参考地：四川峨眉）

中文名称	密度 (g/cm³)		干缩系数 (%)			抗弯强度 (MPa)	抗弯弹性模量 (GPa)	顺纹抗压强度 (MPa)	冲击韧性 (kJ/m²)	硬度 (MPa)		
	基本	气干	径向	弦向	体积					端面	径面	弦面
桢楠	—	0.610	0.169	0.248	0.433	79.2	9905	39.5	58.3	44.6	40.0	42.2

硬木松(拉丁名：Pinus sp.)：

木材解剖特征：

生长轮甚明显，早材至晚材急变。早材管胞横切面为方形及长方形，径壁具缘纹孔通常1列，圆形及椭圆形；晚材管胞横切面为长方形、方形及多边形，径壁具缘纹孔1列、形小、圆形。轴向薄壁组织缺如。木射线单列和纺锤形两类，单列射线通常3～8细胞高；纺锤射线具径向树脂道，近道上下方射线细胞2-3列，射线管胞存在于上述两类射线中，位于上下边缘1-2列。上下壁具深锯齿状或犬牙状加厚，具缘纹孔明显、形小。射线薄壁细胞与早材管胞间交叉场纹孔式为窗格状1-2个，通常为1个，具轴向和横向树脂道，树脂道泌脂细胞壁薄，常含拟侵填体，径向树脂道比轴向树脂道小得多。

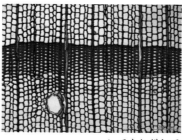

▲ 硬木松横切面

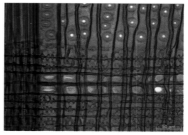

▲ 硬木松径切面

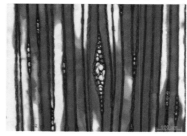

▲ 硬木松弦切面

树木及分布：

以油松为例：大乔木，高可达25米，胸径2米。分布在东北、内蒙古、西南、西北及黄河中下游。

木材加工、工艺性质：

纹理直或斜，结构粗或较粗，较不均匀，早材至晚材急变，干燥较快，板材气干时会产生翘裂；有一定的天然耐腐性，防腐处理容易。

木材利用：

可用作建筑、运动器械等。参考马尾松（马尾松：适于作造纸及人造丝的原料。过去福建马尾造船厂使用马尾松做货轮的船壳与龙骨等。目前大量用于包装工业以代替红松，经脱脂处理后质量更佳。原木或原条经防腐处理后，最适于作坑木、电杆、枕木、木桩等，并为工厂、仓库、桥梁、船坞等重型结构的原料。房屋建筑上如用作房架、柱子、搁栅、地板和里层地板、墙板等，应用室内防腐剂进行防腐处理，否则易受白蚁和腐木菌危害。通常用作卡车、电池隔电板、木桶、箱盒、橱柜、板条箱、农具及日常用具。运动器械方面有跳箱、篮球架等。原木适于做次等胶合板，南方多做火柴杆盒。）

物理力学性质（参考地：湖南莽山）

中文名称	密度 (g/cm³)		干缩系数 (%)			抗弯强度 (MPa)	抗弯弹性模量 (GPa)	顺纹抗压强度 (MPa)	冲击韧性 (kJ/m²)	硬度 (MPa)		
	基本	气干	径向	弦向	体积					端面	径面	弦面
马尾松	0.510	0.592	0.187	0.327	0.543	77.843	11.765	36.176	44.394	41.373	31.569	35.294

落叶松(拉丁名：Larix sp.)：

木材解剖特征：

生长轮明显，早材至晚材急变。早材管胞横切面为长方形，径壁具缘纹孔1-2（2列甚多）列；晚材管胞横切面为方形及长方形，径壁具缘纹孔1列。轴向薄壁组织偶见。木射线具单列和纺锤形两类。单列射线高1-34细胞，多数7-20细胞。纺锤射线具径向树脂道。射线管胞存在于上述两类射线的上下边缘及中部，内壁锯齿未见，外缘波浪形。射线薄壁细胞水平壁厚。射线细胞与早材管胞间交叉场纹孔式为云杉型，少数杉木型，通常4-6个。树脂道轴向者大于径向，泌脂细胞壁厚。

树木及分布：

以落叶松为例：大乔木，高可达35米，胸径90厘米，分布在东北、内蒙古、山西、河北、新疆等地。

CHINA ARCHITECTURAL HERITAGE
中国建筑文化遗产 12

Committee of Traditional Architecture and Gardens,
Chinese Society of Cultural Relics

中国文物学会
传统建筑园林委员会

木材加工、工艺性质：

干燥较慢，且易开裂和劈裂；早晚材性质差别大，干燥时常有沿年轮交界处轮裂现象；耐腐性强（但立木腐朽极严重），是针叶树材中耐腐性最强的树种之一，抗蚁性弱，能抗海生钻木动物危害，防腐浸注处理最难；多油眼；早晚材硬度相差很大，横向切削困难，但纵面颇光滑；油漆后光亮性好；胶粘性质中等；握钉力强，易劈裂。

木材利用：

因强度和耐腐性在针叶树材中均属较大，原木或原条比红杉类更适宜做坑木、枕木、电杆、木桩、篱柱、桥梁及柱子等。板材做房架、径锯地板、木槽、木梯、船舶、跳板、车梁、包装箱。亦可用于硫酸盐法制纸，幼龄材适于造纸。树皮可以浸提单宁。

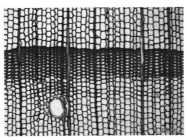

▲ 落叶松横切面

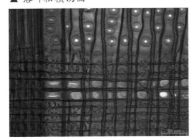

▲ 落叶松径切面

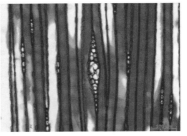

▲ 落叶松弦切面

物理力学性质（参考地-东北小兴安岭）

中文名称	密度 (g/cm³)		干缩系数 (%)			抗弯强度 (MPa)	抗弯弹性模量 (GPa)	顺纹抗压强度 (MPa)	冲击韧性 (kJ/m³)	硬度 (MPa)		
	基本	气干	径向	弦向	体积					端面	径面	弦面
落叶松	—	0.641	0.169	0.398	0.588	111.078	14.216	56.471	48.020	36.961	—	—

4. 大高玄殿初建时基本使用南方珍贵的樟科树种

"明代修建北京宫殿时，木架和装修都用上好的楠木"，实际上，一直到明代中期，朝廷每兴大工，都要首先派遣得力官员远赴四川、湖广、江西、浙江、福建、山西等地，督伐良材。由此可见，强大的经济实力、丰富的木材资源和稳定的政治局面是明代宫廷建筑用材严谨、优质的基本保障。大高玄殿修建时为明朝嘉靖年间，根据历史记载嘉靖皇帝即位之初，"革除先朝蠹政，朝政为之一新"，是明朝在位时间较长且有所作为的皇帝；后"尊尚道教、大事营建"，因其在位时间长且其尊尚道教，所以有能力且有财力去修建，由此可以推断大高玄殿修建时必然使用当时的珍贵树种，即润楠、桢楠等。

5. 大高玄殿建筑群在很大程度上保留了初建的原貌

根据此次勘查的树种鉴定结果可以看出，润楠和桢楠在结构材中用量超过了70%，而之前研究表明大高玄殿初建时基本使用南方珍贵的楠木等树种，这说明该建筑群木结构的配置在很大程度上保留了初建时的状态。进一步对柱、三架梁、五架梁、脊檩、金檩、大额枋等主要承

重构构件进行研究表明，钟、鼓楼基本上均使用楠木；大高玄殿、东配殿、西配殿、乾元阁、坤贞宇楠木用材80%以上，九天应元雷坛和东西庑殿立柱均是使用楠木等珍贵樟科树种，由此也印证了大高玄殿建筑群在很大程度上保留了明代初建时的原貌。

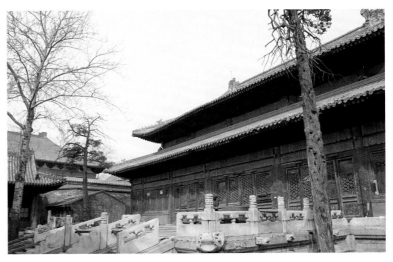

▲ 大高玄殿

6. 部分建筑单体可能进行过维修

通过研究统计表明，各建筑单体木构件所使用的材料一定程度上都出现了非樟科树种，比如东配殿出现了9%的非樟科树种，西配殿15%，大高玄殿7%，九天应元雷坛67%，东庑殿17%，西庑殿17%，坤贞宇15%，乾元阁5%。相比钟楼和鼓楼100%使用樟科树种，初步推断以上建筑单体进行过一定的后期修缮。

7. 九天应元雷坛可能进行过大修

在大高玄殿建筑群中，承重构件出现了硬木松和软木松等用材，可能是后期修缮所致。但值得一提的是，九天应元雷坛主要承重的柱构件均是使用楠木等珍贵的樟科树种，而顶棚里三架梁、五架梁、脊檩和金檩大多都是使用落叶松，且内部构件表面材质较新同时很多都出现了开

▲ 九天应元雷坛

裂现象，推测此建筑疑似整体大修过。同时，九天应元雷坛东西庑殿脊檩及金檩中硬木松等树种的用量明显增大，疑似也进行过一定的维修。

8. 松木为清朝修缮时常用材

据故宫文献记载，延至清代，一遇宫殿大工，虽仍旧派员到广东、广西、湖广、四川采办楠木，但是已经很难满足需要。康熙八年维修乾清宫、太和殿，由于楠木不敷使用，康熙皇帝就指示酌量以松木凑用，著停止采取楠木。康熙二十五年，康熙皇帝进一步指示"今塞外松木材大，可用者甚多，若取充殿材，即数百年亦可支用，何必楠木。著停止采运"。所以从清代早期，紫禁城建设开始寻找替代大楠木的其他木材，其着眼点是满族人所熟悉的松木。

9. 大高玄门的疑惑

此次勘查中，发现大高玄门主要使用的树种是落叶松和硬木松，其用量接近80%，没有发现任何楠木的使用，作为大高玄殿的一个主要建筑其树种配置存在一定的疑惑。

10. 大高玄殿修缮用材的选择

为了保持结构的稳定性，在进行古建筑木构件维修时，最好选用物理力学性质相同或者接近的木材，除此之外，耐腐性（或是否易防腐浸注处理）和耐开裂性能也是重要评价指标。此11类木材，物理力学强度都较高，密度等级大致为木姜＞落叶松＞侧柏＞桢楠＞润楠≈樟木≈硬木松＞云杉＞软木松＞冷杉＞杉木，其耐腐性及开裂性能见表1。

落叶松和硬木松力学性能较高，且均具有一定耐腐性，同时取材便利，所以在修缮过程中使用较多，用途也较广，可以用作立柱、主要承重梁等。从表1也可以看出，云杉和冷杉均不耐腐，但鉴于其具有良好物理力学性能，也被作为古建修缮用材，当然由于其耐腐性不强，也不用作与地基直接相连的柱构件，而主要用作檩和枋修缮。

4. 结论

（1）故宫大高玄殿初建时大多使用樟科木材（润楠、桢楠、木姜和樟木）；故宫大高玄殿后期修缮材主要以落叶松和硬木松为主。

（2）大高玄殿建筑群部分建筑单体可能进行过一定的木构件修缮，初步推断修缮程度为九天应元雷坛＞东庑殿＞西庑殿＞坤贞宇＞西配殿＞东配殿＞大高玄殿＞乾元阁。

（3）硬木松、落叶松是良好的修缮用材，可以替换柱梁檩枋中的各类构件使用；云杉、冷杉可以作为修缮用材使用，但因为其不耐腐，不能用作和地面直接接触的构件使用。

参考文献

[1] 陈允适. 古建筑木结构与木质文物保护[M].北京：中国建筑工业出版社,2007.

[2] 故宫武英殿建筑群木构件树种及其配置研究. 故宫博物院院刊，2007（4）：6-27.

[3] 故宫古建筑木构件树种数据库的设计与实现. 故宫博物院院刊，2011（5）：105-117.

表1 大高玄殿木构件用树种特征及干缩性

树种名称	耐腐性	分布	弦径向干缩比
润楠	耐腐性强	西南、中南及华东	1.7
桢楠	耐腐性强	四川、贵州和湖北	1.5
木姜	耐腐性强	两广、海南岛和湖南	1.4
落叶松	耐腐性强	东北	2.4
硬木松	有一定的天然耐腐性	东北、内蒙古、西南、西北及黄河中下游	2.3
软木松	具有耐腐性	西北、西南及黄河中下游、长江中下游	2.8
云杉	不耐腐	东北、内蒙古、西南、西北及黄河中下游	1.9
冷杉	不耐腐	四川	2.0
侧柏	耐腐性强	东北、华北、两广、陕西、甘肃、四川、云南和贵州	1.4
杉木	耐腐，防腐处理较难	华东、中南、西南及长江以南	2.3
樟木	耐腐性强，防腐处理较难	长江流域及以南各省	1.7

注：木材的弦径向干缩比大于2，干燥时达不到平衡含水率就很容易造成开裂。

The Glittering Ruins
Guge Ruins in Nagri

废墟的辉映
阿里古格王朝都城遗址

郭　玲（Guo Ling）*

▲ 圣湖玛旁雍错

▲ 神山冈仁波齐

天边的阿里——世界屋脊的屋脊，教我把一部地理读成了历史。

一

这是我第二次进藏，目的地是阿里。我不曾奢求走遍西藏，但一种莫名的诱惑，令我总牵挂着阿里——那个离天空最近的地方，那个被称作"世界屋脊的屋脊"。

我无数次地问自己，为什么要去阿里？

它位居西藏的边陲，南与印度、尼泊尔毗邻，西面紧靠克什米尔地区，东面牵着喜马拉雅山和冈底斯山脉，北部则是昆仑山。总面积34.5万平方公里，人口9万，是我国地理面积最大、人口密度最小的地级行政区。这里平均海拔超过4500米，是一片坚守荒凉的净土。

一个声音说，那里有称作"万山之祖"的神山——冈仁波齐，那是印度教、佛教、苯教信徒公认的宇宙的中心、神灵的驻地。我说，我不是佛门弟子，却要来这里转山。

一个声音说，那里有誉为"百川之源"的圣湖——玛旁雍措，那是"西天的瑶池""不败的湖泊"，是多国众生向往的地方。我说，我不是社会学者，却要来这里寻访。

一个声音说，那里有"鬼斧神工"的地貌奇观——札达土林，那是大地变迁的见证，可以与美国的科罗拉多大峡谷比美。我说，我不是地质专家，却要来这里探秘。

更多的声音却说，还是不要去了，那里偏远高寒，含氧量只有内陆地区的56%，年平均气温仅为0℃。我说，南极和北极去不了，守着自家的世界第三极难有不去的道理。

……

这些看似矛盾的追随，可以说是答案，也可以说并非答案。就在我沿着土林，转过山坳，猛然望见晴天之下那寂寞的山巅遗址时，我明白了，作为关注建筑文化遗产的人士，废墟对于我们就是诱惑。

废墟是时空的对话，是文化的碰撞。透过它，我

＊本刊编委、中国摄影家协会会员

▲ 札达土林

看到了一个王朝的背影。

二

    我站在重山万壑之中，仰望着屹立了千年的古格都城。它依山叠起、拔地300米(实际高度已接近海拔5000米)。似蜂房密布的洞穴镶嵌在残墙断垣之中，如坚强的卫士，守护着山顶的王宫。我意识到，我走进了一幕宏大的历史风景。这气势犹如脚下的象泉河水，奔腾呼啸，从遥远的彼岸冲泻而来。

    古格的历史最早追溯到吐蕃王朝覆灭后，王室后裔西逃的时期。公元842年，大举灭佛的末代赞普朗达玛遇刺，王室分裂，外族争位。公元869年，适逢平民、奴隶大暴动，延续两百多年的吐蕃王朝敲响了丧钟。其中一方王室之孙吉德玛尼衮率百余人西逃至阿里扎布让(今普兰)，受到当地头人的礼遇，许配女儿为妻，并让其继位成为首领。公元930年，吉德去世后，他的三个儿子各占一方，长子占日土(古称拉达克，今包括克什米尔地区)，次子占普兰，三子占札达(后吞并普兰，发展成为古格王)。人称"阿里三围"。

    盛极一时的古格王朝，是由三子的两个儿子柯日和松埃王子创建的。柯日王子热衷佛教，出家为僧，取法名益西沃。11世纪上半叶，他规范教规，整肃佛法，十万臣民，从善向佛，百姓安居，社会平

稳。为了再度复兴衰败二百余年的佛教，益西沃选派仁钦桑布等21名有志青年赴印度学法；仿照藏区第一寺庙桑耶寺的规模和形制，在此修建曼荼罗式托林寺；主持学成归来的仁钦桑布大译师翻译和修订佛教经典；甚至为迎请60岁高龄的印度高僧阿底峡进藏(1042年)，献出了宝贵的生命。

    正因为有了益西沃这样的忠诚者，当年的古格，才请进了"佛尊"，成就了"大译师"，聚集起成千的僧侣、上万的民众，阿里才成为"后弘期"重振佛教的根据地。按照今天的提法，推陈出新，引进吸收，那是一条复兴之路。可以说，没有古格就没有藏传佛教，就没有藏民族意识形态中保持至今的精神支柱。这是天边的奇迹，这是阿里的辉煌。

    到了1630年，历经700年的王朝走到了尽头。僧侣与王室的矛盾，外部势力的侵入与征战，将古格推下了深渊。

    首先是罗马天主教会葡萄牙神父安东尼奥的潜入。1624年，他从印度翻越山岭，献上厚礼，向国王宣讲"天主福音"。国王本来存有削弱喇嘛势力的念头，于是借机行事，任其发展。但事与愿违，天主教的到来反而加剧了黄教喇嘛的仇恨。1635年，喇嘛示意拉达克人发起进攻，战争持续一个月，军队溃败，国王被抓，都城惨遭涂炭，百姓无一幸还。而那几位天主教传教士也因拉达克的敌视，随着古格的覆灭而消声灭迹。

    另有资料记载，1681年，占领者拉达克因信奉白教，反对五世达赖，引五世达赖愤怒。于是藏军联合蒙军攻入阿里，大败拉达克，无疑

▲ 古格都城

▲ 白殿

▲ 红殿

▲ 洞窟崖穴

▲ 土林环抱

再次荡涤了阿里。古格王朝在血染的夕阳中最终落下了帷幕。

然而，阿底峡早已进入卫藏，佛法之光早已在广阔的高原再燃。阿里的精神不灭，古格的光辉永存。

三

回顾了益西沃，记住了阿底峡，知晓了拉达克，走进了"后弘期"。于是，我们再来看古格王朝的都城，就有了历史的背影，就有了时代的坐标。

这里一派荒凉，一切都仿佛被淹没在浩瀚的黄沙之中。但唯有这依山傍河的残宫遗穴，雕塑般地历经千年。那是座死城，一座蛀空了的废墟，但是，它又多像是一位不屈的斗士，挣扎在4000多米的高空，向人们叙说着当年。

据考证，整座都城用土林的黏土制成土坯垒筑而成。共计分为11层。顶部是王室宫殿，中部是僧侣庙宇，下部是平民洞穴居所。殿堂房舍400余间，洞窟崖穴800余处，碉堡佛塔林立，工事地道纵横，形成一座共计72万平方米的宏大建筑群。

没有人知晓都城由何人建于何时，倒是有人十分肯定地推测，这里是古象雄、苯教文化的发源地，也就是说，现在的古格都城，可能是7世纪末被吐蕃所灭的象雄国最后的王宫，之后，在此基础上扩建发展而成。

实际上，周边遗址不下几十处，其中大部分散落在札达境内，有寺院、城堡和洞窟。由于已被废弃300多年，大多千疮百孔，满目沧桑。都城上的五座佛殿还算保存尚好。从山脚依次向上：白殿、红殿、大威德殿、度母殿和坛城殿。它们的墙壁、梁柱、屋顶基本完整。可惜"文革"的破坏，将原可挽救的大量佛造像碎尸万段。天花板上的五彩图案和门楣、门框、木柱、梁架上雕刻的彩样，繁杂华丽，饱满充实，均为西藏其他地区罕见，总算因高幸免。仔细端详，四壁残留的斑驳彩绘壁画，既有佛本生内容又有经变画场面，内容丰富，技法绝伦，依稀展示着藏地风格与西域风格的融合。

说到西域风格，行家们称之为克什米尔风格。十六金刚舞女的形象最为典型，大眼、弯眉、尖鼻、翘颏、丰乳坦胸，溜肩细腰，特别是外露的强健腹肌，更是不同于藏民族的习俗。据说这种形象源于大食（波斯），顺其寻根，还可以追溯到古希腊和古罗马。阿里地处高原西侧棱边，背靠内藏，比邻西亚，当然可以想象接受这种文化漂移的可能。美景出自棱边，文化在边缘汇合，这是公认的事实。

白殿尚有残存的佛造像几尊，多为克什米尔风格。大殿呈凸字形，约300平方米，方柱36根，柱头上雕有坐佛和莲花。殿内彩绘多达50多种，莲花、飞天、人物、百兽，好个极乐世界。壁画中除表现佛本生故事和护法神的内容，表现庆典活动的经变画十分吸引人。有舞者有号手，有僧人有商人，男女齐跃，首尾相连，一派盛世欢歌。

红殿的"礼佛图"场面宏大。国王、僧人、贵族、家眷，还有众多外邦宾客。大家聚集一堂，依次礼拜。特别是人物的发饰和服装极为讲究，长辫后垂，头佩饰物，身搭披风，下着长裙，少了些粗犷，多了些典雅。从中我们可以看到当年王室的尊颜和与周边地区的交往。

坛城殿在都城的最顶端，面积仅25平方米。该殿以斗角飞檐藻井式木架穹顶而闻名。其中最精彩的全裸四臂供养天女，神情妩媚，线条流畅，S形的扭动，富有动感与韵律，给人以强烈的美感。

王宫区也在遗址的山顶。王宫区建筑很多，现有王宫、议事厅、佛殿等；还有碉堡、防卫墙及一条数十米长的暗道。国王的住处分夏宫和冬宫。夏宫在旧址上复原，冬宫则于岩石上凿成，属洞穴建筑，其中只有少量洞穴开有窗口。

我们依次向上，走走停停，气喘吁吁。尽管修复的庙宇看起来端庄规整，耗尽了我们不少的体力，但身边那些颓败的洞穴，仿佛在低沉呻吟，还是令我们一次又一次地回首，一次又一次地张望。它们布满空旷的都城，密密麻麻，上上下下。当年那是木匠、铁匠、画匠、石匠、农工、奴隶、士兵、商贩的居所。起初他们也许还算快乐，毕竟是伴着国王一起生活，最后则全部沦为了殉葬品，随着王朝的覆灭而命断天涯。我想，要是在夜深人静，一定能听到鬼魂的哭泣。

传承了27代，历经700年，拥有10万臣民的古格王朝，就这样由崛起走向灭亡。都城见证了一切，废墟存留下印迹。

四

面对都城遗址，我好像听到了古道上牦牛脖子上的铜铃声，听到了

▲ 庙宇天井

▲ 柱式

▲ 天花

▲ 密宗佛壁画

工匠们不倦的敲击声，听到了满山低沉的法号声，听到了庄严的咏经和祈祷声，还有那一队队载着香料、珍宝、丝绸、羊毛的商旅的喧闹声。最后，是300多年前剑矛相击的那片厮杀声……

瓦砾散落在荒野之中，断残的王宫在阴云下颤动，昔日的辉煌变成悲剧，创业的先辈在旷野上沉吟。我注意到山对面的那一小片绿洲，怕是当年王室的皇田吧，它无语地对视着都城，是留恋，还是惋惜？

我转过头，端详脚下清澈柔缓的象泉河，放眼如长龙般蜿蜒而去的浩瀚土林，还有那更远方的皑皑白雪山峦。这里依然只有寂静。这里依然只是一片废墟。

是都城引发了战争，还是战争瞄准了都城？废墟是毁灭，是葬送，是昨天的痕迹。废墟是民族步履的艰难蹒跚。

此刻，我想到我去过的一些废墟，埃及的孟菲斯金字塔，希腊的雅典卫城，印度的鹿野苑，柬埔寨的吴哥窟，还有土耳其的伊兹密尔，意大利的那不勒斯，墨西哥的奇琴伊察，秘鲁的马丘比丘，自然还有我国的长城和圆明园……

这些遗址如同一部部教科书，真实而不虚构，沧桑而不悲切，让我们走进古希腊、古罗马、古印度，教我们感受玛雅文明、印加文明、华夏文明。活着的昨天，是警示，是宣言。面对废墟，我们把一部地理读成了历史。这便是废墟的生命力。

今日的古格都城，白殿已经刷白，红殿已经涂红，人们正背着石块，谨慎地支撑着坍塌的洞窟，缓缓地临摹着寺中的壁画。不露痕迹地加固，小心翼翼地清理，既保持原貌，又有利观赏，这是对废墟的守护与关爱。

我知道类似这样的废墟遍布大地，不知有多少一拆了之，也不知有多少拆掉后又重建，好的不太多，不少却成为对文物的糟践。好在阿里远在天边，罕至的人烟，干燥的气候，质朴的信仰，善良的藏民，理所当然地成为废墟的保护者。

古格独具魅力，阿里风光无限。这是一方远离尘世而充满神奇的净土。踏上这片净土，你便会如飞天般地畅游在东方特色的精神世界之中，你的心灵便会情不自禁地为神山圣湖歌唱，为蓝天祥云起舞。你会由衷地说，阿里，我来了，无论朝拜你，观望你，都是心灵的满足。

但愿今日正在走向经济腾飞的现代人，善待废墟，守护文化，令千年古格的不朽之光辉映青藏高原，直至永远。

2013年7月

▲ 舞女壁画

The Restoration of the Ancient Door of the Pantheon in Rome

罗马万神殿古门的修缮

亚历山大·裴尔格力·卡帕尼里（Alessandro Pergoli Campanelli）*

提要： 万神殿也许是古罗马最重要的神殿了。现今所见的神殿（第四代万神殿）是由哈德良皇帝于公元118年所建，尽管在它的门廊顶上刻有"M AGRIPPA L F COS TERTIVM FECIT"（拉丁语），似乎它仍是早一个多世纪以前（公元前25-27年）的掌管第三代神殿的执政官玛尔库斯阿格里巴建造的。起初万神殿为供奉众神而建；后来（大约公元609年，当时东罗马帝国国王将它赠予罗马城），它成为供奉基督殉道者的天主教堂，更名为圣玛利亚教堂。正因此，万神殿才得以完整地保存至今。两扇大铜门（高21英尺）长久以来都被认为是现代所建（大约15世纪），因为相对于门框来说，它们显得太小了。1998年的修复工作（让左边的门扇重新打开）采取系统的方法进行保护，在初期开展了历史和技术调研，使人们可以了解大门的工作原理，并确定它的准确铸造时间是在古罗马时期。所以，得益于这次重要的修复工程，现在人们不仅能从殿前广场直接看进神庙的内部，更确定了这两扇门的铸造年代跟这座建筑一样久远。

关键词： 万神殿，万神殿古门，保护，修复，罗马式大门，哈德良，罗马，罗马帝国

Abstract: The Pantheon is probably the most important temple of ancient Rome. The present temple (the fourth Pantheon) was built by the empror of Hadrian about 118 AD, even if on the frieze there is an inscription (M AGRIPPA L F COS TERTIVM FECIT) as if it was still the works of Marco Vipsanio Agrippa, the consul that commissioned the previous Pantheon, more than a centuries earlier (25-27 BC). Originally it was built as the temple of all gods; later (about 609 AD, when Byzantine emperor Phocas gave the temple to the city of Rome) it became the temple of all christians martyrs, consecrated as a catholic church under the name of Santa Maria ad Martyres. It is certainly thanks to this conversion that the monument has to this day its extraordinary degree of preservation. The double great bronze doors (21 feet high) had long been thought moderns (about the 15th century) because they appear too small for the door frames. The restoration work of 1998 (that dealt with the reopening of the left shutter), based on a methodical approach to the conservation with a preliminary great historical and technical study, has made it possible to understand the operating principles of the monumental gate and affirm its correct dating to the ancient roman period. So now, thanks to an important restoration project, it is possible not only to see inside the monument from the front square, but even confirm that the doors are those originals of the same period of the monument, even though with some additions and changes.

Keywords: Pantheon; Ancient door of Pantheon; Conservation; Restoration; Roman door; Hadrian; Rome; Roma

① 砖头上的标记可以追溯到洞穴时代。当时砖头可以用于标记，但仅限于一定的材料，即外部位置，这就是很少标记出现在砖头上的原因。

* 建筑师，在乌尔比诺大学（University of Urbino Carlo Bo）教授建筑保护课程。出版多部有关历史和艺术遗产保护的著作，与乔万尼·卡尔博纳拉（Giovanni Carbonara）一起负责AR杂志的"修复"专栏（自2000年起）以及杂志L'Architetto Italiano（《意大利建筑师》）（自2005年起）。他在众多学校、机构，包括罗马大学（University of Rome La Sapienza），巴西圣保罗大学历史遗产系文化研究所、文化建筑与城市化系，哥伦比亚伊瓦格大学，武汉科技大学的城市设计学院，武汉现代都市农业规划设计院以及欧盟在科索沃展开的区域文化遗产活动中开设讲座。

　　靠近万神庙，是一场迷人的体验：在所有的古罗马建筑物中，它是唯一一座保存较为完整的，这得益于天主教会对它的改造。大约于公元609年，拜占庭皇帝佛卡将它捐赠给了罗马教皇伯尼法西奥四世。于是，用来供奉众神的庙宇变成了天主教会圣徒的殉道场所。万神殿宏伟的规模和协调的建筑结构分布吸引了所有人的目光。许多人为这座建筑物提笔，然而关于它的起源，却没有一个统一的说法。其中最使人信服的论断是，庙宇是于公元118年和125年之间由亚德里亚诺国王建造；框缘的碑文（MAGRIPPA L F COS TERTIUM FECIT）被认为是亚德里亚诺国王对执政官玛尔库斯·维普撒尼乌斯·阿格里帕的赞颂，称赞他对公元前25年建造的庙宇因公元80年的火灾引起的损坏而进行重建的这一行为。

　　现建筑对亚德里亚诺的归属感建立在出于一系列建筑和技术考虑之后，陶土印戳的基础之上①（建筑师

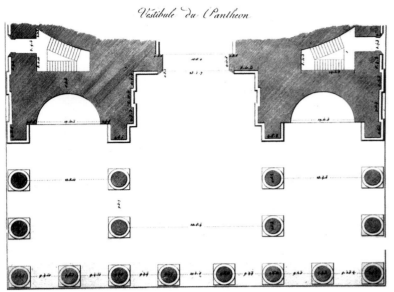

Vestibule du Pantheon

▲ 门廊的历史地图 (Angelo Uggeri, Vestibule du Pantheon in Journ é es pittoresques des é difices de Rome ancienne, Roma 1804, II, fig. XXI)

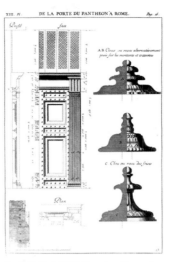

▲ 门的历史调研(Antoine Desgodetz, Les edifices antiques de Rome dessin é s et mesur é s tres exactement par Antoine Desgodetz architecte, Paris 1862, tav. XVIII, fig. 16)

▲ 门的历史调研(Francesco Piranesi, Dimostrazione della porta del Pantheon in Id. Raccolta de' tempj antichi opera di Francesco Piranesi architetto romano, Roma 1780, tav. XX)

▲ 历史画作中的万神殿内部 (Giovanni Paolo Panini, interno del Pantheon, 1730—1750)

▲ 穹顶 (2004—2005保护工程之后)

乔治·保罗1882年的研究）：实际上，在奥古斯都时代并没有能力完成43.30米直径的圆顶，这比之前任何的筑墙工程都大。万神庙半球形的大圆顶象征着它的独一无二：直至今天，实际上，我们用同样的材料都很难完成这样的工程，一个球形顶完好地高耸在相同直径的圆柱体上。万神殿这样完美的搭配，即使用现代的设计工具进行测量和作业，直至今日都是很艰难的，因此更别说古代了。古代的建筑家，实际上，即使可以用几何理论进行运算，建筑工人们还应该懂得应用建立于明确球面、圆周和黄金分割的

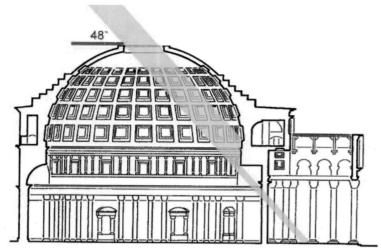

▲ 万神殿截面图，可以看到正午太阳在达到48° 时开始下落（Robert Hannah and Giulio Magli, The role of the sun in the Pantheon's design and meaning, 2009, p. 26）

▲ 正面与入口

▲ 西北面，注意第二个弧形顶饰一般不可见

整体数据基础之上的简单原理。

再来万神殿的精妙测量又体现了他们的才能；其中最有趣的部分是毕达哥拉斯建立在几何、天文、音乐定律基础上创造的一幅宇宙画像。在特定的时间点，通过入口的太阳光线，我们很容易察觉赞颂皇帝形象的"天文"特性。

同样的庙宇建筑构造，把圆和门廊结合在了一起，让人对整体建筑产生了疑问：两个墙饰内的三面耳，想到增加的柱廊（皮拉内西①提出三面耳是阿格里帕增添的论断在18世纪被普遍接受）如果没有一个足够的距离，从下看是不可视的。然而当时的权威学者们并不认为这个复合是一蹴而就的，他们提出了内部的革命创造与经典的传统外观空间二元论假设②。罗马文物馆大约在20年前展开了关于该建筑的详尽的了解性调查工作，确定了在建筑整体中存在三个不同的建筑阶段：圆形大厅、正面突出部分和门廊。

不得不提及它的入口，根据圆形大厅的厚度来营造正面突出部分，在近年的修缮之后，虽然进行了很多添加，却仍然保存着罗马时代的原型（内部的木制材料，雕球

① 弗拉切斯科·皮拉内西(1758–1810)，意大利建筑师和雕刻师，著名大师乔瓦尼·巴提斯塔·皮拉内西的儿子。
② 约翰布莱恩·沃德的著作，《罗马帝国建筑》，纽约你，1981，80—86页。
③ 两个数量呈黄金分割比例（拉丁语 sectio aurea），如果它们的比例与它们的总数和最大值一样。
④ 马可·维特鲁威(80—70，15 BC)是罗马建筑师，其代表作是《论建筑》。
⑤ 罗多佛·兰奇尼(1845—1929)是意大利考古学家，一位古罗马地形学具有开拓性的学者。
⑥ 罗多佛·兰奇尼：《罗马文物史》，第三卷，262页。
⑦ 公元13世纪的古铜门-万神殿的古门，罗马，1990年，15页。
⑧ 庞培·乌匀尼奥：《罗马站的历史》，罗马，1588年，315页。

饰和四个耶稣和圣母上半身的浅浮雕）。

在罗马保留下来的所有古罗马时代的古门里（罗慕洛神庙和元老院），它是最大的。这座门，高7.53米，宽4.45米（接近黄金分割的比例）③有两扇内开的大门，与维特鲁威④风格相近。古门铜板镀层的铸造在近几次修缮工作中被确认为那个时代的技术。然而在文艺复兴时代存在着许多关于这个门的起源的疑问：20世纪罗多佛·兰奇尼⑤在他的作品《罗马文物史》⑥中写道：为了教皇的其他工程，古门的铜制薄板和框架被除去和融化，它的修缮工作，开始于1562年；但是这个说法被当代学者露琪亚·弗拉德·柏瑞丽认为是错误的⑦，兰奇尼引用了文艺复兴的专家——皮埃尔·里戈瑞奥的评述，其中涉及在1566年教皇皮奥四世重新整顿生锈的铜门，由金属熔铸专家，文森佐·肯帕里尼更换的青铜雕球饰⑧，又提

出了从其他古建筑拆除而来并且尺寸比门洞小的假设。这个论断的主题缺少了对六个高约三米的栅板的理解——出现在门洞上方以及门两侧的青铜壁柱，被认为是扩大铜门门洞的计策。

然后如果想象它的装配方式和铜门的维护，就能明白这些部分的接合物（栅格和壁柱）是不可缺少的。两个巨大的大门绕着两个倚靠在地板上相同底座的木制框缘轴旋转（不可能由搭扣来支撑），多亏了平滑的表面（所谓的平面轴承），修缮专家乔瓦尼·贝拉迪认为，可能在古罗马时期就思考到了定期更换的问题。大门的重量超过了17000千克，把铜门的完好地线形装置在大理石门洞是一件几乎不可能的事。侧边在宽度上（青铜壁柱）和高度上（此外，青铜栅板的尺寸减轻了门的重量）的设计使得这一安置成为可能。这样的智慧和雅致，使得覆盖在框架之间的现代装饰都黯然失色。壁柱突出的木制框缘是可以移动的（并不是固定的但是嵌在木夹板之间）并且可以在

▲ 从门廊看到的门

▲ 从内部看到的门

铜门的维护工作更换贴地轴承（所谓的平面轴承）。定期更换这些轴的接触部分和支座磨损，举起大门来插入新的平面轴承，或者卸下接触零件来进行可旋转的工作：假设举起80~100厘米的高度，那么在大门和大理石门的上方就需要一个移动部件。

要正确理解古代技术对铜门的装置和维护，必须了解修缮工作和铜门的重新安置并且核实它的真实性。对铜门卸除的错误理解，在1757年的修缮大门工作中导致了大门的陷落和修缮负责人的死亡，乔瓦尼·柯西尼说，杰罗姆·库切他的图解作品《描述万神殿》中谈道，教皇本笃十四世要求进行修缮工作，"在为铜门重新镀层时，在摇摇晃晃中门倒了，砸到了打钟人的腿，他不久就逝世了"。

18世纪同时期的资料隐约地谈到了平滑和平面轴承问题：然后墙里的接合物与门之间有着一个巨大的铜板[①]。根据罗马人杰罗姆·泰欧多利于1753年发表的推论，铅门的重置，或者是由于接合物。打钟人的

错误正是贸然地移动了大门，这是非常危险并且艰难的，他不知道只要稍微举起就可以更换平滑面。其余不恰当的维护做法不计其数，破坏了对应接合底座的大理石门槛的连贯性（非洲碎石）。

两个大门中的右边那扇，因为迷信原因更常使用（罗马人避免使用左边的那扇，因为死刑犯从左边通过，进行最后一次弥撒），最后停止了使用。没有相关的论述证明它被重新投入使用；神殿的插图的古门总是半掩着的，用于重叠大门关闭的接合物，左大门只允许敞开70度，由于接合物的磨损，转轴停止使用，无法关闭，保留着倚靠在另一个的状态。右大门在1998年修复开始之前的250年间都保持着封锁的状态。由于古门是唯一的出口，每天都有成千上万旅客的参观，这增加了修缮工作的难度。

当务之急是恢复古门的正常运作，但是由于它的复杂性和高难度，在过去就停止了开展相关工作。这座建筑物的特性不允许使用现代起重工具举起大门：建筑

① 宗教场所的原名。

▲ 门上的格栅，用于每次维修工程中以移动门扇

▲ 左门闩的细节图1

▲ 左门闩的细节图2

▲ 靠近左边门扇的门槛：注意其中插入的不同的大理石，这是之前的修复工程的痕迹

▲ 修复之前的门（1990年）

▲ 用古代大理石（非洲大理石）建造的原始门槛的细节图

物因为下部的空隙不可以支撑起重机的重量（4米×4米的空间）。此外，还得在面向公众开放的情况下开展修缮工作。除此以外，大石质框缘支撑了上方的门洞，不是整块石头，标记裂缝来支撑右大门，导致了封锁。在没有卸除框缘的情况下几乎不可能对大门进行任何简单的操作：开始时为了坚固它，准备在经度方向插入一系列的接合物。接下来预防性的监督可以接受框缘，尽管失去了它原先整块石头的完整性，用两个搁板在大门的木制结构上平稳地运行。

虽然详尽的设计没有减少设计者的担心和忧虑，但避免了古建筑物的侵蚀以及不用修复工作来维持平衡的状况。于是在没有移除大门的情况下进行修复工作，只需要将它简单地举起。这项操作必须在大门重新打开之后进行，大门侧边的雕球饰镶嵌在铜壁柱的扣眼里，防止被起重拉起。

眼前最大的困难是在不破坏大门历史价值的前提下，修复青铜镀层：在这样的条件下，操作8500千克重量的大门是一件很困难的事情。因此需要对应的金属脚手架来支撑大门，避免打滑，把每个

单门用现代的起重器精确地安置在垂直线上。这样精巧而简单的技术只会引起缓慢的滑动：使用覆盖肥皂的薄板。然后使用新的基板和钩环来维持平滑表面和接合物的垂直状态（专门分成两个部分，在不移除木制框缘的情况下简化装置，15~18厘米）在中间插入聚氟乙烯圆盘。

两千年前不存在的现代机械技术（激光器用于毫米大小的金属，机械裁剪等）和材料（聚氟乙烯，特制钢）的使用可以支撑一切：古罗马人要举起大门至少一米来移除框缘。大门上部框缘镀漆的石头用来固定上部紧固的拉杆工具。木制框缘是用树脂和大型的石质框缘来固定的，沿着裂缝，密封大门的洞口。

在遵循了明确的指令结束施工之后，关于在未来如何维护古门，必要时，卸除所有的使用装置恢复大门运转。修缮工作结束后，十年后大门日常将由两个人推开，展现在人们面前的是全新视角的万神殿内部，在广场前也可一探它的真容。

Design is in the Details
Design of West Wooden Door of Everbright Bank Lobby on the Bund

设计在于细部
外滩光大银行底层大厅西墙木门设计

崔　莹（Cui Ying）[*]

提要： 本文以外滩光大银行底层大厅西门设计为例，记录在历史建筑中新增设计的思考过程。设计人员通过收集历史图纸、照片、文献记载等，综合考虑原室内环境及新室内设计风格，从木门整体比例到细部装饰进行逐步深化设计，并结合构造特点优化设计，最终进行现场施工，完成从设计到实践的过程，获得较为理想的设计效果。

关键词： 细部，木门设计，历史资料，细节分段

Abstract : This article takes the west door of the lobby of Everbright Bank on the Bund as an example to show the thinking process of adding new design into historical buildings. By collecting historical drawings, pictures and documentary records, and considering the original interior environment and new design style, the designers gradually deepened the design from the overall dimensions to the detailed decorations of the wooden door, optimized the design based on the structural features, and conducted site construction and realized an ideal design effect.

Keywords : Details; Wooden door design; Historical data; Detailed sections

　　细部是建筑的重要表现形式之一。建筑通过对细部的塑造，传达出建造年代、地域、建筑类型、风格等信息。室内设计中的细部处理对建筑设计的表现也起着关键作用。墙饰面、地面铺装、天花吊顶、门窗、家具陈设等细部要素均影响室内整体风格。本文通过详细记录西门的复原设计过程，以管窥历史建筑复原设计的特点与难点。一个成功的历史建筑保护工程的关键在于对细节的严谨探究和推敲把握。

　　中山东一路29号光大银行主楼由英商通和洋行设计，1914年建成。1996年因使用需求变更，进行了建筑改造。2010年现代设计集团历史院接受光大银行委托，对主楼重点保护内容进行保护修缮和复原设计。

　　现状营业大厅在1996年装修改造，天花线脚、地坪、内墙饰面均被重新设计，非历史原物。同时期的装修改造还包括在大厅西侧新做三跑楼梯以到达加建夹层，夹层平台正处西门上方，导致西门现

高仅2米，与7米层高的开敞大厅氛围不符，门洞处设玻璃平开门，门洞前设简易屏风遮挡（图1-1—图1-3）。光大银行主入口位于中山东一路，公众由此进入底层大厅。西门是主轴线的对景，对室内氛围的营造起重要作用，西门改造工作刻不容缓。根据保护复原要求，本次修缮对大厅西门进行复原设计。

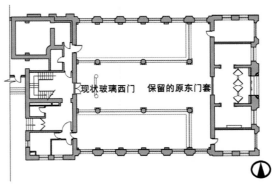

▲ 图1-1 光大银行主楼底层示意图

（图中标注：现状玻璃西门　保留的原东门套）

* 华东建筑设计研究院有限公司，历史建筑保护设计院

▲ 图1-2 大厅西门现状照片（摄于2010年）从大厅拍摄

▲ 图1-3 西门现状照片（摄于2010年）从楼梯间拍摄

一、西门风格样式

外滩29号主楼由英商通和洋行设计，1914年建成，是典型的巴洛克风格。大楼是上海较早出现的金融建筑，地处黄金地段，建筑等级较高。根据室内大厅历史照片的分析，确定主楼室内风格与建筑风格一致。恢复新做的西门应为巴洛克风格的高档木门。

通过对比主楼营业大厅室内1917年历史照片与现状照片（图2-1—图2-2），发现历史照片中西门偏向一侧，现状西门于1996年改造中移至大厅西墙中央。由于历史照片中柜台的遮挡，且照片精度有限，只能基本获知西门样式及上部半圆形山花。而初始设计图纸未体现西门设计内容。

▲ 图2-1 营业大厅1917年历史照片，从东侧入口看西墙（引自Virtural Shanghai网站）

▲ 图2-2 营业大厅现状照片（摄于2010年）

▲ 图3-1 营业大厅东门套历史设计图纸（1912年）

▲ 图3-2 营业大厅东门套现状照片（摄于2010年）

通过东门套图纸与现状照片对比（图3-1—图3-2），发现除山花上的花饰外，其他部分都与图纸相符。由此推测该大楼按最初设计图纸施工，图中室内门扇对西门设计提供一定参考价值。通过查阅1996年改造设计图纸中的东门套山花上花饰的详图图纸，证实此为后期更换，其他部位均为历史原物。因此本设计对东门套进行细致测绘，并以此作为西门设计中的重要参考依据。

综合考虑西门位置已发生变化，因加建夹层而限制了门洞高度，室内地坪、天花、墙面、家具陈设等均已改变，并且现有历史参考依据不充分，决定西门设计是参照历史样式的前提下的再创作，而不是单纯的复原设计。

二、尺度比例

通过对门洞上方局部检测，最终确定门洞高度可以由原来的2米提升到2.69米。本设计用对角线方法分析东门套高宽比例，从而确定西门的洞口高、宽尺寸（图4-1—图4-2）。西门分隔公共营业大厅与内部办公空间，考虑到今后使用，设计为双扇平开木板门。在木门立面设计

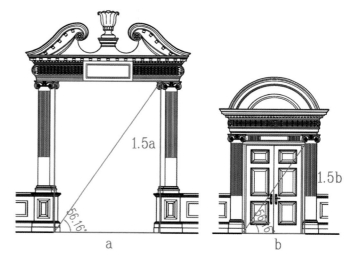

▲ 图4-1 东门套门洞的对角线分析方法   ▲ 图4-2 西门门洞的对角线

时，同时考虑与墙面石材拼缝的关系，与木护墙板的关系，以及与周边木门扇相协调。

三、细节分段

东门套及大厅内部立柱均为爱奥尼克柱式，因此西门套也采用爱奥尼克式壁柱作为边框。本设计参考古希腊的爱奥尼克柱式比例，通过分析檐部与柱子的比例关系，分别推算出挑檐、檐部、额枋、柱头、柱身、柱础的长宽高尺寸，同时还可以确定挑檐上的齿饰等细部尺寸（图5-1—图5-2）。选取不同的宽度D绘制立面图，分析与门洞的关系，经过多次比选，确定方形壁柱的宽度。在设计时，同时需注意挑檐转角处齿饰的排列。其他如檐部线脚参照爱奥尼克柱式传统做法，柱头花饰参照东门套上柱头形式，柱身拉线槽参照东门套上柱身做法，从而获得门

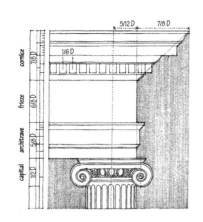

▲ 图5-1 爱奥尼克檐部比例（来源 /《建筑：形式、空间和秩序》）

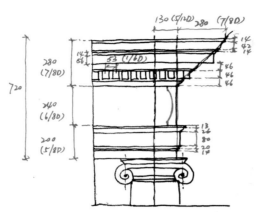

▲ 图5-2 西门套檐部尺寸推算草图

▲ 图6-1 施工安装完成照片

▲ 图6-2 西门1917年历史照片

套的基本比例与立面造型。

考虑到由下往上看时的透视效果，半圆形山花的设计，采用下部线脚尺寸较小，上部线脚尺寸较大且线脚凹陷较深，近细远疏的方式，增强立体感。门扇的设计参考历史图纸中单扇门形式，综合考虑与周边门扇以及护墙板的关系，设计木门扇划格。在依据不充足的情况下，门套侧立面采用简化设计。木门油漆与大厅其他木装修一致。门锁五金件选用古典式样的古铜色，锁具与门禁电子系统结合考虑。

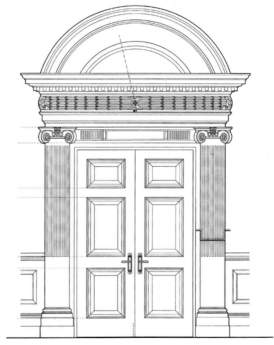

▲ 图6-3 西门设计图（自绘）

四 木构造

历史建筑木料的规格单位采用英寸，1英寸=25.4毫米。根据上海现存木门实物及早期资料图集，一般门框使用52毫米x125毫米规格的木料，木板使用20～25毫米厚，龙骨使用45～50毫米见方的木料，木踢脚一般为250毫米高。木门套设计时，需分板材与块材。板材、块材、铰链、执手、插销、门锁等构件，均需加工厂家复算。雕花腹板需上海木雕厂定制加工。门扇底部距地坪完成面需设8毫米气缝。大厅内的石饰墙面为湿贴构造，木门套采用螺栓与墙面结合，最终由木门专业厂家进行结构安全性复算实施。

五 小结

一扇门的设计关系了室内环境的改善，设计体现尊重原设计风格，亦有局部的调整。在历史建筑中进行复原设计，有诸多限制因素，需要全方面系统考量。除了尽可能多地收集历史资料、提供复原依据

外，还要综合考虑周边的历史环境及新的室内设计风格。从整体到细部，每一个环节都应有充分的依据，并作为整体考虑，经过反复推敲设计而成。还应顾及使用要求、形式美观、木门本身的构造特性、传统工艺等要素。正是由于这些条件约束，才能设计出最适合历史建筑的那一个方案。

西门整体按图施工建成，待完工后，设计人员发现一些设计上有待提高的地方（图6-1—图6-3）。例如图纸上没有表达清楚壁柱柱头与门套边框上线脚的衔接关系，导致线脚没有撞上柱头。门板上的线脚偏小，立体感不强等。在下次设计中需改进提高。

60 Years of Learning, 60 Years of Inheritance An Interview with Professor Lou Qingxi at School of Architecture, Tshinghua University

60年的学习　60年的传承
访清华大学建筑学院教授楼庆西先生

采访人李　沉　朱有恒（Interviewer Li Chen, Zhu Youheng）

▲ 楼庆西（摄影 / 李沉）

人物简介：

楼庆西，浙江衢州人，清华大学建筑学院教授。1952年毕业于清华大学建筑系，师从梁思成先生，主要从事建筑历史与理论的研究。进入20世纪80年代，楼先生对建筑的研究重点开始转移到了乡土建筑上，他与陈志华、李秋香等教授带领学生，对10多个省份、100多个传统村落进行抢救性的调查，绘制图纸，拍摄照片，编辑、出版了一大批学术专著，记述了诸多中国乡土建筑的发展历史。

他编著的《中国古代建筑》《乡土景观十讲》《中国古建筑二十讲》（获第二届全国优秀艺术图书奖，第六届国家图书奖提名奖）《中国小品建筑十讲》《中国传统建筑文化》，乡土瑰宝系列：《千门之美》《户牖之美》《雕梁画栋》《雕塑之艺》《乡土建筑装饰艺术》等著作得到业内外的好评。

编者按： 2012年时就有采访楼先生的想法，待我们与楼先生沟通后，他说，我应该是1953年毕业，只是由于当时国家特殊的要求才提前工作；再说还有许多人同样在各自的领域里工作了60年、甚至更长时间，他们比我的名气更大，取得的成绩更多，应该去采访他们。采访只好作罢。今年在安排采访工作时很早就与楼先生打了招呼，并将我们的设想与他沟通；他同意了我们的采访，只是说明近一段时间比较忙，最好错后一段时间。终于在9月份完成了这次采访。整个采访过程与其说是采访，倒不如说是听楼先生给我们上了一堂中国传统建筑文化的传播课，可谓受益匪浅，获益良多。

Editor's Notes: We had the intention to interview Mr. Lou in 2012, but when we talked he told me that although he had been working in this field since 1953, it was all because of the country's special requirement at the time, and that we should approach people who were better known, who had worked longer and achieved more than him. This year before the arrangement of the interview we talked to him early and through communication he finally agreed to take the interview. But due to his busy schedule the interview has not been done until this September. For us the interview was more like a class about Chinese traditional architectural culture and we did learn a lot.

楼庆西先生早已过了耄耋之年，但他的工作节奏和工作效率却依然如故，每天安排得非常紧凑，或是去学校，或是到外面讲课、开会。由于近年来编写了多部著作，又与出版社有了许多接触。

与他老人家约定采访之事，请他介绍几十年来在传统建筑文化方面做的事情，说一说他对中国传统建筑文化的认识。

他说，题目太大了。

我说，那您就从如何学的建筑开始说吧。

记者：请您老回忆一下，您是怎样开始学的建筑？

楼庆西：别人经常问我，选择建筑是不是你从小的理想，是不是从小的爱好？后来我老想这个问题，一个人的志向，一个人的理想，作为一个社会人，必

然受到社会大环境的影响，不是说人一生下来就有他明确的志向；他的理想是在一个社会环境中形成的，是跟国家的命运以及家庭教育、学校教育分不开的。

像我们这么大岁数的人，懂事的时候是七岁，正赶上抗日战争。我现在记得很清楚，抗日战争爆发时我家在杭州，我父亲是当律师的，就开始逃难。先是跑到我的老家衢州，日本兵占了上海后又从浙江经过湖南、湖北，长途逃难到了重庆。到了重庆遇上日本飞机轰炸，当时我们住在一个小学，大轰炸以后门口就抬了很多烧焦的人。后来国民政府决定，把政府各个部门疏散到重庆的郊区，我家里随着教育部就到了一个叫青木关的老镇。

抗战胜利后，我又回到杭州念了三年高中。那个时候社会动荡，非常不稳定。我父亲当律师，我看到在他的办公室有几袋大米，问后得知是帮别人打官司

人家给的诉讼费；那时候物价飞涨，金圆券太不值钱，打官司的人只好交粮食。

如此动荡了几年，1949年5月杭州和平解放，我们心里头都觉得这个社会要安定了，要建设了。那一年我考大学，我上的学校工科最强，所以我当然要报工了，我就是想学土木建筑这一类，所以当时就报了三个学校：浙江大学土木系、上海交通大学土木系和清华大学建筑系。当时学校招考是分开进行的，浙大是在浙江考，交大是在上海考，北方三个大学清华、北大、南开联合招生，也在上海有个考区，所以我就考了三次。后来三个学校都录取我了，我准备就近上浙大。那个时候北京应该算解放比较早的地方，当时我父亲失业了，我没有经济来源，跟我一起长大的一个表兄在南开大学教书，从经济上可以资助我上学，这样我就选择了清华大学。

我到清华建筑系报到是9月27日，到了清华以后，看到满清华热热闹闹都在制红旗，制红灯笼，我们建筑系在画毛主席画像。当时是开国大典前几天，不过开国大典在哪天举行是保密的，目的是要防止国民党轰炸。但是陈毅元帅心直口快，他在清华作报告，就宣布我们10月1日要举行开国大典了，所以大家非常高兴。

开国大典后的第二天，我们的系主任梁思成召集了我们全系老师和学生，大家围着他坐，他就详细给我们介绍他参加新政协、参加开国大典的情况；他被邀请到天安门城楼上，听了毛主席的发言，他说他看到第一面五星红旗冉冉升起的时候感动得热泪盈眶。他对我们说，你们作为国家学建筑的学生，生逢其时，你们要好好学习，要为人民服务。"为人民服务"当时是很新鲜的词，因为过去不知道，后来在学习毛主席的那篇文章时才知道这个词。这是我第一次跟梁思成先生见面，时间虽短，但却给我留下了很深的印象。

记者：您毕业后一直在清华工作，耳濡目染得到了梁思成先生的教导，请您回忆一些这方面的事情。

楼庆西：我1952年毕业，实际上我应该是1953年毕业；为什么提前毕业，因为1953年开始了国民经济第一个5年计划，各个方面都急需人才，有关部门作出规定，当时4年制学工科的学生都提前一年毕业，1952、1953两届学生都提前1年毕业。当时院系调整刚刚完成，各个方面大规模的建设也是刚刚起步，所以面临人才奇缺的状况。各高等学校都扩大招生，急需教师。我们班11个人，毕业后有10个人是当教师，其中7个人留在清华，只有1人到设计院工作。

毕业后我被分到建筑历史教研组，从事中国建筑历史的教学工作。教研组成立了一个中国建筑历史教科书的编写组，由梁思成先生领头，成员有林徽因、刘致平、赵正之、莫宗江几位先生，这些人都在营造学社工作过的，都是我的老师，可以说是我们国家建筑历史学科第一代、第二代的元老。

我被分到这一组后接到两个任务，一个是在这个编写组当秘书，负责绘制建筑史的一些插图和拍照片，还要完成一些杂事儿；另外一方面也要参加正规的教学工作，教一、二年级的建筑基础课。我一方面很高兴，另一方

面很是惶恐。

按照苏联的体制，建筑学专业学制是6年，6年里2年是基础课；而基础课中对古典的东西特别重视，要学习中国和外国古代的建筑，而

▲ 楼庆西先生接受采访（摄影／李沉）

这些东西恰恰是我们在当时没怎么学过的。我们这些助教就从头学起。教学生认识建筑，形象的东西光说不行，得拿出个样子来看，我们叫作示范图。这个示范图要求很高，西方古建筑全是石头，它都是一个颜色，渲染阴影变化，比较好办；中国建筑就不一样了：瓦是琉璃的，彩画是木头的，还有砖墙、石栏杆、台基，等等，材料不同，色彩不同，质感不同，而所有这些不同都要用黑白灰、用黑墨来表现，要做到这一点非常难了。我的师兄画了一张图，用了一个暑假，这张图至今还保存在我们资料室，成为经典。

我第一次画水墨渲染，画的是敦煌石窟窟檐建筑，莫先生在现场指导，梁先生最后验收。第二张画山西晋祠的圣母殿，虽然没有彩画，但是连一排排斗拱的阴影变化都要渲染表现出来。梁先生对这方面的要求非常严格，梁先生曾说：取法上，才能得其中；给学生做示范图，不拿出精品来，你怎么能够培养出高水平的学生？学生就是要在精品的环境里，耳朵听到的，眼睛看到的，全是高水平的，你才能够培养出高水平的学生。

梁先生要求画线条图要横平竖直，凭眼睛看不能用尺子，就能够分辨出1毫米的差别。当然这需要长期训练，才可以达到这个水平。

1954年暑假，梁先生让赵正之先生带着我们这些年轻的助教，沿着他当年在山西调查佛光寺那条路线，带我们去亲身体验，现场学习。到了佛光寺，我们就住在佛光寺窑洞里头，跟庙里的和尚一起吃窝头，吃熬白菜，晚上就住在庙里，拿张席子或者报纸一铺，就睡在佛像的台基上。晚上睡不着觉，就用手电筒照着室内的结构看，默记它们的形状。我们用的照相机还是梁先生当年用过的，是伸缩式的老相机。庙里光线很暗，尤其天花板上的梁架完全是黑的；照相只能用闪光灯。闪光灯那时候叫镁粉闪光；但镁粉机器也坏了，我们就捡块破瓦片，把镁粉倒在瓦片上，加一段纸捻子，拿洋火准备着；再把照相机B门打开，然后点燃纸捻，等镁粉嘭的一声，就照成了。你说这个方法土，但照片照得却非常清楚。

遗产：除了梁思成先生的严格要求外，还有哪些事情给您留下了深刻的记忆？

楼庆西：我们当时也是一边学一边教，开始了对中国传统建筑的传

▲ 2003年 五台山建筑摄影论坛期间，（左起）杨永生、楼庆西、吴德绳 三位前辈与众人交流

承。虽然我们学到了许多具体的知识，但给我印象最深的还是学会了一种学风，就是一种严谨的学风，从梁思成先生以及其他前辈身上，耳濡目染学习了他们刻苦努力、勤奋认真的工作精神。

莫宗江先生常向我们讲他的过去，莫先生15岁初中毕业后就来到营造学社，跟着梁思成先生、林徽因先生学习古建筑，从帮助他们测绘、照相、画图开始，一直做到清华大学教授。莫先生是个很特别的人，尤其他的画图，他对建筑艺术的敏感性，现在很少有人能赶上他。梁先生，林先生凡是有重要的图纸，就指定由莫先生完成。

当时人民英雄纪念碑设计完成，方案提交上去，梁先生指定由莫先生画一张渲染图，莫先生画了。为了表现北京的蓝天是很透明的，莫先生画了七遍很浅的蓝；画一遍本来要自然干，我们当学生的拿着吹风机，很小心地把图吹干，然后画第二遍。我们不理解，为什么要画七遍；莫先生说，画七遍蓝颜色才更显出天空的透明感。这，就是功力。

莫先生曾经跟我们讲，他进营造学社以后，梁思成先生就把他家里珍藏的一些外国书搬来，书中有许多建筑图画是世界水平的。他说：我们中国人画中国建筑的图，将来也要达到这个水平。以此鼓励莫宗江在建筑画图方面努力进步。梁先生讲：我们现在对中国古建筑科学的研究，比国外落后了几个世纪，人家罗马时代就有研究的，我们没有。我们要赶上，唯一的办法就是要勤奋和起点高，就是要高标准。莫先生讲，他很幸运遇到高师，有梁思成先生的指导，他才能练出这么高水平的绘图本领。

对于我们的画图，梁先生是用放大镜来检查我们的线条图，看两条线接头对不对，多一点不行，少一点也不行，要求非常严格，这也培养出我们做事认真的习惯。我举个例子：当时我们系里有个重点的科研项目——颐和园研究，拍摄照片是由我来完成的；照一批照片，就向莫先生请教，有时候到梁先生家里去给他们看；我记得非常清楚，我照了很多黑白照片，也包括谐趣园内乾隆皇帝题的寻诗径。梁先生看后说你照得很清楚，但是没有把这个意境照出来，因为梁先生在1955年被批判的时候，曾经在谐趣园住了一段时间，每天都在寻诗径上走来走去，非常熟悉此地的环境。当时我就不理解，这个意境是怎么照出来的。莫先生看完这些照片，

也指出这个最好微微地再浅一点，那个最好微微地再深一点。总是"微微地"。就为了这个微微地，我只好重新进暗室，重新再来一次。跟你们讲，我们画的图也好，照的照片也好，莫先生几乎从来没有表扬过。他就是这么严格要求，但正是这种从来没有表扬过，严格地挑我们毛病，使我们终生受益，培养了我们严谨的学风和精品的意识。

我举个例子，画这个檐口的檐椽，你们画过就知道了，檐椽的边线要稍微粗一点，这样这个檐子就突出来了，这就是营造学社的创造。一个台基，上面有几层栏杆，有几种不同粗细的边线，仔细看，几个层次都出来了。那时测绘颐和园的图，都用鸭嘴笔画，必须掌握好粗细程度，就要勤学苦练。

测绘图往往分布不均，有的测绘图很简单，有的就比较复杂。我们带同学去搞测绘，有一个女同学分到一个砖雕非常难画，有的同学画一个平面图很简单；那些画简单图的同学很高兴，而我对那个女同学讲，你不要泄气，你应该是最幸运的，因为你画的图是最难画的；你只要好好地画，哪怕是少休息几天，画成了以后你再遇到难图你就不会害怕，因为你曾经画过非常难画的图；内容简单的图画完就完了，但画图的人收获很少。我们过去一个暑假就画一张图，画完了以后就掌握了。

记者：您是什么时候开始关注乡土建筑的？

楼庆西："文化大革命"以后我们就全心全意投入到教学工作中，之后也逐渐从事一些资料的编辑、整理工作。我是1989年第一次带学生到浙江金华龙游县农村开展乡土建筑调查。当时陈志华和李秋香老师带学生也在搞这项活动，后来我们就合起来，开始乡土建筑的测绘、调查工作。

我们一个校友当时是浙江省建设厅副厅长，他是楠溪江人，他向我们介绍家乡的古村漂亮极了，你们可以带着学生去我们那里开展实地调查。我们就从楠溪江开始，一个村落一个村落地开始调查。

过去我们接触的多是宫殿、寺庙，后来是园林，农

▲ 楼庆西（左4）和陈志华（左5）、李秋香（右3）二位教授及学生在陕西农村

村建筑接触很少，最初知道的民居是丽江民居，那是抗日战争时营造学社刘敦桢先生第一次到云南考察，拍摄的照片我们系里面保存下来，当学生时代就看过。开展乡土建筑调查，一下子使自己的眼界开阔起来，农村里的建筑形态比城市要丰富得多，仅住宅就有吊脚楼、干栏房、窑洞、土楼……形式比比皆是，比城市的形式丰富许多。

农村中的寺庙、宗祠、祠堂也不受城市中寺庙的限制，所以它的形态总体讲比城市丰富，它的装饰不受朝廷规定限制。明清有规定，除了皇宫、皇陵、皇庙、皇园以外，不许用龙作装饰，因为龙象征皇帝；可到了农村就不管你这一套，因为龙是我们中华民族的图腾象征，耍龙灯，赛龙舟，龙的形象与百姓生活紧密联系在一起；此外，天高皇帝远，谁也管不着。山西农村的寺庙，南方一般有钱人的房梁上都有龙出现。龙是一个神圣的表现、一个吉祥的表现，我们都是龙的传人。

可以看到，乡土建筑生动活泼，丰富多彩，我们都眼界大开。之后，我们进行了一系列的村落调查，在这个基础上我们又把装饰深入开展一步，专门出了一本乡土建筑装饰艺术。

就是这么一步一步走下来，边学边干边调查，在调查的基础上，我编了装饰五书（《千门之美》《户牖之艺》《雕梁画栋》《砖雕石刻》《装饰之道》）。好像不少了，其实我心里明白，比起我们这些宝贵的遗产，我表现的只是很小的一部分。

记者：您从事乡土建筑调查20多年了，请说一说您的体会。

楼庆西：体会太多了。跑的地方越多，越觉得乡土建筑丰富多彩，越要做好普及工作。作为建筑遗产，古村落永远是人的生活聚落，永远是在发展变化，这就更要做好保护工作。

调查中发现，大到整个村落的形态、布局，小到一个房子的堂屋里布置的东西，你都可以看到时代的前进和变化。以堂屋条案上摆放的东西为例：堂屋的条案上，很早以前中间摆放的是祖宗牌位；后来祖宗有照片了，就放祖宗照相；后来又放钟；两边放的东西，一个是花瓶，一个是镜子，寓意平平静静。这是个传统的，又有人文内涵，又合乎情理。再后来呢，"文化大革命"时领袖像代替一切。再后来，毛主席像请下来，菩萨像请上去；有的地方更活跃了，朱总司令像、毛主席像、财神爷像、观音像可以并列；有的地方把音箱放在条案旁边，甚至有将电饭锅也放上头。当然后来是电视机放上面了。条案上的东西不断在变化，但有一个传统观念没有变，那就是凡是主人认为是珍贵的、重要的东西都放在中央的条案上。这就是"以中为贵"的传统礼制。

我说的这个情况反映在我们去的一个村落里，反映了一个村落意识形态发展的轨迹；这是一个历史的记载，是一个进步、文明的真实记录。

乡土建筑记载着农村社会的政治、经济、文化，它应该被保护起来。在有的地方，之所以得不到保护和重视，关键就是大家对这个建筑的价值不认识。80年以前，1932年梁思成先生在写蓟县独乐寺第一篇古建筑调查报告时，就讲了古建筑的保护问题，他说关键是要提高国民对古建筑价值的认识，要了解这个建筑在我们整个艺术史上占的位置，有什么作用，有什么价值，这是关键。

▲ 楼庆西先生在河南窑洞调查

2006年国家开始实施文化遗产日活动，目的就是要提高大家对文化遗产的认识和关注。我现在不带学生了，在校内不上课了，但是我还要不断地学习，因为我们的遗产太丰富了。我们中国古代建筑就是一个文化珍宝，但是过去长期没人研究，它身上盖满了一层灰尘；是梁先生、刘先生这一代先人，开始用科学的方法进行整理，使它们展示在世人面前，等于拂去它们身上的尘埃，使这一文化珍宝重现光彩于世界文化之林。

我们有60多万个行政村，我们才跑了多少？只是很少的一点点，所以需要做大量的工作，特别是文化遗产的普及工作非常重要。古村落的保护，比一个故宫的保护更复杂。我们的建筑文化遗产博大精深，我尽管学习几十年，也是知之甚微。所以我说是60年的学习，60年的传承。现在我已经80多岁了，高山上不去，河滩也下不去，眼睛也迟钝、不敏锐了。但是，一息尚存，还得努力，还得做。

记者：近些年您和您的同事共同编著了介绍中国传统建筑文化以及乡土建筑研究的著作，有的比较普及，有的比较专业，请您介绍一些这方面的情况。

楼庆西：我和陈老师、李老师认为，把我们这么多年来积累的资料放在手上可惜了，应该编辑出版，供别人参考、利用。我们把这些学生画的图原原本本地按照几个类别分别编辑出来，一共10本，以图为主。

为什么要出？这也是受到老一辈的启发。梁思成先生在营造学社时他们测了很多年，积累了很多材料。后来梁先生觉得收集这些材料应该公之于众，让大家学到这些东西，所以他就出了一套建筑设计参考资料，共10本，把他们收集的资料连图带照片全都印出来，并配以简单的文字说明。我们受到这个启发，梁先生他们编辑的10本是黑皮书，我们这10本是白皮书。

一些东西是偏专业的，我们出版就是为大家研究提供资料。有些是偏普及的，如《中国古建筑二十讲》，还有《中国小品建筑十讲》等。

记者：您认为今后我们的乡土建筑保护、特别是建筑文化遗产保护工作应该如何开展？

楼庆西：古建筑不仅是中国历史与文化的见证，也是中国文化无声的历史载体。众多古建筑、古村落、名人故居，具有历史的、艺术的、科学的文物价值，蕴含着丰富的文化内涵，是我们中国古代文化历史的百科全书，值得倍加珍视和传承。

我们经常抱怨古建筑、古村落得不到有效保护，一个重要原因是公众不了解古建筑的价值。不少人认为，建筑是为了居住，为了满足生活、工作和生产的需要，应该越新越好，古建筑早已过时，是现代社会不需要的东西。事实上，只要去过欧美发达国家，感受到西方城市面貌的深沉与稳重，震撼于留存至今的欧美古建筑底蕴的人，就会知道这种想法是失之简单的。

我的老师梁思成先生在80年前明确提出：最有效的保护就是让国民知道其价值。只有大家都知道其可贵，才会自觉保护。要使我国古建筑得到有效保护、古建筑文化得到传承光大，首先就是要提高公众对古建筑文化和传统文化的认识，进而起到保护作用。

中国古建筑保护已到了极为迫切的抢救性阶段。老祖宗给我们留下了太多的好东西，我们当然要好好地研究了解、宣传推介。因为只有知道了这份遗产有什么价值，公众才会有保护和传承的意识。这也就是我这些年来热衷于传统建筑文化普及工作的原因。

80多岁的楼庆西先生，自认为现在已不如从前，"高山上不去，河滩也下不去，眼睛也迟钝、不敏锐了"。但他想到的是"一息尚存，还得努力，还得做"。这种勤以致学，活到老、学到老的精神，也应该成为我们今人对待学习、工作，对待人生宝贵的精神遗产。

（建筑摄影 / 楼庆西）

▲ 颐和园

▲ 飞檐翼角

▲ 顶牛

▲ 浙江西岸村口

▲ 楠溪江畔

▲ 紫禁城

▲ 北海

▲ 颐和园

Eight Chinese Architectural Photographers' Exhibition
Composing with Ideas

中国建筑摄影师作品八人展
用思想·构图

金　磊（Jin Lei）*

编者按： 本期"建筑摄影"栏目刊登的是一组国内建筑摄影师的摄影作品，同时刊登本刊总编辑金磊为之前举行的"中国建筑摄影师8人展"撰写的前言。几位摄影师其年龄不同，经历各异，但他们现在都从事专业建筑摄影工作；他们用手中的照相机记录着中国建筑的发展历程，展示建筑师用智慧和汗水的付出所获得的丰硕成果，诠释建筑自身的艺术魅力，讲述建筑与环境、建筑与城市、建筑与人文的和谐关系，引导人们对建筑之美进行探索和追求。

Editor's Notes: What we have in this issue's "Architectural Photography" column are a number of works of Chinese architectural photographers and, at the same time, we have our chief editor Mr. Jin's introduction to the Eight Chinese Architectural Photographers' Exhibition. These photographers of different ages and different experiences are now devoting themselves to professional architectural photography, using their camera to record the development of Chinese architecture, to show the achievement made by architects' hard work, to interpret the artistic charm of architecture itself, to represent architecture's harmonious relationship with environment, city and culture, and to guide people who explore the beauty of architecture.

用思想·构图

这是一个关于八位卓越建筑摄影师作品的汇报展；
这是一个能让优秀建筑思想正确表达的"对话"展；
这是一个表现中国建筑摄影群体奉献睿智的创意展。

我如此概括这个展览，是因为他们的作品并不平凡。由于2005年中国建筑学会的扶植，中国第一个建筑摄影委员会诞生了。它得益于宋春华理事长、马国馨院士等建筑大家的厚爱，得益于全国设计机构提供的精湛项目，得益于建筑摄影师们永不停息的再创作。今日登场的八位建筑摄影师之所以能让业内认可，就源于他们的非凡努力。建筑摄影师并非"照相的"，其作品更非他们拥有好器材。无论在中国还是外国，建筑摄影都是一个正日益成长起来的行当。纵观国内外摄影行业及摄影教育，尚难寻到建筑摄影的权威书籍、杂志及学术机构，因此，中国建筑摄影的发展既需扶植，也空间巨大。

我以"用思想构图"为题的前言，是想表达何为一位称职的建筑摄影师。他们一定是用思想去构图，是用技法刻画思想，用思想去发现建筑中的灵光。摄影大师亨利·卡蒂埃·布列松在《思想的眼睛》一书中说，

"摄影是决定性的瞬间，但需根据本质思考"；摄影大师迈克尔·弗里曼的《摄影师的思想》也为我们揭示了"思想才是迈向更高层次摄影境界"的论断。事实上，建筑摄影佳作中，可品评到不同的美，可解释构图中的风格与和谐，更可找到建筑整体与个体、环境与细部的丰富内涵。特别在这些与众不同建筑摄影师的作品中或许还能读到许多与创作风格相关的设计原则，如极简主义就彰显得十分透彻。著名建筑师密斯称"少即是多"，产品设计师迪特·拉姆斯说"越少越好"，结构工程师巴克明斯拉·福勒也坚持"用更少创造更多"。借鉴极简主义的摄影作品靠极简对比、线条与色彩等技法确可完成一系列有序而周密的摄影过程。

借此展览也谈及即将组成的第二届建筑摄影委员会的工作，汇报三点构想，仰仗大家扶植：

（1）新一届建筑摄影委员会继续以建筑摄影的专业化为目标，除鼓励新作品、推荐新人物外，在推进建筑摄影学科建设、网络平台、专业图片库建设的同时，积极为建筑师服务。

（2）新一届建筑摄影委员会要继续组织"全国建筑摄影作品年展"及论坛，用摄影手段繁荣建筑文化与建筑评论。

（3）新一届建筑摄影委员会要联合全国设计单位、高校及文化出版传媒等机构，在2013年创刊专业性《建筑摄影》杂志，为中外建筑界提供有影响力的展示建筑作品的新平台。

*《中国建筑文化遗产》总编辑

2013年9月24日

杨超英 Yang Chaoying

机构　北京市建筑设计研究院有限公司·杨超英建筑摄影工作室

参展作品　清华大学综合科研楼一期一号楼·北京清华大学

摄影感言　创作不要模仿别人，要我行我素、随心随性。心中没经典，才能成经典。

张广源 Zhang Guangyuan

机构　中国建筑设计研究院·建筑文化传播中心

参展作品　昆山文化艺术中心·上海昆山

摄影感言　我们将建筑摄影作为表达建筑文化的途径。

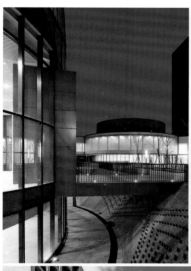

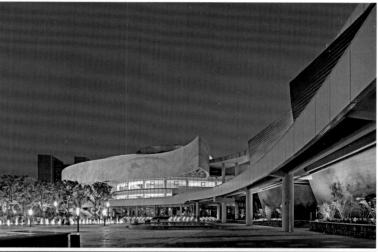

陈 溯 Chen Su

机 构　北京檀城摄影设计有限公司

参展作品　须弥山博物馆·西安

摄影感言　能够有机会拍摄使人心静的建筑很幸运。

陈伯熔 Chen Borong

机 构　上海建筑设计研究院有限公司·综合办公室

参展作品　中国航海博物馆·上海

摄影感言　建筑摄影为设计师的创作灵感珍藏美好的记忆。

魏 刚 Wei Gang

机构　魏刚建筑摄影工作室

参展作品　圭园·天津

摄影感言　拍摄建筑是我的爱好也是我的职业。我用我的摄影作品来表达对建筑创造者的敬意。

周若谷 Zhou Ruogu

机构　北京萨伏伊影像技术有限公司

参展作品　侨福花园广场·北京

摄影感言　给建筑留下精确的影像，让照片讲述空间的故事。

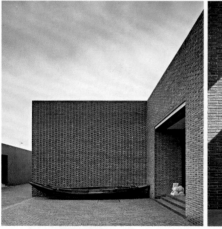

刘 东 Liu Dong

机构　天津市建筑设计院

参展作品　天津文化中心·天津

摄影感言　我只是照相，提不上摄影，始终努力拍好下一张。

陈 鹤 Chen He

机构　《中国建筑文化遗产》杂志社

参展作品　香山饭店·北京

摄影感言　摄影所表现的是熟悉之物的不可思议面，以及不可思议之物的熟悉面。

Precious Pictures of *Sun Yet Sen's Tomb*

珍稀的《孙中山先生陵墓图案》

季也清（Ji Yeqing）*　中国建筑文化中心中国建筑图书馆协办

2010年3月，中国建筑图书馆有幸采集到由金磊主编，天津大学出版社出版的《中山纪念建筑》，这是一部蕴含丰富文献史料价值和极具学术水准的专著，它以翔实的文献梳理及独到的研究视野，拓宽了一些研究中国近代建筑史读者的思路，为此经常有专家学者来馆寻求查找民国时期有关中山陵图案的原始文献。

近日，中国建筑图书馆经过一段时期的整理后，将尘封了几十年的《孙中山先生陵墓图案》这本书展现在世人面前，使更多读者能近距离地详解被今人誉为"中国近代建筑史上第一陵"——中山陵墓图案征求评判全过程。

《孙中山先生陵墓图案》由孙中山先生葬事筹备处编辑，民国14年10月(1925年)上海民智书局出版，平装16开本，全书30页，黑白插图15帧。内容包括《孙中山先生葬事筹备及陵墓图案征求经过》《孙中山先生陵墓建筑悬奖征求图案条例》等文献，亦收有陵墓首奖设计者吕彦直、二奖范文照等人的陵墓建筑图案设计说明，并附有画家王一亭、德国建筑师朴士、南洋大学校长凌鸿勋和雕刻家李金发四位专家担任评判顾问撰写的陵墓图案评判报告，15帧图案展示了孙中山先生葬事筹备处悬奖征集的所有获奖作品。本馆珍藏的这本民国版旧书是当时中山陵筹建过程的重要历史文献，同时在这本书中也将吕彦直等中外设计者的设计理念真实地记录下来，更显弥足珍贵。

本书在首页"缘起"中谈到编辑此书之意有四：①中山先生陵墓为中外历史上有数之建筑，其征求图案经过不可无详确之记载；②海外国民党同志于先生葬事及纪念建筑关心甚切，而道远莫知筹备经过，应有完备之报告；③先生陵墓不特为民族史上之伟大永久纪念，即在中国之文化与美术上亦有其不朽之价值，故其事迹有保存之必要；④此次悬奖征求图案纯取公开态度，征求经过及图案内容自当予国人以共见。

书中详细记录了中山陵悬奖设计竞赛方案的产生和评标过程。孙中山先生葬事筹备委员会特请了四位

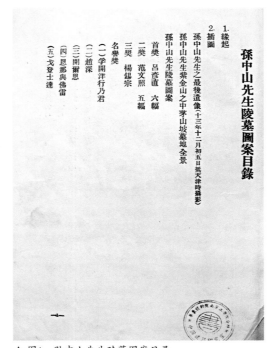

▲ 图1：孙中山先生陵墓图案目录

▲ 图2：孙中山肖像（摄于1924年12月5日天津行宫）

* 中国建筑图书馆馆长

▲ 图3：南京紫金山之中茅山南坡孙中山先生墓地全景

▲ 图4：首奖吕彦直设计中山陵墓图案正面

▲ 图5：首奖吕彦直设计的中山陵墓图（全形势图）

专家评委，请他们每人写出评审意见，评出名次，并公之于众，最终筹委会与四位评委一起投票决定吕彦直方案当选，被聘请为中山陵的总建筑师，这种筹委会和专家结合，民主评议的程序、做法，呈现了当时国人的一种开明、公平的公共符号意识，是中国近代伟大建筑得以产生的典范。

在悬奖征集图案的条例中，对中山陵墓的范围、

▲ 图6：首奖吕彦直设计中山陵墓平面及正面立视图

▲ 图7：首奖吕彦直设计中山陵祭堂平面图

▲ 图8：首奖吕彦直设计中山陵墓祭堂各面及全部纵切剖视图

▲ 图9：二奖范文照设计中山陵墓透视图、切面图

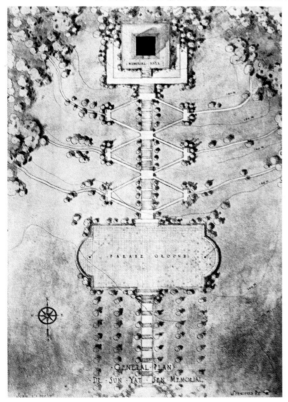

▲ 图10：二奖范文照设计中山陵墓（全部平面图）

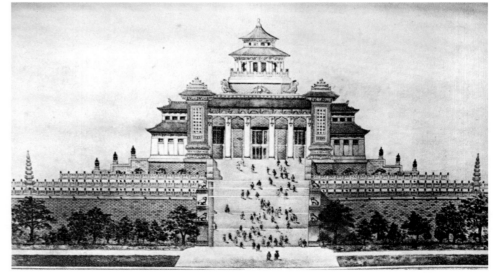

▲ 图11：三奖杨锡宗设计中山陵墓图案

基本结构、建筑风格，以及建筑材料、奖金额等都有很具体的规定。《孙中山先生陵墓建筑悬奖征求图案条例》第二条明确要求："祭堂图案须采用中国古式而含有特殊与纪念之性质者。或根据中国建筑精神特创新格亦可。容放石椁之大理石墓即在祭堂之内。"由此可见，1925年孙中山陵墓图案悬赏征集活动，不仅是一次史无前例的名人墓葬设计的创举、一次公开的建筑设计竞赛，同时也是一次成功的文化传播活动，

▲ 图12：荣誉奖孚开洋行乃伯斯设计方案

▲ 图14：荣誉奖赵深设计方案

▲ 图13：荣誉奖开尔思设计方案

▲ 图15：荣誉奖恩那与佛雷设计方案

▲ 图16：荣誉奖戈登士达设计方案

借助于这种独特的传播方式，映射中山陵的建筑精神，在设计之初就体现为"开放的纪念性"，就是要有领袖气魄、平民气质、融贯中西的创新立意。

今天，当我们再次翻开这本民国版旧书，过往的许多历史场景细节重现，历历在目，细细解读：特定时代的建筑风尚和思潮，往往通过有形的空间构造和外在形貌，来表达建造者的主观意念，从而体现出那个时代的建筑精神。孙中山先生主动选择埋葬南京，意在留下一个强烈的

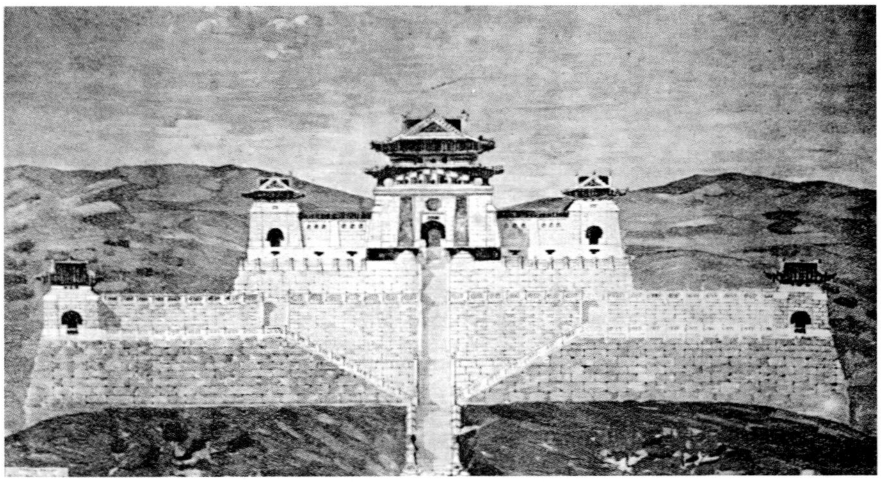

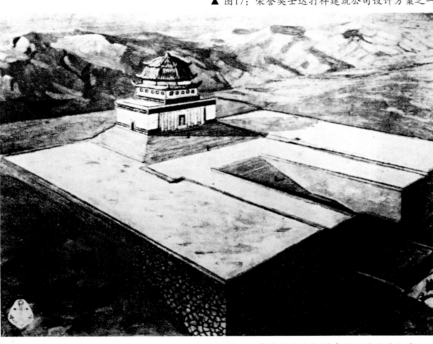

▲ 图17：荣誉奖士达打样建筑公司设计方案之一

▲ 图18：荣誉奖士达打样建筑公司设计方案之二

象征符号，提醒后继者继承改造国家的理想，创建民主的意识。在国民党人的主导和建筑界人士的参与下，中山陵呈现出古朴淡雅、恢宏开阔的特色。作为近代一个政治纪念物，它不仅是一座实体建筑，且凝聚着复杂的事件经过、权力运作和观念体系，集中体现了当时的国民党人借助墓葬途径来营造“孙中山”这一新的时代符号、增进民族和国家认同的用意，同时也在一定程度上反映了一个时代的共同心声。

有关中山陵建筑布局风格、形制、美学等特点及其他的总设计师吕彦直的评价，《中山纪念建筑》从文化史、建筑史及建筑艺术的角度已有详尽论述，本文不再赘述。

中国建筑图书馆珍藏着88年前民国版老书，但更多读者是从藏书的背后读出了那段无可复制的历史篇章和珍贵记忆。

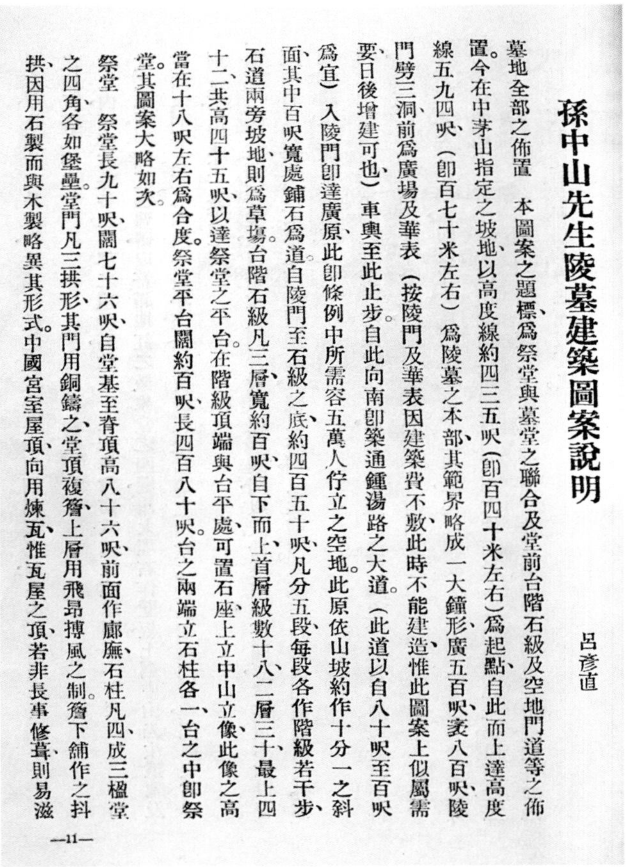

孫中山先生陵墓建築圖案說明

呂彥直

墓地全部之佈置　本圖案之題標、爲祭堂與墓堂之聯合及堂前台階石級及空地門道等之佈置。今在中茅山指定之坡地、以高度線約四三五呎（卽百四十米左右）爲起點、自此而上達高度線五九四呎、（卽百七十米左右）爲陵墓之本部、其範界略成一大鐘形、廣五百呎、袤八百呎、陵門劈三洞、前爲廣場及華表（按陵門及華表因建築費不敷、此時不能建造、惟此圖案上似屬需要、日後增建可也、）車輿至此止步。自此向南卽築通鍾湯路之大道。（此道以自八十呎至百呎爲宜）入陵門卽達廣原、此卽條例中所需容五萬人佇立之空地。此原依山坡約作十分一之斜面、其中百呎寬處鋪石爲道。自陵門至石級之底、約四百五十呎、凡分五段、每段各作階級若干步、石道兩旁坡地、則爲草塲。台階石級凡三層、寬約百呎、自下而上、首層級數十八、二層三十、最上四十二、共高四十五呎、以達祭堂之平台。在階級頂端與台平處、可置石座、上立中山立像、此像之高當在十八呎左右爲合度。祭堂平台闊約百呎、長四百八十呎。台之兩端立石柱各一、台之中卽祭堂。其圖案大略如次。

祭堂　祭堂長九十呎、闊七十六呎、自堂基至脊頂高八十六呎、前面作廊廡、石柱凡四、成三楹、堂之四角、各如堡壘。堂門凡三、拱形、其門用銅鑄之、堂頂複簷、上層用飛昂搏風之制。簷下鋪作之抖拱、因用石製、而與木製略異其形式。中國宮室屋頂、向用煉瓦、惟瓦屋之頂、若非長事修葺、則易滋

—11—

▲ 图19：吕彦直《孙中山先生陵墓建筑图案说明》

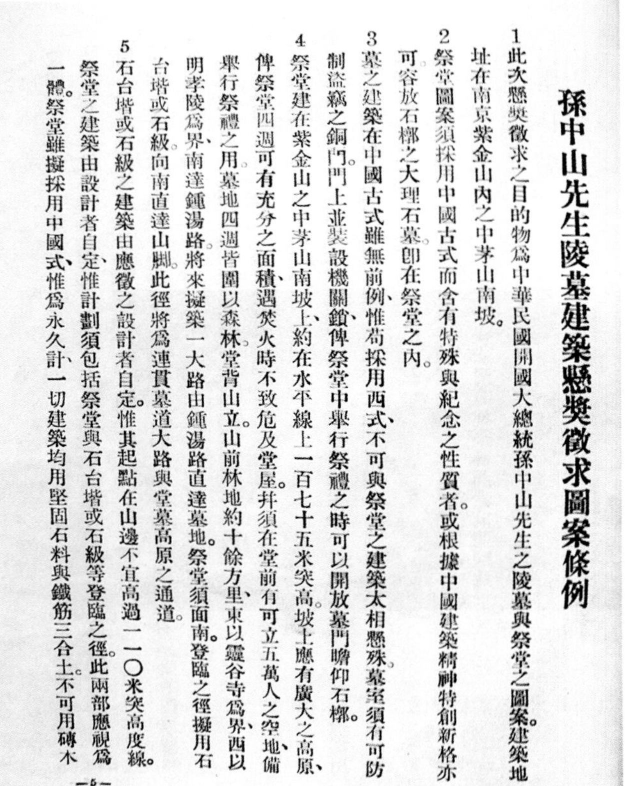

孫中山先生陵墓建築懸奬徵求圖案條例

1 此次懸奬徵求之目的物、爲中華民國開國大總統孫中山先生之陵墓與祭堂之圖案。建築地址在南京紫金山內之中茅山南坡。

2 祭堂圖案須採用中國古式而含有特殊與紀念之性質者。或根據中國建築精神特創新格亦可。容放石槨之大理石墓。卽在祭堂之內。

3 墓之建築在中國古式雖無前例、惟苟採用西式、不可與祭堂之建築太相懸殊。墓室須有可防制盜竊之銅門。門上並裝設機關鎖、俾祭堂中舉行祭禮之時可以開放墓門瞻仰石槨。

4 祭堂建在紫金山之中茅山南坡上、約在水平線上一百七十五米突高。坡上應有廣大之高原、俾祭堂四週可有充分之面積、遇焚火時不致危及堂屋。并須在堂前有可立五萬人之空地、備舉行祭禮之用。墓地四週皆圍以森林。堂背山立。山前林地約十餘方里、東以靈谷寺爲界、西以明孝陵爲界、南達鍾湯路。將來擬築一大路由鍾湯路直達墓地。祭堂須面南。登臨之徑擬用石台堦或石級。向南直達山腳。此徑將爲連貫墓道大路與堂墓高原之通道。

5 石台堦或石級之建築由應徵之設計者自定。惟其起點在山邊不宜高過一一〇米突高度線。祭堂之建築由設計者自定、惟計劃須包括祭堂與石台堦或石級等登臨之徑。此兩部應視爲一體。祭堂雖擬採用中國式、惟爲永久計、一切建築均用堅固石料與鐵筋三合土。不可用磚木

—5—

▲ 图20：孙中山先生陵墓建筑悬奖征求图案条例

News

新闻12则

本刊记者（CAH Reporters）

单霁翔博士当选为中国建筑学会副理事长

2013年7月23日，中国建筑学会第十二届理事会第四次常务理事会议在哈尔滨召开。在本次常务理事会上，故宫博物院院长单霁翔同志当选为中国建筑学会第十二届理事会副理事长。单霁翔，高级建筑师、注册城市规划师。早在1980—1984年赴日本留学期间，开始从事关于历史性城市与历史文化街区保护规划的研究工作。回国以后，历任北京市规划局副局长，北京市文物局局长，房山区区委书记，北京市规划委员会主任，国家文物局局长。2012年1月，任故宫博物院院长。为第十届、第十一届、第十二届全国政协委员，中国文物学会会长。毕业于清华大学建筑学院城市规划与设计专业，师从两院院士吴良镛教授，获工学博士学位。被聘为北京大学、清华大学等高等院校兼职教授、博士生导师。2005年3月，获美国规划协会"规划事业杰出人物奖"。出版专著《城市化发展与文化遗产保护》《留住城市文化的"根"与"魂"》《文化遗产·思行文丛》等十余部专著，并发表百余篇学术论文。

▲ 单霁翔院长当选中国建筑学会副理事长

中国美术馆迎来建馆50周年

2013年5月18日世界博物馆日这一天，"与时代同行——中国美术馆建馆50周年藏品

▲ 中国美术馆建馆50周年纪念活动

大展"在中国美术馆隆重开展，此次大型展览是中国美术馆为了庆祝建馆50年而举办。中国美术馆的50年，是见证、参与和推动中国美术发展的50年，是服务公众的50年，是为国家积累文化财富的50年，这50年不仅对中国美术馆具有重要意义，也对国内美术馆事业以及当代中国美术的发展具有不可估量的贡献。展览分两部分，院史陈列部分以中国美术馆的发展为引导路线，包括"中国美术馆的诞生"等八个篇章。馆藏作品陈列部分展出了美术馆11万藏品中的600多件精品，按照20世纪中国美术发展历程分为 "传承与启蒙""苦难与抗争""探求与拓进""主人和家园""反思与开放""多样与繁荣"六大版块 ，强大的学术策展团队与丰厚的展品收藏使得展览成为国内艺术界对20世纪中国美术的首次完整回顾。中国美术馆是新中国在1958年确立的十大建筑之一，于1961年建成，由戴念慈院士担任

▲ 本刊编辑部在中国美术馆前合影

主建筑师。1963年，毛泽东主席为中国美术馆题写匾额，确立其作为国家美术博物馆的地位与性质。（陈鹤提供美术馆合影）

历久弥新，回首北京20年建设历程

自2013年8月8日始，首都第二十届城市规划设计方案回顾展一步步拉开帷幕。首都城市规划建筑设计方案汇报展自1994年首次举办至今已有20年，为更好回顾并总结20年来这座国际大都市在城市规划、建筑设计、环境整治以及市政建设、文化提升中走过的路程，本届回顾展邀请了数十位建筑及城市规划领域的专家学者及一线设计师，以站在当下为视角，对过去20年的优秀作品进行再一次的审视和剖析。本次方案回顾展由北京市规划委员会主

▲ 会议现场

办，共分"城市规划""公共建筑""住宅与居住区""市政工程"及"城市雕塑"五个分项，共计30余个在建成之初取得过卓越成果的设计方案参加了审评。点评专家以深厚的学术功底和独到的见解为观众带来了一次又一次的文化盛宴，带领观众由更深的层次理解和认识这些项目的成功与不足，引起观众的共鸣，并获得大众的一致好评。

（图片提供 / 李文涟）

新中国64周年诞辰前夕，本刊走访建筑前辈

时值共和国成立64周年之际，《中国建筑文化遗产》杂志社一行于2013年9月中下旬走访了邹德侬、孙大章、楼庆西及关肇邺四位年过古稀的著名建筑学专家，同时邀请黄汇、费麟总建筑师做客宝佳大讲堂，为年轻建筑师、规划师们带来精彩的演讲。此举不仅仅是为了纪念新中国成立64周年，更在于用此行动畅想新中国建筑遗产。这些建筑学的专家，他们分别在中国现当代建筑史学研究、古代建筑史学研究、乡土建筑等领域造诣深湛，即便老骥伏枥却依然希望为中国建筑事业尽一份力。他们逐一回顾自新中国建立初期职业生涯以来，兢兢业业为新中国不断创造优秀建筑作品和学术成果的漫长路程，更回忆起中国建筑学自西学东渐以来，逐步实现自我发展、自我诠释的一个个艰难进程。

楼庆西教授谈及自己的恩师梁思成先生时感慨地说："梁先生是一个对学生要求非常严格的人。他们那个时代的建筑师基本功非常扎实，同时也有严谨的学风。那时候梁先生要求学生仅用肉眼就看出一条线的细微偏差，类似此类的训练为学生也打下了坚实的基础。"黄汇总建筑师当年曾是梁思成最得意的女弟子之一，她回忆说："梁先生一直强调建筑并不单纯是一项技术，而是多种技术与社会关系之间的融合。建筑最终是为人服务，所以优秀的建筑设计从来都不能脱离与社会的牵连。然后现在的建筑学教育缺少了太多的章节，将建筑过于孤立化，这对于行业的发展其实是不利的。"孙大章研究员回忆自己的坎坷历程特别表示："建筑应该是一个多学科跨界的领域，规划、设计、标准设计、建筑史这些内容对于一个优秀的建筑师来说是缺一不可的，单一的知识体系必然带来思维的僵化。"对于国内建筑行业内，西方建筑师夸张建筑频繁现身的乱象，几位大家也有各自不同的看法。关肇邺院士认为："做建筑贵在得体，每个建筑都应该扮演好自己在所处环境中的角色，或为主角，或为配角，但不能抢戏。中国和西方的建筑师做建筑的方式不同应该追溯到文化的

差异上，西方人富有个人的表现欲望，追求强大的自我；而中国人则以和谐为核心，需求一种本质上的平静。"邹德侬教授则认为、"从西方当代建筑发展史学的角度来看，中国当下的乱象其实也是西方当年经历过的翻版，也是中国建筑行业自我反省并不断前行的必经之途。我们现在还不必过分去担心什么，但延续中国独有的建筑历史文脉，发展各个城市的地域性依然不容忽视。"

对于中国建筑学界当前的最大问题，他们都表示亟须展开建筑评论，因为积极有效的评论对于一个行业的健康发展可以起到不可或缺

▲ 费麟

▲ 与邹德侬教授（左三）合影

▲ 与孙大章研究员（中）合影

的价值。孙大章研究员强调这种评论不应言之无物，而应该有实际的问题和作品。邹德侬教授也表示即便不追溯历史，在当代建筑动态中也可以抓到足够多鲜活评论的命题，并从中找到可迸发提问的火花。

老人们矍铄的精神、朴实的语言和谦逊的作风令人折服，而他们对于学问的求实态度和严谨的学风更令人敬佩不已，专家们还对当前建筑界亟须跨界交流来增加多领域合作的相关事宜作出了展望。如他们认为当下的作品乃至建筑文字都太求奇求异，殊不知这样做的后果恰恰是缺少了让人读懂建筑、品读建筑作品的可能性。

（摄影／李沉）

▲ 楼庆西教授（右）向记者介绍自己编辑的书籍

▲ 采访关肇邺院士（左二）

▲ 黄汇

"灵肉碰撞：1900—2013中国文化建筑百年历程"在世纪坛开展

▲ "灵肉碰撞"标志设计

2013年9月10—13日，由Domus杂志等策展的"灵肉碰撞——1900—2013中国文化建筑百年历程"展览及论坛在北京中华世纪坛举行。文化建筑承载着"无用"的东西，它的核心要素并非具体限定的"功能"，而是"无用"的文化与精神，用以展示人的力量、梦想、幻境和创造。从1900年开始的中国文化建筑百年历程中，中国文化建筑的"灵"与"肉"总是在"强盛的现代国家"与"伟大的古老中国"之间纠结、往返。展览以"文化建筑"为透镜，由媒体的宽广视野，呈现中国文化建筑之"灵"与"肉"百余年相互依存生长背后的驱动力量，并展示更广阔的未来。

▲ "灵肉碰撞"展览现场

▲ "灵肉碰撞"展览一角

"剖析胡同"研讨会在尤伦斯当代艺术中心举行

作为2013北京国际设计周的一部分，由《住》杂志主办的"剖析胡同——保留旧城是敌是友？"研讨会2013年9月24日在798举行。每一座大都市都曾经或正在面临古老与现代的矛盾与融合。在日新月异的今天，城市化进程中仍有一些建筑师和设计师对日渐被遗忘的"旧城"有着极大的热忱，并积极参与到旧城改造和保护的项目中去。本次论坛的嘉宾包括著名胡同保护专家华新民、中国记忆网主编张金起、土地维权律师王优银等，他们从各自的专业角度出发，分析北京这座历史都城近十年来在环境、城市等各方面的变化，剖析胡同问题的深层原因，并据此提出解决问题的途径与步骤。

▲ "剖析胡同"论坛海报

西安建筑遗产保护国际会议召开

2013年10月9—10日，主题为"不同进程 共同遗产"的2013西安建筑遗产保护国际会议召开。此次会议由国际现代建筑遗产保护理事会、世界建筑师协会、国际古迹遗址理事会主办，西安建筑科技大学等单位承办，来自10多个国家

▲ 西安建筑遗产保护国际会议展览现场

和地区的120余位专家学者对"近现代建筑遗产保护"这一核心议题进行了研讨。西安建筑科技大学建筑学院院长、国际现代建筑遗产保护理事会中国委员会主席刘克成在发言中说，包括现代建筑遗产保护在内的广义文化遗产保护属于交叉学科，涉及历史、考古、民俗、经济、管理等学科，目前国内学界在学科边界、构成、内涵等方面均处于探索阶段。技术方面，近现代建筑的结构与中国传统的木构建筑有所不同，其保护技术更具特殊性。因此，要加强对中国近现代建筑文化内涵和保护技术的深入研究与投入。近现代建筑遗产保护无论在国际还是国内，都可算是"新生事物"，近现代建筑遗产保护不能没有中国元素、中国声音。

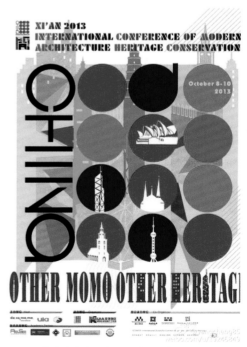

▲ 西安建筑遗产保护国际会议海报

悼念北京城市建设的老领导郑天翔

▲ 郑天翔肖像

▲ 郑天翔在七机部某基地参加植树劳动

▲ 1956年，郑天翔同志与苏联城市规划专家在一起

原中共中央顾问委员会委员，最高人民法院原院长郑天翔同志，因病医治无效，于2013年10月10日20时在北京逝世，享年99岁。20世纪50年代，郑天翔在中共北京市第一届委员会第一次全体会议上被选为市委常委、书记处书记，并兼任市委秘书长，分管城市规划和建筑业工作，在广泛深入调查研究的基础上，他领导完成了新中国成立后北京市第一部城市建设总体规划方案，从北京市具体情况出发，把长远发展战略和当时实际结合起来，把保留历史文化名城特色和现代化建设结合起来，就首都建设有关方面的大政方针提出了明确意见。在中央和北京市委领导下，他带领都市规划工作人员和专家组同志，准确把握新中国首都的性质和发展规模，本着保护古建筑和文物古迹的方针，统筹兼顾道路体系布局、水资源保护利用以及造林绿化等问题，尤其在科学规划天安门广场的建设布局方面，做了大量卓有成效的工作。1978年8月，郑天翔同志任北京市建委副主任，分管城市规划工作。他大力推进北京市基本建设重点项目，在协调解决与人民利益相关的问题上倾注了大量心血。1977年7月，郑天翔同志任中共北京市委书记，同年11月兼任北京市革委会副主任、政协北京市第五届委员会副主席，分工负责经济工作。他重视首都规划，关心长城保护工作，妥善解决了近百万平方米的违章建筑问题。10月16日上午9时30分在北京八宝山革命公墓举行了郑天翔同志追悼会。

"共建国家级工程实践教育中心签约·挂牌·捐赠仪式"在清华大学举行

2013年10月19日，清华大学与北京市建筑设计研究院有限公司共建国家级工程实践教育中心签约挂牌及捐赠仪式、北京院科研与设计成果展、建筑实践教育研讨会在清华大学建筑学院举行。教育部于2010年年底设立的国家级工程实践教育中心，是为贯彻落实《国家中长期教育改革和发展规划纲要（2010—2020年）》精神。建筑学院是清华大学首批进行工程实践教育试点的院系之一，北京市建筑设计研究院有限公司是建筑设计行业规模领先、技术水平先进、有较高影响力的企业，此次共建的国家级工程实践教育中心也是清华大学首批四个中心之一。签约挂牌仪式由中心副主任、建筑学院单军副院长主持，清华大学袁驷副校长，教务处郑力处长、研究生院高虹副院长先后致辞。作为国家级工程实践教育中心主任，北京市建筑设计研究院有限公司朱小地董事长

▲ 庄惟敏院长与徐全胜总经理为共建国家级工程实践教育中心签约

和清华大学建筑学院庄惟敏院长回顾了中心筹建过程，并展望了对中心未来发展的愿景。北京市建筑设计研究院有限公司徐全胜总经理与建筑学院庄惟敏院长签署了共建合作协议，袁驷副校长、朱小地董事长、庄惟敏院长共同为国家级工程实践教育中心揭幕。

▲ 清华大学北京院建筑实践教育研讨会现场

首师大申报设"文化遗产"专业

2013年，首都师范大学正式向教育部申报设立国内首个文化遗产专业。之前在教育部公布的《普通高等学校本科专业目录（2012年）》中，文化遗产专业没有被列入其中。文化遗产专业是以物质文化遗产、非物质文化遗产为核心内容和特定教育方向的人才培养领域，具有多学科、跨专业、交叉性的特点，其人才培养的目标凸显为复合型、技艺型和应用型。文化遗产专业要在历史、考古、文物与博物馆专业的基础之上，培养懂管理，有技艺的人才。增设这个新专业的一个重要原因是文化遗产保护人才的极度匮乏，中国是世界文化和自然遗产大国，但与此相应的文化遗产保护人才却十分短缺。在教育部本科目录下设立正式的文化遗产本科专业，是培养相关人才的最佳途径。

朱小地、崔彤开启CBC 建筑大讲堂

中国建筑中心CBC（China Building Centre）自9月份开启建筑大讲堂活动，CBC位于北京西城区佟麟阁路87号中华圣公会教堂，以"建筑师的精神家园"作为实践的坐标。北京建筑设计研究院院长朱小地，中科院建筑设计研究院总建筑师崔彤先后在大讲堂发表演讲，阐释他们的理念及作品。

朱小地：建筑的风向——城市收藏系列作品

朱小地首先对建筑"风向"的概念进行解读——"风"就是个人体验式的，无定式，无常理的环境。风向不是潮流，潮流是可以预见。在信息化的时代每个人都可以借助于廉价的网络向全世界发布信息，人人都有成为艺术家的潜质，过去那种简单权威的概念已经不复存在，中国的建筑师也在影响着世界。风向不能用任何的语言表达，只能靠每个人的悟性，这是不可言传的微妙感觉。在这样一个环境下去看建筑行业中每个人的工作，看大家如何定位从而真正找到、感悟到风向。佛教讲色即是空。所谓的空就是放下，能否放下，悟性很重要。所有我们所执着的，所探索的，所不能放下的，其实也许都能够从一个地方真正找到问题的本质，如果放不下就是一种痛苦。所以在建筑创作中，要有定力找到真正的关注点、真正的智慧、心灵的方向。随着时间的变化，建筑的形式终将枯竭，只有超越形式的限制才能有更好的视野。建筑师重新审视了自己的建筑观，并从以前追求完整空间的静态和形式表现调整为激发观众在空间中动态的心理体验，将建筑与人作为建筑学的两个方面同时加以研究，由此探寻在理论和设计方面的新

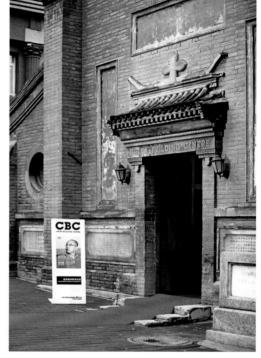

▲ 讲座入口（摄影 陈鹤）

▲ 讲演者朱小地（摄影 陈鹤）

▲ 旬会所

突破。朱小地还介绍了旬会所、川会所等最新项目。

崔彤：生长的秩序——空间之间系列作品

崔彤结合自身的建筑设计和理论研究，分别从"空间之间的建构""空间之间的秩

▲ 讲演者崔彤

序""空间之间的自然" 为阐释建筑在空间之间的生长秩序。建筑师的设计方式，不是理性的求解，也不是一时灵感的闪现，而在于遵循一种自然法则，即从生长秩序当中获取灵感。生长秩序不是具体的花朵、森林，

▲ 泰国曼谷中国文化中心

而是抽象的内在生长逻辑。在中西方建筑文化对比的讲演环节，崔彤从"在地""在场复杂性的单纯性自然的建构""机能化间隙真实的透明性"等几个方面进行了论述，从东西方文化、建筑的对比研究中，能够发现中国是巢居的发展，西方是穴居。西方石头建筑为神服务，体现坚固性、永久性；中国主流建筑经常是架构的，为现实、为活着的人服务，具有暂时性和临时性。西方建立一种气度形态，中国则是建立一种架构形态。中国建筑内蕴的自然生长秩序，使中国的建筑更加生物化、自然化，更加亲和、民主，且

▲ 崔彤讲座海报

具有移动、活动的特征。与西方建筑的雕塑感不同，中国建筑像鸟巢一样，具有非常鲜明、空明的效果。崔彤以泰国曼谷中国文化中心等例证说明了自己的建筑理念。

《中国建筑文化遗产》专家组渝东北考察硕果累累

2013年10月24日-27日，在重庆市设计院李秉奇院长、重庆市历史文化名城专委会何智亚主任及地方政府的大力支持下，由著名城市文化学者、《中国建筑文化遗产》杂志社编委郭玲女士、《中国建筑文化遗产》杂志社总编辑金磊、张家港凤凰镇党政办主任李新等一行六人组成的"建筑文化遗产考察组"远赴重庆市郊区县开展建筑遗产专项考察调研活动。此次考察活动旨在深入了解重庆地域建筑文化特色，调研建筑文化遗产保护在城镇化中的作用。在重庆市设计院建筑历史文化研究室主任舒莺博士的帮助下，考察组辗转1200多公里，探访了万州、云阳、开县、奉节等"四县一区"，深入考察当地20世纪建筑遗产、工业遗产、古遗址及区县（村镇）保护的进程。考察组还特别探访了巫溪县凤凰镇并与镇领导进行了深入交流，为"凤凰联盟"平台的搭建又奠定了新基础。此次活动，考察组掌握了大量第一手珍贵资料，为进一步梳理重庆建筑特色、研究中国城镇化发展等课题提供了全新的思路。

（摄影／陈鹤）

▲ 2013年10月26日，考察宁厂古镇盐厂遗址

▲ 2013年10月24日，西山公园钟鼓楼（建于1930年）

（本刊记者／成均 朱有恒 苗淼）

Design Museum, Helsinki
芬兰赫尔辛基设计博物馆

本刊海外特派记者（Special Correspondent Abroad）

▲ 芬兰首都赫尔辛基街景

▲ 赫尔辛基设计博物馆

创造新生活的"设计之都"

2012年芬兰首都赫尔辛基继2008年意大利都灵、2010年韩国首尔后，成为国际工业设计协会（International Council of Societies of Industrial Design，简称 ICSID）评选出的第三家"世界设计之都"，使芬兰设计趋于自然生活的方式。正如赫尔辛基市在竞选时提出"开放的赫尔辛基——将设计融入生活"的口号那样，将产品实用和温馨的人文情调融为一体，钟情于对天然材料的研究和应用，从而芬兰富于人文情感和浪漫的现代设计观念应运而生。

据赫尔辛基设计博物馆《思想、形式、馆藏——赫尔辛基设计博物馆收藏》（Ideology/Form/Material — The Collection of Design Museum Helsinki）一书记载，在芬兰工艺与设计协会（The Finnish Society of Crafts and Design）支持下，始建1873年的赫尔辛基设计博物馆起初是为建于1871年的一所工艺学院（Craft School）教学部收集教学素材，设计博物馆收藏的第一件展品就是为这家工艺学院收藏的。后来，设计博物馆希望向公众展示它们的馆藏，并在1881年开始编写馆藏名录。早年间赫尔辛基设计博物馆每周日都免费对外开放，对工业艺术学校（Central School of Industrial Art）学生和芬兰工艺与设计协会会员实行工作日免费参观政策。二战前夕，为了保障设计博物馆展品安全，尽管部分馆藏已被转移到赫尔辛基银行、芬兰南部城市海门林纳（Hameenlinna）和芬兰南部小城黑诺拉（Heinola），但是二战期间，为躲避苏联对赫尔辛基的轰炸，馆内展品在不断迁移中遗失，也是日后设计博物馆缺失20世纪40—50年代馆藏的重要原因。1960年前后，设计博物馆以展览形式展示设计收藏。

▲ 设计博物馆室内 1、2

▲ 设计博物馆的纪念品商店

▲ 设计博物馆室内 3

▲ 设计博物馆室内 4

▲ 设计博物馆一楼过厅 1

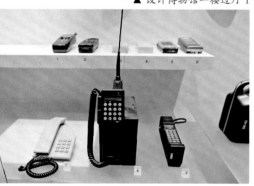

▲ 设计博物馆内展品

▲ 设计博物馆一楼过厅 2

1978年，芬兰政府把赫尔辛基市中心一座旧学校划给设计博物馆使用，由建筑师古斯塔夫·尼斯特勒姆（Gustaf Nyström，1856—1917）设计以新哥特式风格为特征的建筑，此后正式更名为应用艺术博物馆（The Applied Art of Museum）。20世纪80—90年代正值馆藏上升期，大量是依靠设计师、私人收藏，制造商的捐赠获得的。摄影与绘画作品也是在这个时期开始收藏的。1990年代进入数字时代，博物馆从管理到馆藏都开始使用数字管理的工作模式在网络上进行虚拟展示。直至2002年，才正式更名为赫尔辛基设计博物馆。

设计与历史对话：三个展览

赫尔辛基设计博物馆是北欧历史最悠久的一家应用艺术和设计博物馆，同时也是全欧洲第一家以"应用艺术和设计"为主题的博物馆，侧重于收藏、展览"当代设计"，研究"设计历史"。目前馆内除了展示75000件设计作品、125000幅摄影作品、45000幅绘画作品和档案资料外，还经常利用除赫尔辛基设计博物馆外的阿拉比亚博物馆（Arabia Museum）、伊塔拉玻璃工艺品博物馆（Iittala Glass Museum）和Nuutajärvi玻璃博物馆的展示空间，组织并探讨芬兰艺术与设计的国际巡展和论坛。

赫尔辛基设计博物馆的设计展览与大多数专业性博物馆一样，分为永久和临时展。"芬兰形式"（Finnish Form）作为最具影响力的常年展，充分展示芬兰从19世纪末期到今天在应用艺术和设计的历程变化，以实物及文字展示手法叙写芬兰在不同时期下不同类别的经典设计，从手工制品到时装服饰，再从家具设计到工业设计。从设计师、制造商的角度纵观芬兰历史变革下对公众生活方式的转变，抒写设计收藏与历史篇章的真实对话。

除了永久展外，赫尔辛基设计博物馆在2013年举办了"设计博物馆140周年——平行的历史"纪念活动。在传统编年体的基础上又赋予了看似平常，但给人以无限遐想空间的以"设计博物馆140年——平行的历史"为主题的展览，"平行"的思考空间。该展览从理念上至少涉及观点差异性、权力、激进主义、政治派别、版权、DIY设计、诅咒饰品等的议题。用这些主题来引导参观者去思考这些日常生活所熟悉的物品，还以崭新的方式去研究物品的历史。以单一实物为参照物，用最本质的平行视角展开了所有参观者（业内外）自己去阐发的所问氛围，相信无论设计学生、有成熟经验的设计师还是社会公众都能从140年的芬兰设计历程中感受到各自不同的视角，获得不同的收获。这个看似平实的主题却最能启迪人的心智，让人思考和联想，如它能使我们想到，展现社会生活，城市变迁与进步，它更渗透出设计思想严格为芬兰所带来的一切，设计为生活服务。展览在讨论到博物馆未来时，博物馆作为信息传递者、用自我批判性思维，收集、归档工作对展品进行重新诠释。在力求提高馆品视觉性的同时，更为博物馆在分享国家记忆的角色方面贡献新突破。

▲ 设计博物馆室内展墙

▲ 设计博物馆马赛克设计

▲ 设计博物馆地下一层展厅 1

▲ 设计博物馆未来展馆 1

▲ 设计博物馆未来展馆 2

▲ 设计博物馆地下一层展厅 2

自2009年成立以来，在设计博物馆地下一层的展厅还不时推出享誉世界的设计作品，如2013年推出的"Habitare收藏"展览。它与芬兰展览公司（The Finnish Fair Corporation）每两年为设计博物馆的当代国际设计新增核心藏品。每届新增馆藏经专业人士审评后入选参加Habitare博览会双年展。如今，"Habitare 收藏"在收藏"全球当代设计"方面已跻身为赫尔辛基设计博物馆馆藏的"重头戏"。

链接1：芬兰赫尔辛基设计周

芬兰赫尔辛基设计周（Helsinki Design Week）是北欧最大的设计，建筑、时尚业界的盛会，至今已成功举办8届。2013年设计周继续在荒废近半个世纪的旧海关仓库（The Old Customs Warehouse, Katajanokka）举办，时间为9月12日至22日。在本届以"行动！"（Action!）为主题，通过系列展览、工作坊、论坛、时装秀、演讲，把观众与设计师集聚在一起，用公众自发的文化创意力量与在设计周上传递出公众对设计生活的主动参与性。这个年度城市盛会与伦敦、米兰、巴黎设计周的启迪公众的方式不同，应该说它开创了设计服务生活、设计走向公众的新天地。

链接2：芬兰设计论坛与芬兰设计奖项

芬兰设计论坛位于赫尔辛基市中心的设计区内，宗旨是推广设计行业中的中小型企业、设计展览，通过组织和发起设计比赛以鼓励设计师和设计工业、出版专业设计刊物和普及设计教育等。它展示芬兰设计方面的最新流行趋势。在赫尔辛基市中心，芬兰设计论坛拥有自己的专卖店和展厅。由芬兰设计论坛在1992年发起的以芬兰设计大师卡伊·弗兰克（Kaj Franck, 1911—1989）命名的"卡伊·弗兰克设计奖"（Kaj Franck Design Prize），是一项表彰那些承传已故大师卡伊·弗兰克创作精神的设计师或设计团队的奖项，鼓励设计师或设计团队发扬创新精神，创造独具匠意的工业产品或作品。"年度青年设计师奖"（Design Forum Finland's Young Designer of the Year Prize）则在于鼓励青年设计师在平面设计、室内建筑设计、应用艺术、手工艺和工业设计领域的原创工作，并展示给公众。

链接3：芬兰设计师协会

成立于1911年的芬兰设计师协会（Finnish Designer Association，简称Ornamo）是一个拥有1800名左右会员的国家设计组织机构。Ornamo一直致力于通过协助其遍布于室内设计、纺织品设计、服饰设计、工业设计等领域的会员的发展，来促进艺术、文化等产业的整体提高。设计师协会的秘书长莱介绍说："我们协会的会员每年会向协会交纳一定的费用，利用这些经费组织一些展览、竞赛活动，对设计师进行继续教育等。芬兰的设计师和艺术家大部分都是自由职业者，他们很难依靠个人的力量让外界了解自己的设计作品，所以协会就会帮助他们。"2011年，举办了历时一年的文化活动来纪念其成立100周年，展览在赫尔辛基、挪威的城市举行。

（文 图／金维忻 英国布鲁内尔大学（Brunel University）工业设计系研究生）